国产基础软件集群平台技术与应用

国产基础软件集群的实操指南

武汉达梦数据库股份有限公司

天津神舟通用数据技术有限公司

北京东方通科技股份有限公司

麒麟软件有限公司

人 民 邮 电 出 版 社

北 京

图书在版编目（CIP）数据

国产基础软件集群平台技术与应用 / 武汉达梦数据库股份有限公司等编著. -- 北京 : 人民邮电出版社, 2023.11
ISBN 978-7-115-59854-7

Ⅰ. ①国… Ⅱ. ①武… Ⅲ. ①软件－集群－研究－中国 Ⅳ. ①TP31

中国国家版本馆CIP数据核字(2023)第221007号

内 容 提 要

本书是国产基础软件集群的实操指南，在揭示国产基础软件集群平台本质的基础上，对国产基础软件集群进行分类介绍，按照操作系统、数据库、中间件的顺序，分别对银河麒麟高可用集群软件、达梦数据共享集群、神通数据库共享存储集群、东方通中间件应用服务器集群的概念和特点等进行了介绍，并解析了这些集群的架构，阐述了如何搭建这些集群。最后，本书从实践应用出发，列出了几个重点行业的部署实践指南，帮助读者加深对内容的理解，做到学以致用。

本书适合对基础软件行业感兴趣、想了解国产基础软件的人士，以及基础软件相关行业的从业者。

◆ 编　　著　武汉达梦数据库股份有限公司
天津神舟通用数据技术有限公司
北京东方通科技股份有限公司
麒麟软件有限公司
责任编辑　蒋　艳
责任印制　王　郁　胡　南

◆ 人民邮电出版社出版发行　　北京市丰台区成寿寺路 11 号
邮编　100164　　电子邮件　315@ptpress.com.cn
网址　https://www.ptpress.com.cn
三河市君旺印务有限公司印刷

◆ 开本：787×1092　1/16
印张：13.75　　2023 年 11 月第 1 版
字数：282 千字　　2023 年 11 月河北第 1 次印刷

定价：79.80 元

读者服务热线：(010)81055410　印装质量热线：(010)81055316
反盗版热线：(010)81055315
广告经营许可证：京东市监广登字 20170147 号

序

面对错综复杂的国际环境和数字化转型的时代背景，软件产业成为数字化转型赋能国民经济高质量发展的核心基石。繁荣且庞大的应用软件市场，亟须稳固可靠的数据库、操作系统、中间件等核心基础软件的支撑。我国四十年左右的信息化发展，固然已经取得了巨大的成就，但应当看到，这是以核心技术深度依赖国外信息产业为代价的，我国的行业信息化应用越繁荣，越凸显了我国在信息技术基础方面的薄弱。

“基础不牢，地动山摇”——基础薄弱带来的风险是巨大的。如果不能补齐短板，那么一旦在极端情况下被“卡脖子”，我们就可能面临数十年信息化成果付诸东流的后果。

值得欣慰的是，基础软件领域的发展得到了多方的大力支持。国内的基础软件厂商，如以达梦为代表的数据库厂商，正在逐步迎头赶上。因此，一些核心技术，如复杂 SQL 的优化、大规模的并行查询、数据库的读写分离等技术实现了突破，并在电子政务、电力、交通、金融、电信、制造业等重要行业落地应用，进而诞生了一批具有标杆效应的典型案例。至此，国产基础软件已经达到“能用”的水平，并正在向“好用”的目标前进。

如何做到“好用”？我认为当务之急是实现两个目标：一个是在产品技术上完全站上高端，满足高端应用市场对基础软件可靠、稳定、高性能的核心诉求；另一个是国产基础软件要相互打通，并与国产硬件、行业应用软件共同形成类似国外“Wintel（Windows+Intel）”“IOE（IBM+Oracle+EMC）”“AA（ARM+Android）”的统一生态，降低适配、迁移、运维的难度和投入成本。

我很高兴地看到，为了实现这两个目标，国内的基础软件厂商已经有意识地结为团队并开始进行攻关：达梦、神舟通用、东方通、麒麟软件向着这两个共同目标，在基础软件集群技术，特别是在数据库共享存储集群技术方面取得了重大突破；并围绕着集群化的基础软件产品，打造了统一平台的解决方案，把国产操作系统、数据库和中间件拧成一股绳，初步形成了一个经过整体适配调优的集群式平台。

数据库共享存储集群技术是企业级数据库市场最具代表性、应用最广泛的核心技术之一，不仅得到了市场的普遍认可，而且在技术难度上也具有挑战性，除了 Oracle、IBM 两家外，其他国内外厂商及开源数据库，以前都没有对应的技术和产品。国产数据库厂商披肝沥胆十几年，终于啃下了这块硬骨头，实现了“零的突破”，同时还与操作系统集群、中间件应用服务器集群共同打造了经过预先适配、优化，具备标准化访问接口、统一管理和运维界面的平台化解决方案，克服了不同 CPU、不同操作系统环境的差异，让信息系统在国产化的软硬件环境下，也可以具有良好的性能。

本书对这一攻关过程涉及的种种问题和技术方法、原理等进行了详细介绍，让我们得以一窥长期以来困扰国人的技术难关和生态困境是以何种思路和方法得到解决的。

本书最大的特点在于既有理论性，又有实践性和可操作性，可供同行理论参考和实际应用借鉴。本书采用由总到分的逻辑结构，编排介绍集群统一平台及基础软件集群产品，主要包含概念、技术、实践等内容，以期与读者分享。

国产基础软件的发展仍然任重道远，需要国家、研发企业、应用单位同心协力、砥砺前行、自强不息。你我共勉！

中国工程院院士

2022 年 5 月 20 日

前　言

基础软件是对操作系统、数据库和中间件的统称。经过四十年左右的发展，近年来，国产基础软件的发展形势已有所好转，国家也通过战略部署、政策牵引、资金补助等多种方式全方位提升基础软件的发展速度，并在“十四五”规划中进一步强化软件产业高质量发展的要求及相关配套政策。

国产基础软件集群平台掌握和突破了基础软件集群化的相关技术，通过统一技术规范、统一管理部署等手段形成一种产品和技术的解决方案，也就是国产基础软件集群平台解决方案。该方案提出了国产基础软件在重要行业核心业务系统的国产替换可行方案，填补了国内空白，并且具有完全自主知识产权，满足了国内重要行业和领域对数据库产品高可靠、高安全的现实需求，保障了关键领域的信息安全。同时也培育了国产软件生态，减少了兼容适配内耗，完善了国产基础软件上下游产业链。

编写本书的目的是让更多的读者了解国产基础软件集群的发展，学习基础软件集群化的相关技术，从而能投身国产基础软件行业，更好地为国产基础软件的发展尽自己的一份力。

本书首先总体介绍了国产基础软件集群平台的概念、特点和架构等内容，然后概括介绍了基础软件的三大核心——操作系统、数据库和中间件；进而分别详细介绍了银河麒麟高可用集群软件、达梦数据共享集群、神通数据库共享存储集群、东方通中间件应用服务器集群的概念、技术、实践等内容；最后的附录部分提供了几个重要应用场景的部署实践指南。

本书逻辑结构清晰，先就国产基础软件集群平台进行概要介绍，帮助读者从整体上了解其概貌；再分类讲解，从基础软件集群平台各个组成部分依次说明，进而帮助读者由浅入深地了解国产基础软件集群平台的概念和技术。编写时注重内容的易读性和实用性，尽量以图表的方式让读者直观地理解三大类基础软件的设计方案和技术特点，并根据不同应用场景提供了部署实践指南，以便读者在熟悉概念后，结合实践应用，更好地了解国产基础软件集群平台的使用环境和性能优势。

本书是由武汉达梦数据库股份有限公司、天津神舟通用数据技术有限公司、北京东方通科技股份有限公司、麒麟软件有限公司联合编写的，力争让本书具有一定的参考价值。非常感谢为本书内容创作提供了全力支持的这 4 家公司。因编者水平有限，书中内容若有错误，还望读者不吝批评、指正（可发电子邮件至 wangxudan@ptpress.com.cn）。

2022 年 7 月

资源与支持

资源获取

本书提供思维导图等资源，要获得以上资源，扫描下方二维码，根据指引领取。

提交勘误

作者和编辑尽最大努力来确保书中内容的准确性，但难免会存在疏漏。欢迎您将发现的问题反馈给我们，帮助我们提升图书的质量。

当您发现错误时，请登录异步社区（https://www.epubit.com/），按书名搜索，进入本书页面，点击“发表勘误”，输入勘误信息，点击“提交勘误”按钮即可（见下图）。本书的作者和编辑会对您提交的勘误进行审核，确认并接受后，您将获赠异步社区的 100 积分。积分可用于在异步社区兑换优惠券、样书或奖品。

图书勘误　发表勘误

页码：1　页内位置（行数）：1　勘误印次：1

图书类型：纸书　电子书

添加勘误图片（最多可上传4张图片）

+

提交勘误

全部勘误　我的勘误

与我们联系

我们的联系邮箱是 contact@epubit.com.cn。

如果您对本书有任何疑问或建议，请您发邮件给我们，并请在邮件标题中注明本书书名，以便我们更高效地做出反馈。

如果您有兴趣出版图书、录制教学视频，或者参与图书翻译、技术审校等工作，可以发邮件给我们。

如果您所在的学校、培训机构或企业，想批量购买本书或异步社区出版的其他图书，也可以发邮件给我们。

如果您在网上发现有针对异步社区出品图书的各种形式的盗版行为，包括对图书全部或部分内容的非授权传播，请您将怀疑有侵权行为的链接发邮件给我们。您的这一举动是对作者权益的保护，也是我们持续为您提供有价值的内容的动力之源。

关于异步社区和异步图书

“异步社区”(www.epubit.com) 是由人民邮电出版社创办的 IT 专业图书社区，于 2015 年 8 月上线运营，致力于优质内容的出版和分享，为读者提供高品质的学习内容，为作译者提供专业的出版服务，实现作者与读者在线交流互动，以及传统出版与数字出版的融合发展。

“异步图书”是异步社区策划出版的精品 IT 图书的品牌，依托于人民邮电出版社在计算机图书领域 30 余年的发展与积淀。异步图书面向 IT 行业以及各行业使用 IT 技术的用户。

目录

第4章 神通数据库共享存储集群

第5章 东方通中间件应用服务器集群

第 1 章 国产基础软件集群平台

国产基础软件集群平台的成功研发与应用，能够显著提升党政办公应用、重点行业应用和其他应用中的基础软件技术支撑能力，促进国产基础软件产业生态链的良性发展，使国产基础软件向中高端应用领域迈进。

1.1 基础软件与我们的生活密切相关

随着信息技术发展，信息化应用已进入我们生活中的方方面面，如线上教育、电子邮件、手机银行转账等，信息化应用建立于各类应用软件的基础之上，而各类应用软件的使用离不开基础软硬件，其中基础软件包括操作系统、数据库、中间件等。

虽然我们不能直接感受到基础软件的存在，但它们在日常生活及工作中是不可或缺的。例如：电力资源保障电力调度的不间断运行，这对于保障正常用电十分重要，数据库软件对于调度系统而言必不可缺；伴随着科技发展，人们的沟通方式已经由传统的信件转变为电话、短信、电子邮件等更为便利的方式，对于通信公司而言，计费等业务的开展均离不开操作系统等核心基础软件；在银行中办理取款、查询余额等业务时，操作系统、数据库、中间件等基础软件都扮演了重要角色。

1.2 国产基础软件集群平台概述

本节主要介绍国产基础软件集群平台的定义、架构和特点。

1.2.1 国产基础软件集群平台的定义

基础软件是操作系统、数据库、中间件、语言处理系统和办公软件的统称，其中操作系统、数据库和中间件是基础软件的核心三大件。国产基础软件集群平台则是核心三大件深度集成后的一种具有高可靠性、高性能的平台解决方案。

国产基础软件集群平台是国内相关企业掌握并突破基础软件集群化的相关技术，将研发出来的国产操作系统高可用集群、数据库共享存储集群、中间件应用服务器集群进行整合，通过上、下游的适配和优化，以及提供统一的技术规范、统一的部署与监控管理平台，进而形成的面向中高端应用的平台解决方案。

国产基础软件集群平台解决了我国大规模党政办公、重点行业应用和其他应用中存在的不安全、不可靠、性能不足、维护性差、生态复杂等问题，为国产基础软件未来的发展打下了坚实基础。

1.2.2 国产基础软件集群平台的架构

国产基础软件集群平台的架构如图 1-1 所示。

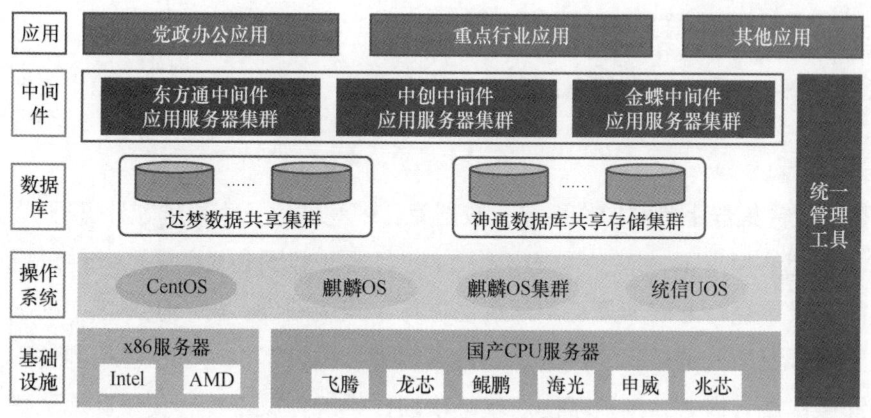

图 1-1 基础软件集群平台架构

1. 平台包括的基础软件

（1）服务器操作系统软件及服务器操作系统集群软件。此类软件为各类应用程序、数据库系统、中间件系统等提供安全、稳定的运行环境。

（2）数据库共享存储集群软件。此类软件提供高可靠性、高性能的数据库共享存储集群服务，支持存储区域网络（Storage Area Network，SAN）存储设备和分布式存储系统。

（3）中间件应用服务器集群软件。此类软件提供符合 Java EE 8 标准的应用服务器及高可靠分布式内存网格服务。

2. 平台提供的统一技术规范

国产基础软件集群平台统一了技术规范，如操作系统、数据库、中间件、应用系统相互访问、集成必须遵守的接口标准、运维要求等，方便平台内部不同组件的适配集成，也有利于后续更多厂家的产品集成到平台中。

3. 平台提供的统一管理工具

（1）统一部署工具。此类工具对操作系统及操作系统集群、数据库及数据库共享存储集群、中间件及中间件应用服务器集群提供统一的图形化部署，简化基础软件及集群的安装配置过程。

（2）统一监控工具。此类工具对已部署的主机、操作系统、数据库、中间件等软件运行状态提供统一的图形化监控，也可直接调用被管理的集群软件自身的监控界面进行深度监控。

4. 平台的应用范围

（1）党政办公应用系统。本平台通过深度优化基础软件集群的组合方案，可以极大地满足不同规模党政办公应用系统中多方面的需求。

（2）重点行业应用系统。本平台拥有对标国外同类产品的高可靠性、高性能的集群兼容能力，并且在应用接口层保持与已有成熟产品（如 Oracle 产品）的高度兼容，能极大地减少应用系统的移植成本，给用户提供更多的产品选择空间。

（3）其他应用。

1.2.3 国产基础软件集群平台的特点

国产基础软件集群平台的特点如下。

1. 生态深度集成

国产基础软件集群平台对操作系统、数据库、中间件这三大基础软件进行了深度集成。在统一技术规范的指导下，对不同国产 CPU 服务器环境下的各种集群软件进行适配，同时与党政办公及重点行业的典型应用系统也进行了集成验证，解决了大量之前国产基础软硬件中上下游产品之间的接口不匹配、安装不容易、运维不方便、监控不到位等方面的问题。通过深度集成，极大地降低了国产基础软硬件系统集成难度，真正实现了基础软件开箱即用的便利。

2. 性能调优

国产基础软件集群平台针对不同规模的应用场景，在 Intel x86 服务器、各种国产 CPU 服务器上进行性能测试，并联合操作系统、数据库、中间件厂商技术人员进行多轮调优，给出对应的推荐部署架构和配置参数。这些架构和参数可以作为应用系统架构设计和项目调优的重要参考。

3. 高可用性

国产基础软件集群平台为应用环境提供了从操作系统高可用集群、数据库共享存储集群、中间件应用服务器集群到内存网格集群等全面的解决方案，没有单点故障，给应用系统提供 7×24 小时的运行支撑环境，极大地提升了系统的可用性。

4. 统一开发风格

国产基础软件集群平台的统一技术规范，一方面指导各集群组件之间的交互调用，另一方面也给应用系统对操作系统、数据库、中间件的各个功能调用制定了相应的技术规范，实现了统一的开发风格，如数据库连接、SQL 语法、Session 共享、文件访问等。采用平台推荐的统一应用接口、设计范式等，不仅有助于充分利用基础软件提供的各种功能，简化应用程序开发工作，而且也有助于应用程序设计的标准化，便于在不同基础软件之间移植。

5. 统一管理

如果用传统方式管理各种操作系统高可用集群、数据库共享存储集群、中间件应用服务器集群，需要手动在不同的节点上安装不同的集群软件，并且需要仔细配置各种参数。另外，多节点之间往往还存在约束关系，安装配置工作量很大，而且一旦出错，就得返工。不同基础软件集群的运行日志位置分散，性能指标采集方法各异，增加了运维工作的复杂性。国产基础软件集群平台提供了用于统一部署、统一监控的管理工具，能够图形化统一管理各种集群，极大地简化了安装配置、运维监控等管理工作，降低出错概率，提升管理效率。

1.3 基础软件集群平台设计

本节主要介绍基础软件集群平台的组成。

1.3.1 平台组成概览

平台分为基础设施、操作系统、数据库、中间件、应用 5 个层次。另外，为了方便部署管理各种操作系统高可用集群、数据库共享存储集群、中间件应用服务器集群，平台提供了集群统一部署管理工具。

1. 基础设施

平台需支持在 Intel x86 服务器和国产 CPU 服务器环境下的部署和运行，特别是应用较多的国产主流 CPU，如飞腾、龙芯、鲲鹏、海光、申威、兆芯等。

2. 操作系统

平台中提供的操作系统以 Linux 系列为主，其中，Intel x86 服务器采用 CentOS，数据库服务器、中间件服务器采用麒麟 OS、统信 UOS。另外，为满足部分应用场景的需要，提供麒麟 OS 集群，直接为应用系统提供具备高可用性的支撑。

3. 数据库

平台中提供的数据库以数据库共享存储集群为主。数据库共享存储集群是一个多实例、单数据库的系统，它允许多个数据库实例同时访问、操作同一数据库，具有高可用性、高性能、负载均衡等特性。单个数据库共享存储集群支持 2 ～ 8 个数据库节点，且数据库共享存储集群支持 SAN 存储设备和分布式存储系统。数据库共享存储集群包括达梦数据共享集群和神通数据库共享存储集群。

4. 中间件

平台中提供的中间件以中间件应用服务器集群为主，包括东方通中间件应用服务器集群、中创应用服务器集群、金蝶应用服务器集群。

5. 应用

平台的目标就是将经过适配优化的基础软件集群产品用来支撑党政办公应用系统和一些重点行业的应用系统，提升系统的性能和可靠性，降低实施和运维的复杂性。

针对典型的党政办公应用场景、重点行业的业务特征来编制模拟测试软件，构建不同硬件平台环境、不同集群软件产品组合和配置条件的测试方案。通过不断地测试、优化，给出不同用户场景下的集群平台配置方案和测试结果，便于用户配置时参考。

6. 集群统一部署管理工具

平台提供的集群统一部署管理工具实现了在 Intel x86 服务器、国产 CPU 服务器环境下，对上述各种操作系统、数据库、中间件产品的统一部署和管理。

1.3.2 操作系统高可用集群

本小节主要介绍操作系统高可用集群的概念、架构设计和特性。

1. 概念

操作系统高可用集群具备低成本、高扩展和易维护的特点，能够为用户提供高性价比的可用性方案，适用于数据库、业务应用、核心后台等关键业务领域。

操作系统高可用集群通过采用资源轮询监控、节点在线拓展和节点强制隔离等多项核心技术，有效提升应用的可用性。此外，集群管理员可以通过远程管理界面管理集群，减少运维压力。

2. 架构设计

操作系统高可用集群架构如图 1-2 所示。

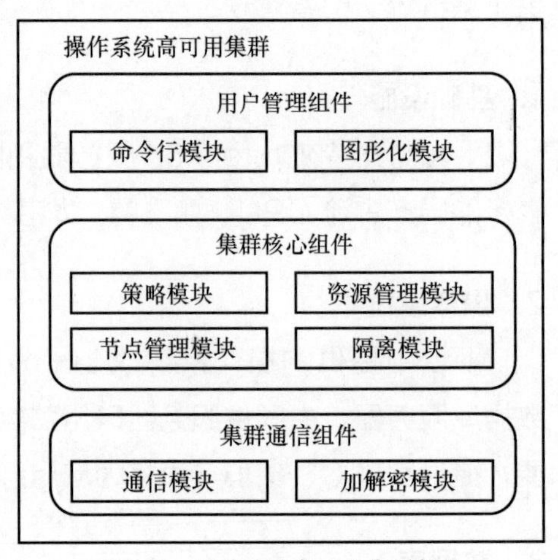

图 1-2 操作系统高可用集群架构

操作系统高可用集群主要由以下三大组件构成。

- 用户管理组件。

用户管理组件包含命令行和图形化两大功能模块，主要用于连接集群进行管理。

- 集群核心组件。

集群核心组件包括策略模块、资源管理模块、节点管理模块和隔离模块等。

- 集群通信组件。

集群通信组件包括通信模块、加解密模块，负责集群底层通信和通信加解密，是集群的基础结构。

3. 特性

操作系统高可用集群的主要特性有以下几点。

（1）资源轮询监控。

操作系统高可用集群采用定时轮询的技术来监控服务资源的运行，轮询频率可以根据用户需求进行调整，平衡高可用性和性能开销。资源轮询监控不需要对应用程序进行修改。

（2）节点在线扩展。

当集群采用组播或广播模式工作时，新节点只需配置好对应的网络参数，即可通过自动协商方式加入对应集群，无须停机更新，保障了业务连续性。同样，也能够采用自动协商的方式实现离线。

（3）Split-brain 保护。

脑裂（Split-brain）是指集群内节点间的心跳出现故障，无法保持集群内数据一致性，并且各节点还处于 Active 状态的情形。在 Split-brain 环境下，多个节点会同时接管服务，存在数据不一致的风险。

操作系统高可用集群针对 Split-brain 情形，使用如下几种技术手段来保持数据一致性。

1）集群仲裁：适用于多节点集群（对双节点集群不适用），通常采用投票方式实现。集群内每个节点持有特定票数（如给每个节点设置一票），当原集群分裂为多个子集群时，票数最多的子集群获得资源运行权，票数少的子集群被强制隔离。如果所有子集群票数都低于原集群票数的一半，那么任何子集群都无法运行资源，整个集群停止工作，保障数据安全。

2）节点强制隔离：当节点因仲裁或其他原因需要进行强制隔离时，使用远程电源开关、智能平台管理接口（Intelligent Platform Management Interface，IPMI）或远程管理控制卡等方式来切断或重置节点电源，使其无法继续工作。

3）存储强制隔离：当节点因仲裁或其他原因需要进行强制隔离时，使用光纤交换机、存储控制卡等硬件设备，断开数据访问通道，保障数据安全。

1.3.3 数据库共享存储集群

本小节主要介绍数据库共享存储集群的概念、架构设计和特性。

1. 概念

数据库共享存储集群（Data Shared Cluster，DSC），允许多个数据库实例同时访问、操作同一数据库，即是一个多实例、单数据库的系统，具有高可用性、高性能、负载均衡等特性。用户可以登录集群中的任意一个数据库实例获得完整的数据库服务。此外，DSC 支持故障自动切换和故障自动重加入，也就是某一个数据库实例发生故障后，仍然可以提供数据库服务。

DSC 得以实现的重要基础就是共享存储，支持的共享存储有两种：裸设备和自动存储管理（Auto Storage Management，ASM）。这两种存储的区别在于后者在前者的基础上，也就是 ASM 文件系统。

2. 架构设计

数据库共享存储集群主要由数据库和数据库实例、共享存储、本地存储、通信网络、集群同步服务（Cluster Synchronization Services，CCS）组成。下面以部署了 ASM 文件系统的 DSC 为例，展示 DSC 系统架构，如图 1-3 所示。

（1）数据库和数据库实例。

数据库是一个文件集合（包括数据文件、临时文件、重做日志文件和控制文件等），保存在物理磁盘或文件系统中。

数据库实例就是一组操作系统进程（或者是一个多线程的进程）和一些内存。通过数据库实例可以操作数据库。一般情况下，访问、修改数据库都是通过数据库实例来完成的。

（2）共享存储。

DSC 中，为了实现多个实例同时访问、修改数据，要求将数据文件、控制文件、重做日志文件保存在共享存储中。DSC 支持使用裸设备或 ASM 文件系统作为共享存储。

配置 DSC 所需的 DM 集群注册表（DM Clusterware Registry，DCR）、表决磁盘（VOTD Disk，VTD）也必须保存在共享存储上（目前仅支持裸设备存放 DCR 和 VOTD Disk）。

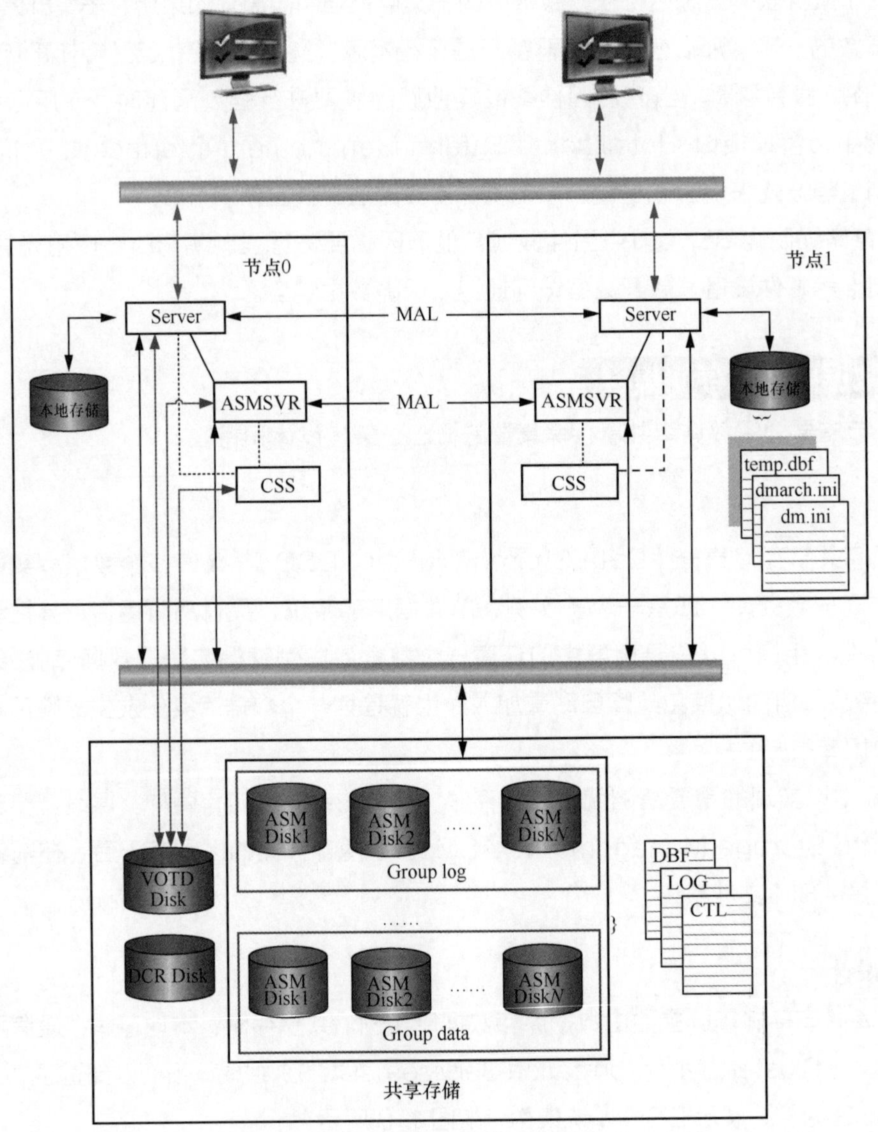

图 1-3 DSC 的系统架构

（3）本地存储。

DSC 中，本地存储用来保存配置文件（记录数据库实例配置信息的 dm.ini、dmarch.ini、dmmal.ini）、本地归档日志和远程归档日志。

（4）通信网络。

DSC 中，通信网络分为内部网络和公共网络两个部分。在实际应用中，一般还存在服务器到共享存储的网络。内部网络用于数据库实例之间交换信息和数据。公共网络用于对外提供数据库服务，用户使用公共网络地址登录 DSC，访问数据库。

（5）集群控制。

集群控制是集群的重要组成部分。CSS 就是一款集群控制软件，专门负责监控集群中各个节点的运行状态。CSS 的主要功能包括管理集群的启动和关闭、处理控制节点故障，以及管理节点重加入流程。

（6）重做日志。

重做（Redo）日志是记录改变物理操作的日志。

3. 特性

DSC 的主要特性包括高可用性、高吞吐量和负载均衡。

（1）高可用性：只要集群中有一个活动节点，就能正常提供数据库服务。

DSC 提供了一种数据库可用性极高的解决方案。当出现系统故障、硬件故障，或者人为操作失误时，CSS 检测故障，并自动将故障节点踢出集群，保障数据库服务的正常提供。

故障节点的用户连接会自动切换到活动节点，这些连接上的未提交事务将被回滚，已提交事务不受影响；活动节点的用户连接不受影响，正在执行的操作将被挂起一段时间，在故障处理完成后，继续执行。

当 CSS 检测到故障节点恢复时，自动启动节点重加入流程，将恢复的故障节点重新加入 DSC，将集群恢复到正常的运行状态。因此，通过部署 DSC，可以在一定程度上避免由软、硬件故障引起的非计划停机情况的发生，减少这些意外给客户带来的损失。

与同样使用共享存储的双机热备系统相比，DSC 具有更快的故障处理速度。双机热备系统故障切换时，需要重做完整的 Redo 日志，所有数据都需要重新从磁盘加载，而 DSC 处理故障时，只需要重做故障节点的 Redo 日志，并且大部分数据页已经包含在处理节点的 Buffer 缓冲区中，不需要重新从磁盘加载。

（2）高吞吐量：多个节点同时提供数据库服务，有效提升集群的整体事务处理能力。

DSC 中包含多个数据库实例，数据库实例访问独立的处理器、内存，数据库实例之间通过缓存交换技术提升共享数据的访问速度，且每个数据库实例都可以接收并处理用户的各种数据库请求。

与单节点数据库管理系统相比，DSC 可以充分利用多台物理机器的处理能力，支撑更多的用户连接请求，提供更高的吞吐量。与双机热备系统相比，DSC 不存在始终保持备用状态的节点，不会造成硬件资源的浪费。

（3）负载均衡：用户的连接请求被平均分配到集群中的各个节点，确保各个节点的负载大致平衡。

用户通过配置数据库负载均衡组件来访问 DSC，可以实现节点间的自动负载均衡，用户的数据库连接请求会被自动、平均地分配到 DSC 中的各个节点，并且连接服务名支持 JDBC、DPI、ODBC、DCI、.Net Provider 等各种数据库接口。

1.3.4 中间件应用服务器集群

本小节主要介绍中间件应用服务器集群的概念、架构设计和特性。

1. 概念

中间件应用服务器集群是介于应用系统和系统软件之间的集群软件，它使用系统软件提供的基础服务，管理计算资源和网络通信，衔接应用系统的各部分或不同应用，提供应用层不同应用之间的互操作机制，达到资源共享、功能共享的目的。中间件应用服务器集群一般提供通信支持、应用支持、公共服务等功能，满足了大量应用的需求。

2. 架构设计

中间件应用服务器集群的架构包括域名系统（Domain Name Systerm，DNS）、集群负载组件、应用服务器、分布式内存网格、集群管理工具 5 部分，其架构设计如图 1-4 所示。

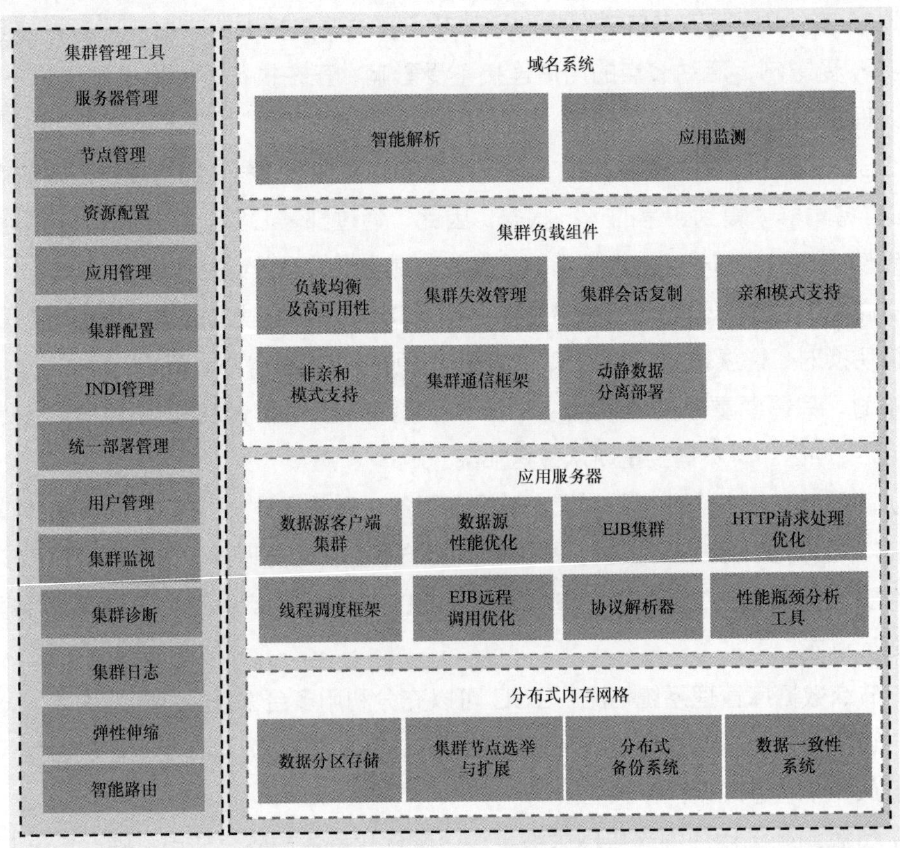

图 1-4　中间件应用服务器集群的架构设计

中间件应用服务器集群架构设计各模块的功能如下所述。

（1）域名系统。

域名系统提供的域名对应多个 IP 地址或多个虚拟 IP 地址，拥有横向水平扩展能力。

- 智能解析。

一个域名对应多个 IP 地址，每个 IP 地址对应不同机房里的虚拟 IP。当用户访问应用服务地址时，中间件应用服务器集群会使用轮询策略或其他策略来选择某个 IP 供用户访问。此方式可以实现机房间的负载均衡。

- 应用监测。

应用监测支持对应用的所有服务地址进行可用性监测，将不可用的 IP 地址从应答地址中删除，待服务正常后自动恢复应答。

（2）集群负载组件。

集群负载组件分为前端负载调度和后端服务两个部分，前端负载调度部分负责把客户端的请求按照不同的策略分配给后端服务节点，而后端服务节点是真正提供应用程序服务的部分。通过集群资源的高效利用，实现业务应用系统的高可用性和高可靠性。

集群负载组件提供负载均衡及高可用性、集群失效管理、集群会话复制、亲和模式支持、非亲和模式支持、集群通信框架、动静数据分离部署等功能。

- 负载均衡及高可用性。

在高并发的访问场景下，使用负载均衡技术为一个应用构建一个由多台应用服务器组成的集群，并将并发访问请求分发到多台服务器上进行处理，避免单一服务器由于负载压力过大而变得缓慢，使用户请求具有更好的快速响应体验。

负载均衡服务器是对外服务的唯一入口，处于非常重要的位置，如果负载均衡服务器宕机，后端 Web 服务将无法提供服务，影响极其严重。基于主备机制，结合主服务器和备份机上都运行的高可用监控程序，通过传送信息来监控对方的运行状况。当备份机不能在一定的时间内收到监听信息时，它就接管主服务器的服务 IP 并继续提供负载均衡服务；当备份机从主管理器收到监听信息时，它就释放服务 IP，主服务器就开始再次提供负载均衡服务。

- 集群失效管理。

集群失效管理包括集群失效恢复、集群失效转移。

通过集群之间的状态同步或共享，确保集群中某一台服务器宕机之后，其他服务器能获得该服务器上保存的数据状态，进而确保应用系统正常使用。

- 集群会话复制。

访问业务应用系统的会话信息对用户的访问体验至关重要。通过内存复制、Java 数据库连接（Java Database Connectivity，JDBC）复制等方式保障集群会话信息的安全。

- 亲和模式支持。

随着客户端并发压力的不断增大，单一服务器已经不能满足用户处理大量并发请求的需要，这时就需要多个应用服务器一起组成应用级集群，通过前端负载均衡服务器的转发来分担负载。

当某用户的请求第一次分发到某台应用服务器后，后继的请求会一直分发到此应用服务器上处理，这样的方式即为亲和模式。

- 非亲和模式支持。

目前，业内主流方案都是采用亲和模式的集群，虽然该方案简单有效，但是需要请求中带有特定信息才能保持亲和，比如 IP 绑定、应用服务器路由信息添加到 SessionID 中，等等。而在用户的实际线上环境中，如 Ajax 请求获取后台服务的一些场景下，并不能一直保证这些前提，这时就会导致应用数据由于没有正确转发到其他集群节点上而丢失数据。因此，需要开发非亲和集群功能，来满足实际线上应用多变的运行环境，并能保证应用数据在随机节点的转发下依然可以保持一致性，从而不会影响应用业务的正常运行。

非亲和集群由 3 部分组成：负载均衡服务器、应用服务器节点和缓存节点。

在非亲和模式下，同一用户的连续请求会产生一个固定的 SessionID，在并发随机访问模式下，带有 SessionID 的请求会随机发送到 TW1、TW2、TW3 上，这时通过将用户状态数据保存到缓存集群节点内，就可以避免新转发的 TW 节点因为本地内存缺失数据而导致的用户状态数据丢失情况的发生。

为了保证非亲和模式下数据高度的一致性，非亲和集群还提供了完全放弃本地内存的可选方案，通过 CacheClient 直接读写缓存集群节点，这样可以避免由于连续请求过多而导致的本地内存数据不一致的现象出现。更严格的是，非亲和集群还提供了分布式锁机制，可以在 CacheClient 端完全控制分布式节点的同步并发读写，这样可以在极端 Ajax 并发场景下依然保证应用状态数据的高度一致性。

- 集群通信框架。

把若干机器组成一个集群，为了集群能协同工作，就需要加强成员之间的通信，这也是集群实现中需要解决的核心问题，即一个强大的通信协同机制是集群实现的基础。为此需要提供通过网络向集群节点成员发送和接收信息、动态检测发现其他节点的消息框架，满足集群消息等信息通信，进而确保业务应用系统的高可靠性。

- 动静数据分离部署。

如果要实现业务集群动态数据、静态数据分离部署，用户请求首先路由到静态资源系统中，如果目标请求资源是静态资源，那么此时直接返回，不再执行后续容器处理逻辑；如果目标请求资源是动态资源，那么静态资源系统将会直接将请求转发给动态资源系统，动态资源系统再根据实际业务操作去调用数据库或者其他外部系统资源，最终完成业务数据的处理并返回客户端。

（3）应用服务器。

应用服务器为业务应用系统运行的基石，应用服务器的能力直接影响业务系统、业务集群的运行。应用服务器提供数据源客户端集群、数据源性能优化、EJB（Enterprise Java Beans）集群、HTTP 请求处理优化、线程调度框架、EJB 远程调用优化、协议解析器、性能瓶颈分析功能。

- 数据源客户端集群。

在应用系统中，用户大并发场景下最核心的瓶颈就是数据库的操作，数据库优化有非常多的要点，比如搭建数据库集群、慢查询优化、调整业务逻辑、引入缓存等，为了不受限于数据库集群的实现机制，需要基于中间件数据源客户端来实现一套客户端集群。数据源客户端将用户业务代码中的 SQL 操作根据内置规则映射到某一个具体的数据库或数据库集群上，从而实现分担负载的作用。

- 数据源性能优化。

随着企业应用功能的逐渐强大，以及业务逻辑的日益复杂，应用服务器数据源操作数据库的瓶颈逐渐显现出来。通过分析发现，数据源的处理瓶颈主要在应用服务器进程与数据库的通信频率上，这主要是因为进程间的通信需要经过网络，而网络传输在整个业务处理链中的系统资源消耗占比较大，这是很容易形成瓶颈的环节，因此降低应用服务器与数据库的通信频率可预期优化数据源的性能。通过优化应用服务器的事务处理过程，减少网络通信过程，可达到提高数据源的处理性能的目标。

- EJB 集群。

EJB 是基于分布式事务处理的企业级应用程序的组件，是运行在独立服务器上的组件，客户端是通过网络对 EJB 进行调用的。由多个 EJB 服务节点组成的 EJB 集群，能够将 EJB 客户端请求按照一定的策略均匀地分发到 EJB 集群的某个服务节点上，从而提高 EJB 集群的吞吐量和高可用性。

- HTTP 请求处理优化。

对每个应用系统来说，网络请求都必不可少。针对大量用户、高并发业务系统出现用户反应请求处理很慢、界面刷不出来、一直加载等问题，通过改进中间件应用服务器的 HTTP、AJP（Apache JServ Protocol）、EJB 请求处理调度模型来进行优化，提高了请求处理响应速度。

- 线程调度框架。

为并发请求的高速处理提供两级线程调度模型，使得前端请求可以高效并行处理，并提供线程调用超时、线程复用、线程运行时动态调节等功能。

- EJB 远程调用优化。

针对 EJB 远程调用的特点，从远程传输协议、EJB 调用参数和返回结果对象的序列化，以及接收线程的并行处理等方面对 EJB 远程调用进行优化，从而提高复杂 EJB 远程调用场景的性能。

- 协议解析器。

针对 HTTP、AJP 提供协议解析功能，根据协议规范从请求 header 和请求 body 中解析出有效数据传递给后端容器进行进一步处理。

- 性能瓶颈分析工具。

提供分析应用系统并发处理性能瓶颈的工具，可以实现瓶颈故障代码级问题的定位。提供慢请求分析、慢 SQL 分析、线程分析、内存分析等多种类型的分析功能。

（4）分布式内存网格。

随着企业应用的并发访问用户越来越多，单个应用实例已经不足以支撑，这时就要求应用可以动态地横向扩展。通过增加实例个数对并发用户进行分流，集群式解决方案的常规做法是在多个应用实例前端放置负载均衡服务器，将大并发的用户请求引入不同的应用实例上进行处理。在实际的业务场景下，企业应用实例的运行往往会伴随着很多数据的产生，这些数据使得应用实例具有了状态，而当应用实例具有了状态后，横向扩展就会变得困难，因为新扩展的应用实例需要同步已有应用实例的状态，这样才能进行协作并保持业务数据的一致性，因此需要通过分布式内存网格系统来解决这个问题。

（5）集群管理工具。

集群管理工具为集群运行、管理、监视、运维管控的核心依托，是确保集群化业务应用系统高可用性的基础保障。

集群管理工具提供服务器管理、节点管理、资源配置、应用管理、集群配置、Java 命名和目录接口（Java Naming and Directory Interface，JNDI）管理、统一部署管理、用户管理、集群监视、集群诊断、集群日志、弹性伸缩、智能路由等功能。

- 服务器管理。

服务器为集群的基础设施，集群管理工具须提供服务器的实例管理功能，包括实例增加、删除、复制、启动、停止、查看。

- 节点管理。

节点管理对集群环境下的应用服务器节点进行动态管理。

- 资源配置。

资源配置包括对 JDBC、Java 连接器架构（Java Connector Architecture，JCA）、EJB 等资源进行配置管理。

- 应用管理。

应用管理提供应用的部署、启动、停止、解部署、重部署等功能。

- 集群配置。

集群配置针对集群的服务器配置、Session 复制、负载均衡服务器等信息进行配置管理，支持对集群节点的公共类路径 jar 包或 class 文件的推送。

- JNDI 管理。

JNDI 管理提供 JNDI 树，便于用户对管理的所有服务器进行 JNDI 信息的查询，包括对远程 EJB 域、本地 EJB 域、应用 global 域、应用域内的 JNDI 进行显示。

- 统一部署管理。

统一部署管理提供集群环境下，同一服务器上多套应用服务器的统一部署，提高部署效率。

- 用户管理。

用户管理对集群环境下应用服务器管理的相关用户进行创建、编辑、删除、查询等管理，确保应用服务器安全运行。

- 集群监视。

集群监视提供对所管集群内实例的监视功能。

- 集群诊断。

集群诊断提供完善的监控诊断和快照分析，在出现问题或有潜在隐患时会自动生成内容详细的快照，并提供快照回放功能，将快照信息与监控诊断系统提供的监控持久化数据相结合，就可以分析出之前发生问题的原因。

- 集群日志。

集群日志提供日志级别、日志配置、异步日志等功能，也提供连接池诊断和 SQL 分析等功能。

- 弹性伸缩。

弹性伸缩能够自动、及时地根据业务量规模的变化对集群节点进行增减，并且不影响业务的连续运行，从而可以达到提高资源利用率、随时从容应对变化的大并发压力的目标。

- 智能路由。

由于集群节点众多、环境复杂，为此需要提供能够自动、及时地根据业务量规模的变化而对集群节点调整的路由，并且不影响业务的连续运行。

3．特性

（1）高性能。

中间件应用服务器集群采用高性能负载均衡服务器进行请求分发。负载均衡服务器可将用户请求通过轮询、比例因子、权重、随机等多种分发策略快速分发给应用服务器，确保用户请求可以快速得到响应。同时，负载均衡服务器还提供了动静数据分离功能，可进一步提升系统的响应能力。中间件应用服务器集群利用分布式内存网格保存会话数据，分布式内存网格具有极高的读写速度，同时配合异步写操作，使请求响应时间几乎不受影响，保证了大压力下的高吞吐量。

（2）高可用性。

中间件应用服务器集群可提供大并发用户对应用的访问能力，支持应用请求控制、分发，以及会话复制等功能，确保登录用户在遇到服务器宕机、网络故障等问题时，实现无感应用访问切换，且不会丢失会话信息。应用服务器、分布式内存网格均可由多台服务器组成集群，负载均衡服务器可将用户请求按不同策略分发给应用服务器。应用服务器分布式内存网格是用来保存会话数据的内存缓存服务器，可以配置多台服务器组成缓存集群，缓存集群之间可以自动复制数据，不存在单点问题，提供了极高的可靠性。

（3）可扩展性。

中间件应用服务器集群在不影响原业务系统正常运转的情况下，可实现服务器的动态增加。应用服务器、分布式内存网格均可支持动态扩展功能，新加入的应用服务器、缓存服务器可立刻参与分担用户的访问请求，从而降低整个集群的压力。

（4）兼容性。

中间件应用服务器集群支持市场上国外主流硬件及国产安全、可靠的硬件平台，也支持国外主流及国产的操作系统、数据库。

1.3.5 统一部署管理工具

本小节主要介绍统一部署管理工具的概念、架构设计和特性。

1. 概念

统一部署管理工具是用于实现国产服务器上的操作系统、数据库、中间件等基础软件的统一部署管理，提供统一部署、交付、运维的管理界面和接口，可以提高系统上线部署效率，降低各种集群软件安装配置的复杂度。

2. 架构设计

统一部署管理工具的架构如图 1-5 所示。

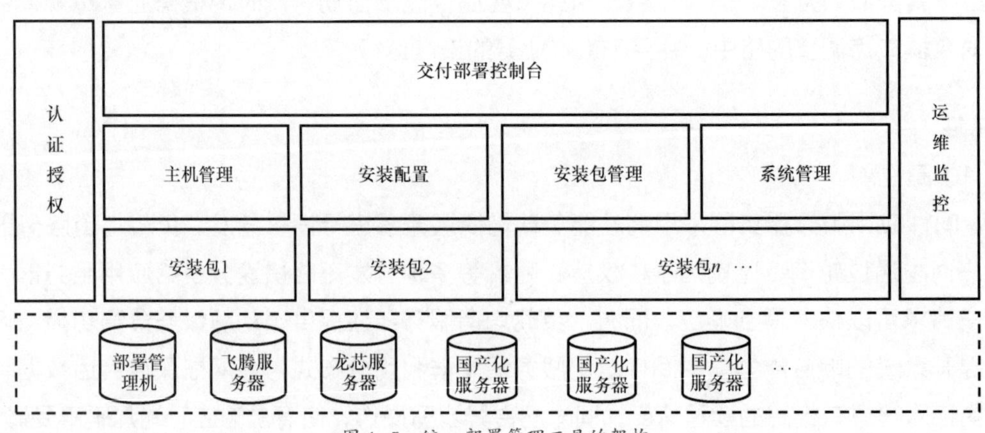

图 1-5　统一部署管理工具的架构

- 主机管理。

主机管理对用于部署的服务器进行统一登记，保证其处于受控状态，即可以用相应的技术手段对其执行管理任务。例如，进行标识、开关机、重启、部署系统等工作。

- 安装配置。

当部署服务器处于受控状态后，可以对目标服务器进行远程预启动执行环境（Preboot

eXecution Environment，PXE）引导，实现基于网络操作系统的自动部署，然后基于操作系统镜像中预置的组件，拉取相应的安装包，完成数据库、中间件等软件和集群的安装部署。

● 安装包管理。

在部署管理机上，安装包管理存放预先适配好的不同平台、不同操作系统、不同版本的基础软件安装包，并提供典型的配置参数，供安装部署时选用。

● 系统管理。

系统管理用来管理本平台的用户相关信息，校验用户信息、访问功能。

● 交付部署控制台。

交付部署控制台提供了人机交互界面，通过图形化的部署过程简化原来大量的命令行操作，降低部署难度，提高部署效率。

3. 特性

统一部署管理工具具有以下特性。

（1）基于 DevOps 技术提供自动化交付能力。

统一部署管理工具基于 DevOps 技术，实现了远端宿主机上的快速软件交付能力。标准化部署环境、测试环境、部署流程，使得操作系统、数据库、中间件软件集群产品部署交付过程经过内部严格的管道测试后，再到客户现场进行完全一致的生产部署。

（2）支持多种硬件平台和操作系统。

统一部署管理工具支持 Intel x86 平台和龙芯、飞腾、鲲鹏等国产硬件平台，也支持主流国产服务器操作系统，如麒麟等。系统提供 Linux 上的一键离线部署包，部署就绪的系统可以同时远程管理多台部署服务器。

（3）提供所见即所得的交付部署界面。

统一部署管理工具提供所见即所得的 Web 界面，将复杂的交付过程简化为主机管理、部署配置、部署执行等，使普通技术人员也能快速完成复杂系统的软件交付工作。整个部署执行过程同步输出部署日志，便于部署人员分析并处理可能出现的部署问题。

（4）支持多种集群软件交付。

统一部署管理工具支持多种集群软件的自动化交付工程，包括操作系统 / 操作系统高可用集群、数据库 / 数据库共享存储集群、中间件 / 中间件应用服务器集群等的安装和配置，极大地降低了复杂集群软件的交付运维难度，使这些平台能更好地服务于各类项目的部署交付过程。

（5）开放式架构，支持多种形式的软件部署工程。

采用开放式架构，支持多种类型、多种平台、多种操作系统上的自动化软件部署工程。所有符合标准的部署工程均可按需装载到系统中，为系统提供多种不同功能的软件部署方案。系统为每个部署工程提供了可配置参数及设置功能，便于各类部署工程定义自己的部署参数。

（6）全面支持内网环境下的全离线部署。

统一部署管理工具充分考虑了内网环境下的部署需求，操作系统及所有的部署依赖均无须上网，就可以在内网环境下离线完成操作系统部署、依赖软件部署、系统软件部署等所有工作，特别适合各种专网环境下的交付场景。

第 2 章

银河麒麟高可用集群软件

2.1 集群初识

集群是一种计算机系统，它通过将一组松散集成的计算机软件或硬件连接起来并高度紧密地协作完成计算工作。集群具有良好的扩展性和高可用性。企业通过部署集群可以提升业务处理能力和业务稳定能力，通过集群负载均衡功能将业务相对均匀地分布到集群中的各个业务机器，增加数据吞吐量；通过集群错误恢复功能避免集群中因为某个机器故障不能提供服务而造成的业务中断。

2.1.1 集群的定义

集群是指通过软件互相连接多台计算机组成的并行或分布式系统，其也可以作为单独、统一的计算资源来使用，高度紧密地协作完成计算工作。在某种意义上，它们可以被看作一台计算机。集群中的单台计算机被称为节点，节点之间通过局域网相连接，但也可能采用其他连接方式。集群节点通常解决了单台计算机硬件资源不足的问题，通过将多台计算机组成集群，将多个节点的 CPU、内存、I/O 等资源形成逻辑上的资源池，从而大幅度地提升硬件资源和计算机处理能力；同时，集群也可以解决业务环境中单点故障的问题，通过高可用集群即可实现单点故障的容灾，保障业务架构的可靠性。

2.1.2 集群的分类

根据业务需求的不同，操作系统集群可以分为三大类：高可用集群、负载均衡集群、高性能集群。

1. 高可用集群

高可用集群（High Availability Cluster，HA 集群）主要解决的是业务环境中某个环节机器单点故障的问题，避免因为单点故障造成业务宕机。高可用集群将两台或两台以上的计算机组成集群，通过主备（AB）模式进行工作，当一个节点因为故障宕机时，另一台可以秒级接替其业务，实现业务的稳定运行。

常见的操作系统高可用集群软件有以下几种。

- MSCS: 微软集群。
- RoseHA：中思软件。
- Zookeeper：Google 开源项目。
- RHCS：RedHat 集群。
- Keepalive：开源项目。
- Pacemaker：开源项目。

初创时期的用户量较小，为了节约成本，公司往往将所有的 Web 业务全部部署在一台

Web 服务器上，这样既能解决 Web 部署的问题，也能解决成本的问题，如图 2-1 所示。

图 2-1 所示的架构中，通过单台服务器、单一线路连接到互联网，为互联网用户提供 Web 站点服务（网络连接由运营商提供，图中用直线说明网络连接正常），这种架构适用于网络稳定及用户量较少的业务场景。这种架构的成本较低，但是后期存在的安全隐患比较大，例如存在如下隐患。

- 托管服务器机房的网络不稳定或者线路被误操作造成宕机。
- 服务器硬件故障造成宕机。
- 用户访问量大造成宕机。
- 应用程序故障造成程序宕机。

这些问题随着公司业务量变大会逐步凸显出来，那么因为宕机造成业务中断也只是时间的问题，这时高可用集群在业务架构中部署的意义便得到了显现，如图 2-2 所示。

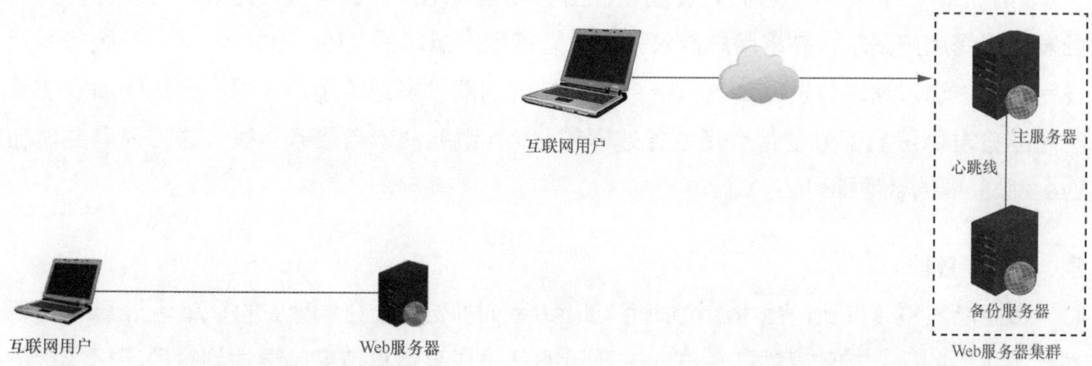

图 2-1　Web 业务传统场景架构　　　图 2-2　Web 业务高可用访问场景架构

图 2-2 所示的架构中，Web 服务器由原来的一台变为多台相同的服务器（可以理解为每台服务器运行的业务和数据、提供的服务完全相同），从图上可以看出，Web 站点被多台服务器同时发布，且用不同线路连接每台服务器，从而可以避免物理线路、服务器硬件、应用程序故障等造成的业务宕机。

2. 负载均衡集群

负载均衡集群（Load Balancing Cluster，LBC），在业务环境中主要解决的是单台计算机无法应对的大并发的问题。随着业务量及用户的增长，单台计算机的性能总会被消耗完，最终因为业务量过大造成用户访问延时或者服务器宕机。为了解决这些问题，可以将多台业务相同的计算机组成一个负载均衡集群，该集群中的请求分发器根据管理员预先设定的算法将请求分发到不同的计算节点，由计算节点来完成请求的处理工作，从而实现了负载均衡分配的目的，降低了单个节点的压力，且节点越多，能够处理的用户请求越大，如图 2-3 所示。

常见的操作系统负载均衡集群软件有以下几种。

- LVS。

- Nginx。
- HAproxy。

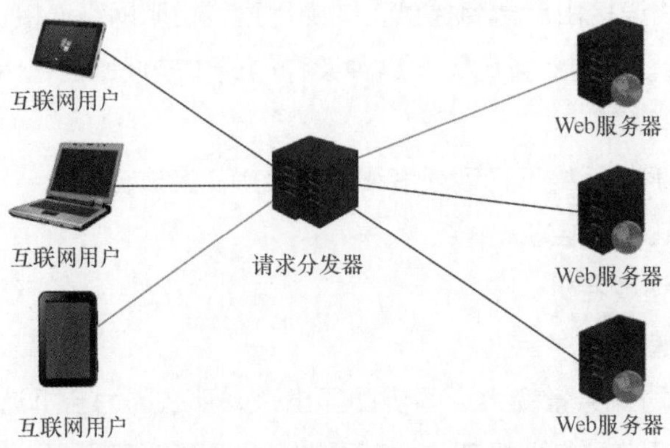

图 2-3　Web 业务负载均衡访问场景架构

图 2-3 所示的架构适合大并发流量的业务场景，用户将请求发送给请求分发器，请求分发器接受用户请求，并将用户请求分发给处理用户请求的 Web 服务器，Web 服务器处理完毕后，通过请求分发器或者直接将处理完成的请求发送给用户。用户的访问请求按照一定的分发算法全部分发给负责业务处理的 Web 服务器，当业务量很大时，只需要增加 Web 服务器的数量即可。

3. 高性能集群

高性能集群（High Performance Cluster，HPC），主要解决的是单台计算机计算性能不足的问题。构建高性能集群的主要目的就是提高运算速度，要达到每秒万亿次级的计算速度，对系统的处理器、内存带宽、运算方式、I/O、存储等方面的要求都十分高。另外，高性能集群主要解决大规模科学问题的计算和海量数据的处理，如科学研究、气象预报、计算模拟、军事研究、生物制药、基因测序、图像处理，等等。

常见的高性能集群软件有以下两种。

- Hadoop Mapreduce。
- Slurm。

2.1.3 银河麒麟高可用集群软件介绍

银河麒麟高可用集群软件是基于国产银河麒麟高级服务器操作系统开发的高可用产品，能够给用户提供多种灵活的高可用组合解决方案，保障用户的服务器集群对外提供不间断的运行环境。

银河麒麟高可用集群软件对用户的环境没有特定的要求，这使得它支持任何类型的高可用节点冗余配置，用户可以根据自身对业务的级别要求和成本预算，通过银河麒麟高可用集群软件部署适合自己的高可用集群。

1. 常见的集群容灾架构模式

银河麒麟高可用集群软件支持多种容灾架构模式，常见的集群容灾架构模式有以下几种。

（1）双机热备模式。

在双机热备模式下，一台服务器作为主服务器，承担所有的服务，另一台服务器作为待机服务器，正常情况下，除了监控主服务器的状态外，不进行其他的操作。一旦主服务器宕机，待机服务器就接手工作，成为新的主服务器。客户仍然可以拥有同样的服务器 IP 地址、NFS（Network File System，网络文件系统）、数据、数据库等。这实际上是在完成同一个功能应用，安装在主机上的银河麒麟高可用集群软件通过心跳线来实时监测对方的运行状态，一旦正在工作的主机 A 发生故障，主机 B 就立即投入工作。

（2）双机互备模式。

在双机互备模式下，两台主机都作为主服务器，共享自己的磁盘阵列，各自承担一部分服务。例如，服务器 A 在执行应用 A，服务器 B 在执行应用 B，两台主机在正常情况下各自独立运行自己的应用，同时两台主机又都作为对方的待机服务器，通过心跳线监控对方的状态。一旦某一台服务器宕机，另一台服务器就承担所有的服务，即一旦服务器 A 发生故障，服务器 B 就马上接管服务器 A 上原来的应用；或者服务器 B 发生故障，服务器 A 就马上接管服务器 B 上原来的应用，这是一种互为冗余的模式。

（3）N+1 模式。

N+1 模式就是准备一个额外的备机节点，当集群中某一节点发生故障后，该备机节点会被激活，从而接管故障节点的服务。在不同节点安装和配置不同软件的集群中，即集群中运行多个服务的情况下，该备机节点应该具备接管任何故障节点的服务的能力，而如果整个集群只运行同一个服务，则 N+1 模式便退变为双机互备模式。

（4）N+M 模式。

在 N+M 模式下，有 *N* 台主机运行业务，*M* 台主机作为待机服务器，正常情况下，除了监控主服务器的状态外，不进行其他的操作。一旦运行业务的主机出现故障，待机服务器依据设定的顺序接管业务，成为新的主机，继续对外提供服务。

（5）N-to-I 模式。

在 N-to-I 模式下，允许接管服务的备机节点临时成为活动节点（此时集群已经没有备机节点），但是，当故障主节点恢复并重新加入集群后，备机节点上的服务会转移到主节点上运行，同时，该备机节点恢复 Standby 状态以保证集群的高可用性。

（6）N-to-N 模式。

N-to-N 模式是双机热备模式和 N+M 模式的结合，N-to-N 集群将故障节点的服务和访问请求分散到集群其余的正常节点中。在 N-to-N 集群中并不需要有 Standby 状态节点的存在，但是需要所有 Active 状态的节点均有额外的剩余可用资源。

2. 银河麒麟高可用集群软件的特点

银河麒麟高可用集群软件由于其灵活部署的特点，受到广大企业及架构师的青睐，被大量部署在高可用集群架构中。总体来说，银河麒麟高可用集群软件的优点如下。

（1）基于 Web 的集群管理界面。

银河麒麟高可用集群软件拥有友好、直观、易操作的集群管理界面，有关“银河麒麟高可用集群软件”的通用资源保护配置都可以在管理界面中完成。

（2）心跳方式。

银河麒麟高可用集群软件支持多路网络心跳。

（3）秒级切换能力。

银河麒麟高可用集群软件的错误检测时间小于 10 秒，故障切换触发时间达到秒级。

（4）故障恢复后自动回迁机制。

银河麒麟高可用集群软件保证稳定的数据可访问性，任何一个节点出现故障，都可以在极短的时间内进行自动切换，当故障排除后，服务可根据客户需求确定是否回迁（就实际实施情况来看，客户并不希望频繁回迁），提供 7×24 小时永不停机的企业级应用系统。

（5）极端情况下对数据完整性的保护。

银河麒麟高可用集群软件通过脑裂预防机制，保证在双机出现极端故障的情况下服务器数据依旧完整。

（6）极低的系统资源占用。

银河麒麟高可用集群软件系统资源占用极低，基本不会与被保护应用争抢系统资源。

（7）多种硬件平台支持。

银河麒麟高可用集群软件提供对多种硬件架构的支持，能够最大限度地满足不同平台的需求，并支持多种文件系统及存储设备，使其可以灵活地部署。

（8）支持的节点数与网络带宽相关。

银河麒麟高可用集群软件可支持的节点数与用户网络带宽相关，若用户的集群所在网络是光纤千兆网，那么推荐最高部署 32 个节点；若用户的网络在千兆网和百兆网之间，建议用户最高部署 16 个节点；若用户的网络是百兆网，那么部署 16 个以内的节点性能最佳。

（9）完整的日志。

银河麒麟高可用集群软件提供完整的日志及相关调试信息，便于系统管理员进行监控、管理。

2.1.4 银河麒麟高可用集群软件的组成元素

银河麒麟高可用集群软件的重要组成元素有两个，分别是 Pacemaker 和 Corosync。

1. Pacemaker

Pacemaker 是一个开源的集群资源管理器（Cluster Resource Manager，CRM），

位于银河麒麟高可用集群架构中资源管理、资源代理（Resource Agents，RA）这个层次，它不能提供底层心跳信息传递的功能，要想与对方节点通信，需要借助底层的心跳传递服务，将信息告知对方。

（1）Pacemaker 的主要功能。

- 监测并恢复节点和服务级别的故障。
- 通过隔离故障节点来确保数据的完整性。
- 每个集群支持一个或多个节点。
- 支持多种资源接口标准。
- 支持（但不要求）共享存储。
- 支持几乎任何类型的冗余配置（主动 / 被动、N+1 等）。
- 自动同步各个节点的配置文件。
- 能够指定资源运行位置关系，包括资源位置、资源协同、资源顺序及自定义规则。
- 支持多种资源类型，包括克隆资源和主从资源，以及可升级的克隆（可以在两种角色中的一个角色中运行的克隆）和容器化服务。
- 拥有统一的、可编写脚本的集群管理工具。

（2）Pacemaker 的架构。

在 Pacemaker 的架构中，一般拥有以下元素。

- 资源（Resources）：集群存在的目的就是管理资源，比如虚拟 IP 服务、文件系统服务、数据库服务都可以称为资源。
- 资源代理（Resource Agents，RA）：作为 Pacemaker 和托管服务之间的统一接口，通常由启动、停止和监视资源的脚本或操作系统组件构成。
- fence 代理（Fence Agents，FA）：作为一种确保节点无法运行服务的能力，可以通过隔离设备来实现。
- 集群成员层（Cluster Membership Layer，CML）：提供有关集群的可靠信息传递、成员资格和仲裁信息，目前在 Pacemaker 中通过 Corosync 来进行此操作。
- 集群资源管理器（Cluster Resource Manager，CRM）：作为集群资源管理的大脑，处理集群中发生的事件并作出反应，包括管理集群节点的加入和删除、处理各类资源事件，以及隔离故障节点。
- 集群工具（Cluster Tools，CT）：提供与集群的交互入口，有命令行工具，也有图形用户界面（Graphical User Interface，GUI）工具。

大多数服务本身并不支持集群。许多开源集群文件系统都使用了一个常见的分布式锁管理器（Distribute Lock Manager，DLM），它直接使用 Corosync 来实现其消息传递和成员资格，并使用 Pacemaker 来隔离节点，如图 2-4 所示。

（3）Pacemaker 的内部组件。

Pacemaker 作为一个独立的集群资源管理器，其本身由多个内部组件构成，这些内部组件相互通信协作，最终实现了集群的资源管理。

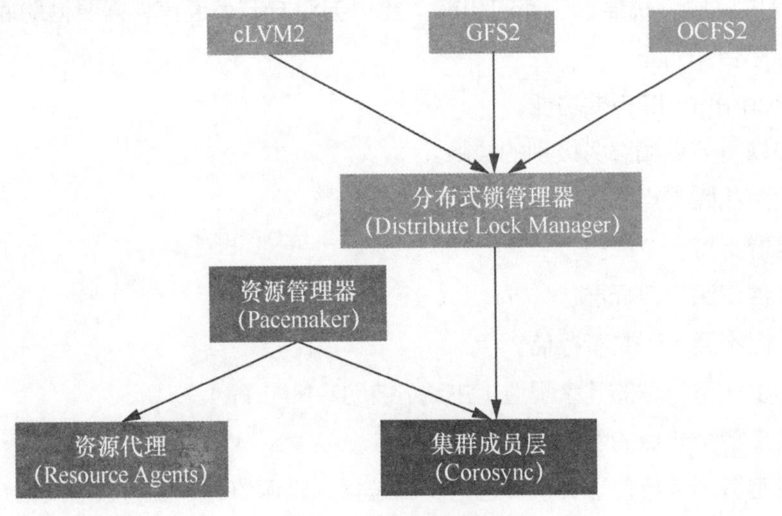

图 2-4　高可用集群架构

Pacemaker 由以下多个协同工作的守护进程组成。

- Pacemakerd。

Pacemakerd 作为 Pacemaker 的主进程，生成所有其他守护进程，并在它们意外退出时重新生成它们。

- Pacemaker-attrd。

Pacemaker-attrd 维护所有节点的属性数据，使其在集群中保持同步，并处理修改属性的请求。这些属性通常被记录在集群信息数据库（Cluster Information Base，CIB）中。

- Pacemaker-based。

Pacemaker-based 是在内存中的 XML 数据库，属于 CIB，其保存了 Cluster 的所有节点与资源的配置和状态。

- Pacemaker-controld。

Pacemaker-controld 是一台控制器，是 Pacemaker 的协调员，维护集群成员的一致视图并协调所有其他组件。

- Pacemaker-execd。

Pacemaker-execd 负责在本地集群节点上执行资源代理的请求，并返回结果。

- Pacemaker-fenced。

Pacemaker-fenced（fence 机制）处理故障节点请求。在给定目标节点后，fence 机制决定哪个集群节点应该执行哪个 fencing 设备，调用必要的 fencing 代理，并返回结果。

- Pacemaker-schedulerd。

给定 CIB 的快照作为输入，Pacemaker-schedulerd（调度程序）确定实现集群状态所需的操作。

2. Corosync

Corosync 是一个组通信系统，具有在应用程序内实现高可用的附加功能，它有以下特征。

- 封闭的程序组通信模式。这个模式提供一种虚拟的同步方式来保证能够复制服务器的状态。
- 简单可用的管理组件。当进程失败后，该组件可以重新启动应用程序的进程。
- 配置内存数据的统计组件。内存数据能够被设置、回复，该组件可以接受通知的更改信息。
- 定额的系统。定额完成或丢失时通知应用程序。

2.2 银河麒麟高可用集群软件部署

下面通过实验的方式来安装部署银河麒麟高可用集群软件，然后通过 Web 站点对集群进行查看、管理等操作。

部署要求如下。

（1）安装有银河麒麟高级服务器操作系统 V10 的机器两台，机器硬件配置推荐为 1 核 4G，可以是 KVM 虚拟机，也可以是物理服务器。如果是物理服务器，建议要有远程管理模块，否则无法执行 fence 操作。

（2）每台机器需要两块网卡，一块网卡连接外网，用来提供业务，一块网卡连接内网，用来连接心跳线。如果希望做心跳冗余，可以使用 3 块网卡，其中两块做心跳冗余。

（3）物理服务器的基板管理控制器（Baseboard Management Controller，BMC）网卡需要接入到业务网络中，用户才能通过公网访问。

这里采用一台物理机安装银河麒麟高级服务器操作系统 V10，通过 KVM 虚拟机来完成实验。实验拓扑图如图 2-5 所示。

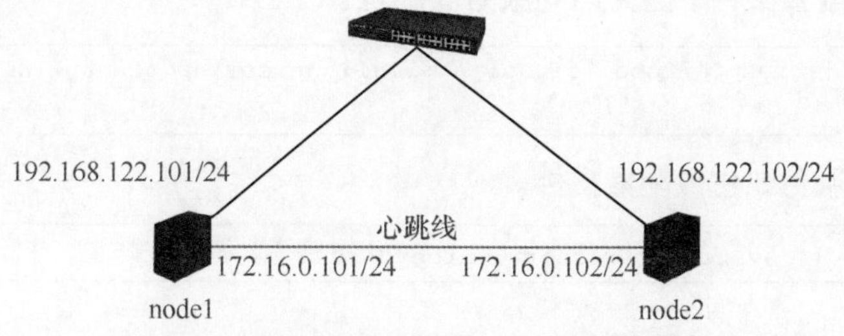

图 2-5　银河麒麟高可用集群软件部署实验拓扑图

由图 2-5 可知，要完成该实验需要准备两台机器，并且设置好网络地址，以便实现内外网通信。实验中使用 192.168.122.0 网段模拟外网环境、172.16.0.0 网段模拟内网环境。本实验中实验机器的内、外网 IP 地址的配置如表 2-1 所示。

表 2-1 内、外网 IP 地址的配置

机器名称	外网 IP	内网 IP
node1	192.168.122.101/24	172.16.0.101/24
node2	192.168.122.102/24	172.16.0.102/24

2.2.1 初始化安装环境

系统初始化主要是为部署业务环境做准备工作，以便更好地完成环境部署，要注意的是，所有节点机器都需要做初始化。

1. 以 node1 节点为例，设置主机名 [node1、node2]

通过修改 /etc/hostname 文件修改主机名，但修改配置文件后并不是立即生效，而是重启计算机后才生效。本文中使用“hostnamectl”命令设置主机名。

```
[root@node1 ~ ]# hostnamectl set-hostname node1
```

2. 关闭防火墙、selinux，设置网络时间服务器地址

（1）以 node1 为例，关闭防火墙 [node1、node2]，确保状态为 disabled。

```
[root@node1 ~ ]# systemctl stop firewalld.service
[root@node1 ~ ]# systemctl disable firewalld.service
[root@node1 ~ ]# iptables -F
```

（2）以 node1 为例，关闭 selinux [node1、node2]。

```
[root@node1 ~ ]# sed-i'/^SELINUX=enforcing$/c\SELINUX=disabled'/etc/selinux/config
```

重启系统后，确认 selinux 状态为 disabled。

```
[root@node1 ~ ]# getenforce
disabled
```

（3）以 node1 为例，通过网络时间服务器同步时间 [node1、node2]。

修改 chrony 配置文件，定义时间服务器地址。

```
[root@node1 ~ ]# sed-i'/^pool/c\pool ntp1.aliyun.com\npool ntp2.aliyun.com' /etc/
chrony.conf
```

重启 chrony 服务，生效配置文件。

```
[root@node1 ~ ]# systemctl restart chronyd.service
```

查看设置是否生效。

```
[root@node1 ~ ]# chronyc sources -v
210 Number of sources = 2

.-- Source mode  '^' = server, '=' = peer, '#' = local clock.
/ .- Source state '*' = current synced, '+' = combined , '-' = not combined,
```

```
| /   '?' = unreachable, 'x' = time may be in error, ' ~ ' = time too variable.
||                                           .- xxxx [ yyyy ] +/- zzzz
||      Reachability register (octal) -.    |  xxxx = adjusted offset,
||      Log2(Polling interval) --.      |   |  yyyy = measured offset,
||                                \     |   |  zzzz = estimated error.
||                                 |    |         \
MS Name/IP address    Stratum Poll Reach LastRx Last sample
===============================================================
^? 120.25.115.20  2    6    1  4   +4863us[+4863us] +/-   20ms
^? 203.107.6.88   2    6    1  4   +6457us[+6457us] +/-   14ms
```

看到末尾的两个时间服务器 IP 地址就说明成功了。

3. 网络配置 [node1、node2]

（1）node1。

```
[root@node1 ~ ]# nmcli connection add con-name enp1s0 \
> ifname enp1s0 \
> type ethernet \
> ipv4.method manual \
> ipv4.add 192.168.122.101/24 \
> ipv4.g 192.168.122.1 \
> ipv4.dns 114.114.114.114

[root@node1 ~ ]# nmcli connection add con-name enp7s0 \
> ifname enp7s0 \
> type ethernet \
> ipv4.method manual \
> ipv4.add 172.16.0.101/24
```

（2）node2。

```
[root@node2 ~ ]# nmcli connection add con-name enp1s0 \
> ifname enp1s0 \
> type ethernet \
> ipv4.method manual \
> ipv4.add 192.168.122.102/24 \
> ipv4.g 192.168.122.1 \
> ipv4.dns 114.114.114.114

[root@node2 ~ ]# nmcli connection add con-name enp7s0 \
> ifname enp7s0 \
> type ethernet \
> ipv4.method manual \
> ipv4.add 172.16.0.102/24
```

4. 以 node1 为例，域名 / 主机名解析 [node1、node2]

```
[root@node1 ~ ]# cat /etc/hosts
127.0.0.1    localhost
::1          localhost
172.16.0.101    node1
172.16.0.102    node2
```

```
192.168.122.101   node1
192.168.122.102   node2
```

5. 重启系统使上述配置生效

```
[root@node1 ~ ]# reboot
```

2.2.2 安装集群软件

初始化完成后，就可以在任意一个节点机器上安装银河麒麟高可用集群软件，根据安装软件的提示，输入其他节点机器的 IP 地址、登录密码后，会通过远程的方式给其他节点机器安装，依次对每个节点进行银河麒麟高可用集群软件的安装。

本实验中通过 node1 机器来完成安装。

1. 挂载银河麒麟高可用集群软件安装光盘

```
[root@node1 ~ ]# mount /dev/cdrom /mnt
mount: /mnt: WARNING: source write-protected, mounted read-only.
[root@node1 ~ ]# ls /mnt/
Debug  install.console  KylinHA  LICENSE  Manual  TRANS.TBL
```

2. 运行安装脚本，安装集群软件

```
[root@node1 ~ ]# /mnt/install.console
```

运行脚本后进入安装的欢迎界面，如图 2-6 所示。

```
                          o   ony
                        ion ooney
                       lononney
               illooonenoneeyK
         olool  oonoooonnnneyyKKK
      nloooonnnnoooonnnnnnneyyn
      eoeyyKKKyenononnnnnnneeyenol
       KKKK    yennnneeeeeeeyenlll
         nnnoooonneeeeeyyyyyeeeyeii                                    yy
        eonnnnnnnnneeyyKKKyKyyeneyel                                 oonyK
        eeeeeeeeeeeeyKKKKKyyyeennKe                               nolonnyKK
          yyyenneeyyKKKKyKKKKKKeonK                                olllnyKKK
           ynooneyyKKKKyyynKKKKKKele         KyennnoonnnneeK   eollnyKynoii
          eelloneyKKKKyyK KyyK KKele    ennollliiillllooonnnnnnnlneKKneeyenli
          eolonnyKKKKyyyK yeeeeeene  ennolllllooneeeyyyyyyyeeeeneyKKeKKKKKoi
          eoloneyKKKKyyeeKKennneKennolloonneeyyyyKKKKKKKKyyyyyyyyKKKKKynoi
        noeoloneyKKKKKyyeeeeeeeeennoooonnneeyyyyyKKyyyyyyyKKKKKKyyyyyyyeno
       nloenonneyKKKKKKyyyeennnnonnnneeeyyyyyyyyyyyyeeennneyKKKyeynnol
  noollooonyKKeoneeyyKKKKKKyyyyyyeeeyyyyyyyyyKyyyyyylonnnn ooneKKyneK
  nolonneyKKKKKenneeyyyyKKKKKKKyyyyyyyyyyyKKyyeyyinoeeyyyey ionyKyneK
   ennyKKKKyKK  eeeeeyyyyyyyyyyyyyyyyyyKKyyeneyK yonyKKKKKee nnyKeny
     enyK         yyyeeeyyyyyKKKKKKyyyyeeneeyK   eonyK  Ken oeyKyey
      enyKKKK       eneyyyyyyyyyyeeeeeeeeeeyKK   eoonneyyeeeeeeyKyey
       enyKKK     KnonyyKKKyyyyyyyyyyyKKK      oloyKeeeeeeeeeyyen
      KKyy        eoneyyyK                   loonyKKKKeeeyyyKyeli
      Ky         nonyKKyKy              lloooeyK       neeyyyKynooe
               nnoeyKKy            eyeeennnyKK            eeneyyee
            nnnnnnyKK              eeeeyyKKKKK         ooneyyKK
      yeeeennneyKK                                 yeKeeeeeyKK
       ennneeKKKKK                                 eeyeeyyKKKKK


----------------Welcome to KylinHA Install Program !-----------------


Installation terminal size must at least 31 lines and 100 columns,or the install will be quit!
```

图 2-6　欢迎界面

接下来，进入交互安装界面，分为 4 个阶段安装。

第一阶段主要是用户根据选择菜单的提示进行对应的操作。

```
############# Step 1 of 4 #############

Type number to choose
1) Install
2) Uninstall                3) Exit
#? 1
```

输入整数“1”后按 Enter 键，在本机 node1 上安装银河麒麟高可用集群软件。

输入整数“2”后按 Enter 键，卸载本机 node1 上安装的银河麒麟高可用集群软件。

输入整数“3”后按 Enter 键，退出安装程序。

第二阶段是为本机安装银河麒麟高可用集群软件，输入整数“1”后按 Enter 键，然后弹出软件许可协议，再次按 Enter 键到最后一行输入“y”，表示同意许可协议后，开始进入软件安装阶段。

```
############# Step 2 of 4 #############

Local Install....
[##############################                       60%]
```

进度条显示 100% 之后，本机的银河麒麟高可用集群软件就安装完成了。

第三阶段是为其他节点远程安装银河麒麟高可用集群软件，用户根据提示选择是否要为其他节点安装银河麒麟高可用集群软件。

本实验中的 node2 也需要安装银河麒麟高可用集群软件，所以当提示“Do you want to install another node? [y/n]:”时需要输入“y”，确定为 node2 节点安装银河麒麟高可用集群软件。

```
############# Step 3 of 4 #############
Do you want to install another node? [y/n]:y
```

然后，输入 node2 节点的 IP 地址、root 账号的密码后，通过远程的方式为 node2 安装银河麒麟高可用集群软件。

```
Please input node address:  192.168.122.102
Please input node password:  baism-2021
```

```
Installing HA on remote nodes 192.168.122.102
[##########################                      49%]
```

进度条显示 100% 后，node2 节点的银河麒麟高可用集群软件就安装完成了。此时会继续提示是否要为其他节点安装银河麒麟高可用集群软件，因本实验中没有机器需要安装，所以输入“n”，结束本阶段的安装。

```
############# Step 3 of 4 #############
Do you want to install another node? [y/n]:  n
```

第四阶段是创建一个默认名称为“hacluster”的银河麒麟高可用集群软件管理员，并设置一个安全密码。

```
############# Step 4 of 4 #############

---Configure password for hacluster---
the length of password must less than 40
Input Password   :**********
Confirm Password :**********
Created symlink /etc/systemd/system/multi-user.target.wants/pcsd.service → /usr/
lib/systemd/system/pcsd.service.
Created symlink /etc/systemd/system/multi-user.target.wants/ha-api.service → /
usr/lib/systemd/system/ha-api.service.
```

密码设置完成后，按 Enter 键会发现，本机将 pcsd、ha-api 服务设置为开机启动。设置完成后会弹出安装汇总信息，提示安装完成，按任意键退出安装程序。

```
###############Install Information################
Local install success!
All nodes  install success!
安装后请在集群内任意一个节点执行认证命令 "pcs host auth 主机名称 1 主机名称 2 ……"
并启动图形界面服务 "systemctl start ha-api"
##################################################
press any key to exit.....
```

根据提示在任意一个节点上执行认证命令，认证时需要提供银河麒麟高可用集群软件管理员的账号及密码。

```
[root@node1 ~ ]# pcs host auth node1 node2
Username: hacluster
Password:
node1: Authorized
node2: Authorized
[root@node1 ~ ]# systemctl restart ha-api
```

验证成功后，重启 ha-api 服务，使配置生效。通过命令“netstat-ntpl”查看到本机开放了一个端口 8088（见图 2-7），该端口是为银河麒麟高可用集群软件管理网站开放的。用户可以通过 https://ip:8088 访问银河麒麟高可用集群管理软件网站，通过该网站管理银河麒麟高可用集群软件。

```
[root@node1 ~]# netstat -ntpl
Active Internet connections (only servers)
Proto Recv-Q Send-Q Local Address           Foreign Address         State       PID/Program name
tcp        0      0 0.0.0.0:111             0.0.0.0:*               LISTEN      778/rpcbind
tcp        0      0 0.0.0.0:2224            0.0.0.0:*               LISTEN      68928/python3
tcp        0      0 0.0.0.0:22              0.0.0.0:*               LISTEN      1208/sshd
tcp        0      0 0.0.0.0:8088            0.0.0.0:*               LISTEN      74352/python3
tcp6       0      0 :::111                  :::*                    LISTEN      778/rpcbind
tcp6       0      0 :::2224                 :::*                    LISTEN      68928/python3
tcp6       0      0 :::22                   :::*                    LISTEN      1208/sshd
tcp6       0      0 :::9090                 :::*                    LISTEN      1/systemd
[root@node1 ~]#
```

图 2-7　本机开放的端口

通过查看发现本机的 8088 端口已经处于监听状态，说明 ha-api 服务已经正常启动。

2.2.3 通过 Web 界面管理集群

通过 Web 界面管理集群可以避免很多在后续工作中因为命令错误或者配置文件修改错误造成的不必要麻烦。

用户通过任意一台机器的浏览器进入银河麒麟高可用集群软件的 Web 管理界面，输入银河麒麟高可用集群软件管理员的账号、密码后，单击“登录”按钮即可（账号默认为“hacluster”，该账号的密码是在安装银河麒麟高可用集群软件的第四阶段设置的），如图 2-8 所示。

图 2-8 登录界面

登录后的管理界面如图 2-9 所示。

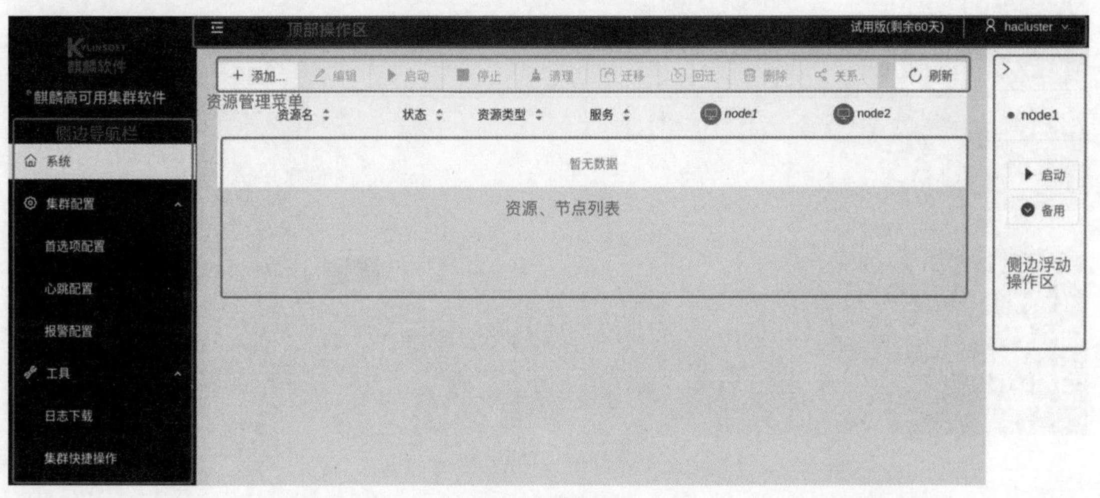

图 2-9 管理界面

左侧导航栏包含了系统、集群配置、工具等菜单项，中间区域包含顶部操作区、资源管理菜单，右侧有浮动操作区。

登录 Web 界面后会发现有一个名为 hacluster 的默认集群，具体信息可以通过“pcs status”命令查看（下文中会介绍）。Web 界面显示该集群中有 node1 和 node2 两个节点，两个节点用红色电脑图标显示，代表集群和节点处于关闭状态，如图 2-10 所示，输入每个节点心跳的 IP 地址，单击“确定”按钮即可完成配置，如图 2-11 所示。

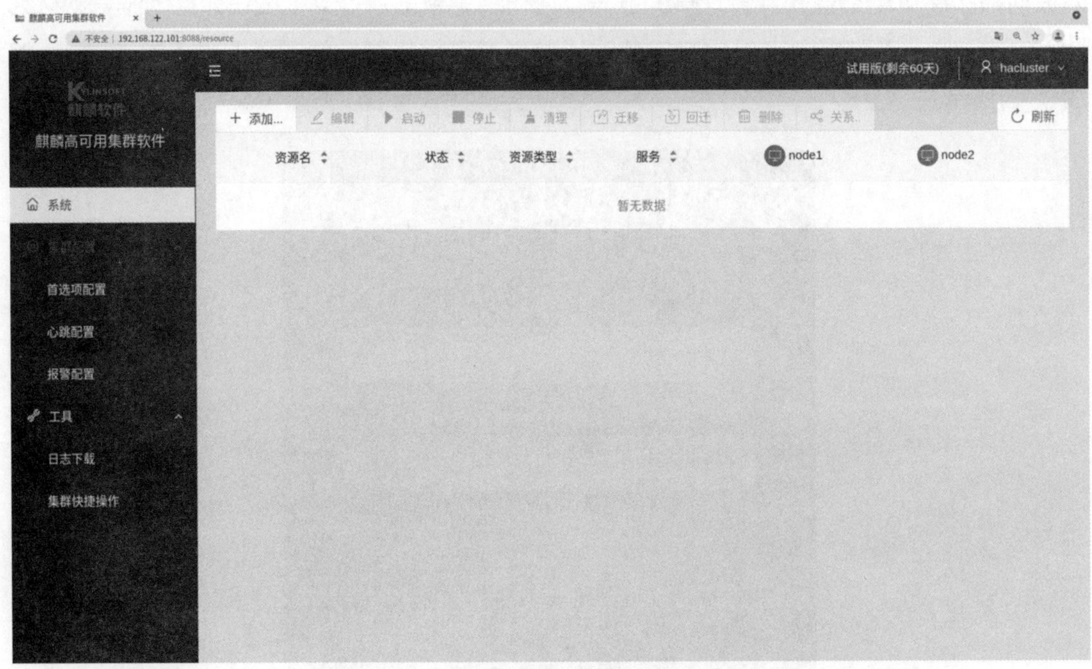

图 2-10 集群状态

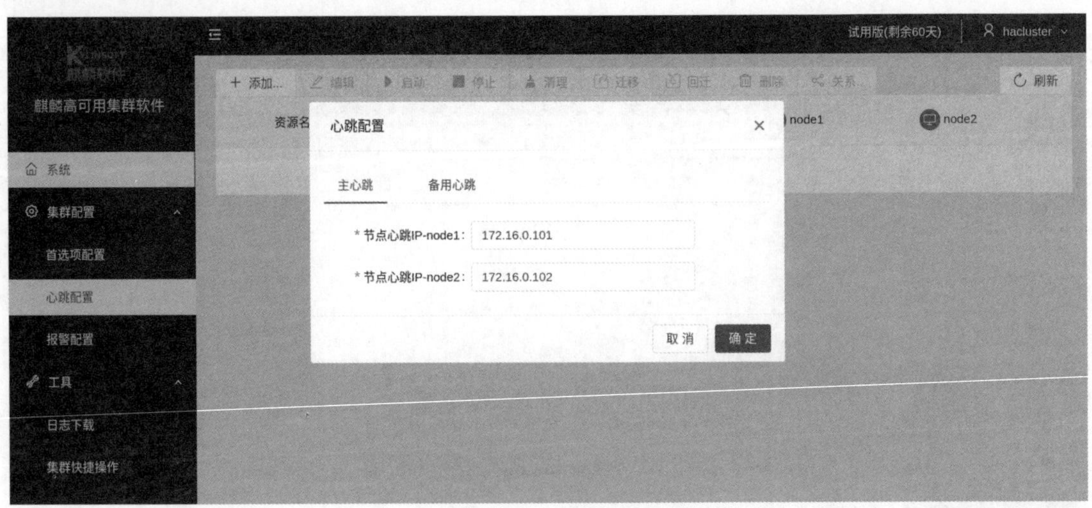

图 2-11 心跳配置

配置成功后会生成配置文件 /etc/corosync/corosync.conf。该文件内容可以通过 shell 命令在终端中查看，同时会激活集群软件，如图 2-12 所示。

两个节点的颜色由红色变成绿色，就说明集群中的银河麒麟高可用集群软件启动成功。

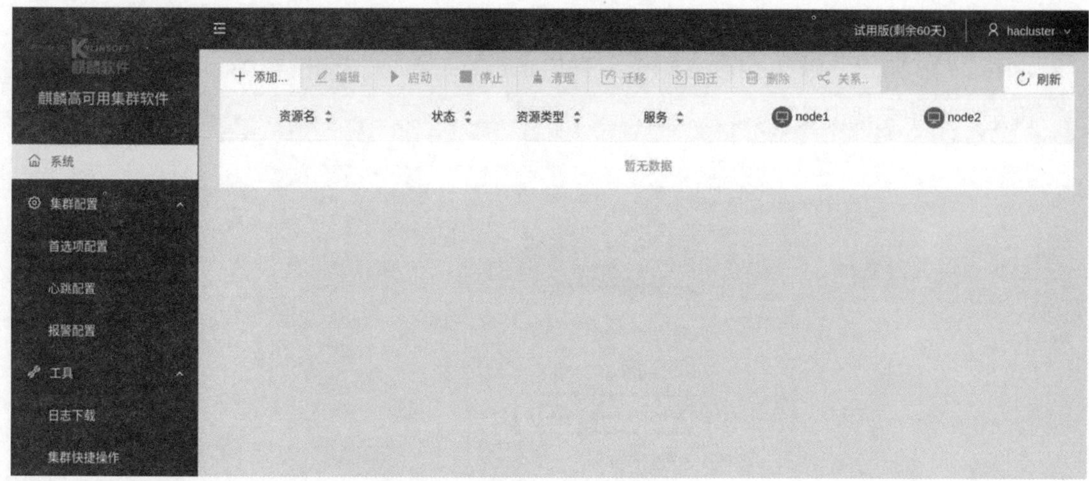

图 2-12　集群软件激活的界面

2.2.4 查看集群信息

1. 通过“pcs status”命令查看当前的银河麒麟高可用集群软件信息

```
[root@node1 ~ ]# pcs status
# 集群的名称为 hacluster
Cluster name: hacluster

# 警告：当前的 fence 是开启状态，如果没有配置 fence，则业务集群无法启动
WARNINGS:
No stonith devices and stonith-enabled is not false

Stack: corosync
Current DC: node2 (version 2.0.2-3.ky10.2.02.ky10-744a30d655) - partition with quorum
Last updated: Fri Jul  2 15:02:30 2021
Last change: Fri Jul  2 14:41:24 2021 by hacluster via crmd on node1
# 可以看到当前集群有 2 个节点
2 nodes configured
0 resources configured
# 2 个节点的状态为在线
Online: [ node1 node2 ]

# 没有配置集群资源
No resources
# 守护进程状态 当前状态 / 是否开机启动
Daemon Status:
 corosync: active/disabled
 Pacemaker: active/disabled
 pcsd: active/enabled
```

从命令输出中可以看到，当前集群的名称是“hacluster”，该集群中有 [node1 node2]2 个节点，状态为在线。需要注意的是，命令输出中有个“WARNINGS”的警告“No stonith devices and stonith-enabled is not false”，出现该警告提示是因为没有配置 fence 策略，如果实验中暂时不考虑配置 fence 策略，可以在网页端的“首选项配置”

中关闭 fence 功能，否则可能造成配置的业务集群资源无法启动。

如图 2-13 所示，默认 fence 功能是开启状态，可单击右侧按钮关闭该功能，然后单击“确定”按钮完成设置。

图 2-13 关闭 fence 功能

2. 通过命令行禁用 fence 功能

```
[root@node1 ~ ]# pcs property set stonith-enabled=false
```

3. 通过“pcs config”命令查看和管理集群配置

```
[root@node1 ~ ]# pcs config
# 集群名称
Cluster Name: hacluster
# 运行 Corosync 的节点
Corosync Nodes:
node1 node2
# 运行 Pacemaker 的节点
Pacemaker Nodes:
node1 node2

Resources:

Stonith Devices:
Fencing Levels:

Location Constraints:
Ordering Constraints:
Colocation Constraints:
Ticket Constraints:

Alerts:
No alerts defined
```

```
Resources Defaults:
No defaults set
Operations Defaults:
No defaults set

Cluster Properties:
cluster-infrastructure: corosync
cluster-name: hacluster
dc-version: 2.0.2-3.ky10.2.02.ky10-744a30d655
have-watchdog: false
stonith-enabled: false

Quorum:
  Options:
```

2.3 银河麒麟高可用集群软件资源管理

在 Pacemaker 中，资源就是集群所维护的高可用服务对象，最简单的资源是原始资源（Primitive Resource），此外，还有相对高级和复杂的资源组（Resource Group）和克隆资源（Clone Resource）等集群资源概念。在 Pacemaker 中，每一个原始资源都有一个资源代理（Resource Agent，RA），RA 是一个与资源相关的外部脚本程序，该程序抽象了资源本身所提供的服务，并向集群呈现一致的视图以供集群对该资源进行操作控制。通过 RA，几乎任何应用程序都可以成为 Pacemaker 的资源，从而被集群资源管理器控制。集群资源管理器无须知道资源具体的工作逻辑和原理（RA 已将其封装），资源管理器只需向 RA 发出启动、停止、控制等命令，RA 便会执行相应的操作。从资源管理器对资源的控制过程来看，集群对资源的管理完全依赖于该资源所提供的 RA，即资源的 RA 脚本功能直接决定了资源管理器可以对该资源进行何种控制，因此一个功能完善的 RA 在发行之前必须经过充分的功能测试。在多数情况下，资源 RA 以 shell 脚本的形式提供。

在 Pacemaker 中，资源管理器支持不同种类的资源代理，这些受支持的资源代理包括 OCF（Open Cluster Framework）、LSB（Linux Standard Base）、Upstart、Systemd、Service、Fencing、Nagios Plugins。而在 Linux 系统中，最常见的资源代理有 OCF、LSB、Systemd 和 Service。

- OCF。

OCF 资源代理是对 LSB 标准约定中 init 脚本的一种延伸和扩展。在 OCF 脚本发行之前，一定要经过充分的功能测试，否则有问题的 OCF 脚本将会扰乱整个集群的资源管理。OCF 作为一种可以自我描述和高度灵活的行业标准，已经成为 Pacemaker 使用最多的资源代理。

- LSB。

LSB 是传统的 Linux 资源标准之一。例如，在 Redhat 的 RHEL6 及以下版本中（或者对应的 CentOS 版本中），经常在 /etc/init.d 目录下看到的资源启动脚本便是 LSB 标准的资源控制脚本。通常情况下，LSB 类型的脚本是由操作系统的发行版本提供的。

- Systemd。

在很多 Linux 的最新发行版本中，Systemd 被用以替换传统“SysV”风格的系统启动初始化进程和脚本，如在 Redhat 的 RHEL7 和对应的 CentOS7 操作系统中，Systemd 已经完全替换了 Sysvinit 启动系统，同时 Systemd 具有与 Sysvinit 及 LSB 风格脚本兼容的特性，因此，旧系统中已经存在的服务和进程元修改后便可使用 Systemd。在 Systemd 中，服务不再是 /etc/init.d 目录下的 shell 脚本，而是一个单元文件，Systemd 通过单元文件来启动、停止和控制服务，Pacemaker 提供了管理 Systemd 类型的应用服务的功能。

- Service。

由于系统中存在各种类型的服务（如 OCF、LSB 和 Systemd），Pacemaker 使用服务别名的方式自动识别在指定的集群节点上应该使用哪一种类型的服务。当一个集群中混合有 OCF、LSB 和 Systemd 类型资源的时候，Service 类型的资源代理别名就变得非常有用。例如，在存在多种资源类别的情况下，Pacemaker 将会自动按照 LSB、Systemd、Upstart 的顺序来查找启动资源的脚本。

在 Pacemaker 中，每个资源都具有资源属性，资源属性决定了该资源 RA 脚本的位置，以及该资源隶属于哪种资源标准。例如，在某些情况下，用户可能会在同一系统中安装不同版本或者不同来源的同一服务（如相同的 RabbitMQ Cluster 安装程序可能来自 RabbitMQ 官方社区，也可能来自 Redhat 提供的 RabbitMQ 安装包），在这个时候，就会存在同一服务对应多个版本资源的情况，为了区分不同来源的资源，就需要在定义集群资源的时候通过资源属性来指定具体使用哪种资源。在 Pacemaker 中，资源属性由以下几个部分构成。

- Resource ID：用户定义的资源名称。
- Standard：脚本遵循的标准，允许值为 OCF、Service、Upstart、Systemd、LSB、Stonith。
- Type：资源代理的名称，如常见的 IPaddr 便是资源的 Type。
- Provider：OCF 规范允许多个供应商提供同一资源代理，Provider 使用 Heartbeat 或 Pacemaker 作为 Provider。

2.3.1 资源管理

在银河麒麟高可用集群软件中，通过对资源的管理来实现对业务的管理，比如新建一个 FTP 资源，那么该集群就会提供 FTP 的功能。资源管理是一个银河麒麟高可用集群软件的管理员必备的技能，包括资源的创建、查看、修改、删除等操作。

1. 查看集群支持的资源代理

语法格式：pcs resource list。

使用命令“pcs resource list”打印集群中的资源代理列表。

```
[root@node1 ~ ]# pcs resource list
lsb:network - Bring up/down networking
ocf:heartbeat:Filesystem-Manage filesystem mounts
```

资源代理表示方法。

```
ocf:heartbeat:Filesystem
```

以上代码表示“资源标准：资源提供程序：资源类型”。

查看具体的某一个可用资源代理的介绍。

语法格式：pcs resource describe 资源代理名称。

打印资源代理 systemd:httpd 详细信息。

```
[root@node1 ~ ]# pcs resource describe systemd:httpd
systemd:httpd - systemd unit file for httpd

The Apache HTTP Server
# 默认操作
Default operations:
 start: interval=0s timeout=100
 stop: interval=0s timeout=100
 monitor: interval=60 timeout=100
```

“Default operations”定义了在资源启动（start）、停止（stop）、监控（monitor）操作中的监控探针时间间隔（interval）及超时时间，当然还可以配置超时后的处理动作。

2. 创建一个资源

语法格式：pcs resource create 自定义资源名称　资源代理　资源选项。

例子：创建一个浮动 IP 资源，为集群中主节点的 enp1s0 网卡配置一个浮动 IP 地址 192.168.122.200/24，使用 OCF、heartbeat 提供程序，以及类型为 IPaddr2 的资源。

```
[root@node1 ~ ]# pcs resource create myvip ocf:heartbeat:IPaddr2 ip=192.168.122.200
cidr_netmask=24 nic=enp1s0
```

- myvip：自定义资源名称。
- ocf:heartbeat:IPaddr2：资源代理。
- ip=192.168.122.200 cidr_netmask=24 nic=enp1s0：资源选项，具体资源选项可通过命令“pcs resource describe ocf:heartbeat:IPaddr2”查询。

另外，可省略标准和提供程序的字段，使用以下命令创建资源。这样就默认使用 OCF

标准及 heartbeat 提供程序。

```
[root@node1 ~]# pcs resource create myvip IPaddr2 ip=192.168.122.200 cidr_netmask=
24 nic=enp1s0
```

如果使用其他的标准就必须按照格式写，不能简化。

例子：创建一个 Apache 资源，要求使用 systemd 管理、httpd 资源。

如果创建服务资源，首先要确保集群所有节点安装了该服务，以 node1 节点为例来安装。

```
[root@node1 ~]# yum -y install httpd
```

创建资源。

```
[root@node1 ~]# pcs resource create myweb systemd:httpd
```

3. 查看集群中的资源信息

通过“pcs resource status”命令查看资源状态。

```
[root@node1 ~]# pcs resource status
myvip (ocf::heartbeat:IPaddr2): Started node2
```

通过“pcs resource config”命令查看资源详细配置信息。

```
[root@node1 ~]# pcs resource config
Resource: myvip (class=ocf provider=heartbeat type=IPaddr2)
Attributes: cidr_netmask=24 ip=192.168.122.200 nic=enp1s0
Operations: monitor interval=10s timeout=20s (myvip-monitor-interval-10s)
            start interval=0s timeout=20s (myvip-start-interval-0s)
            stop interval=0s timeout=20s (myvip-stop-interval-0s)
```

4. 更新或增加一个资源选项

为 myvip 资源配置广播地址：192.168.122.255。

```
[root@node1 ~]# pcs resource update myvip broadcast=192.168.122.255
```

5. 验证资源运行情况

查看本机的资源运行情况。

```
[root@node1 ~]# pcs resource status
myvip (ocf::heartbeat:IPaddr2): Started node2
myweb (systemd:httpd): Started node1
```

从输出中可以明确资源的运行状态：

- 资源 myvip（Started node2）运行在 node2 节点。
- 资源 myweb（Started node1）运行在 node1 节点。

验证 myvip 资源运行状态：根据配置要求，node2 节点的 enp1s0 网卡会被配置浮动 IP（VIP）地址（192.168.122.200），通过命令可以查看是否存在该 IP 地址。

```
[root@node2 ~ ]# ip add show enp1s0
3: enp1s0: <BROADCAST,MULTICAST,UP,LOWER_UP> mtu 1500 qdisc fq_codel state UP group
default qlen 1000
link/ether 52:54:00:8b:83:9f brd ff:ff:ff:ff:ff:ff
inet 192.168.122.102/24 brd 192.168.122.255 scope global noprefixroute enp1s0
valid_lft forever preferred_lft forever
inet 192.168.122.200/24 brd 192.168.122.255 scope global secondary enp1s0
valid_lft forever preferred_lft forever
inet6 fe80::6c45:921a:7333:fc00/64 scope link noprefixroute
valid_lft forever preferred_lft forever
```

通过上述命令输出可以看到，node2 节点的 enp1s0 网卡已经被配置了该浮动 IP 地址，说明资源运行成功。

验证 myweb 资源运行状态：通过显示明确了该资源运行在 node1 节点，默认没有在节点上手动启动该服务。服务的启动与关闭通过集群来管理，如果服务资源在运行节点上被集群运行起来，就说明资源运行成功。

httpd 的服务状态是“active”，显示服务已经启动，验证了该服务是通过集群来管理的。

```
[root@node1 ~ ]# systemctl is-active httpd
active
```

6. 停止一个资源

语法格式：pcs resource disable 资源名称。

使用命令停止 myweb 资源。

```
[root@node1 ~ ]# pcs resource disable myweb
```

7. 启动一个资源

语法格式：pcs resource enable 资源名称。

使用命令启动 myweb 资源。

```
[root@node1 ~ ]# pcs resource enable myweb
```

8. 删除一个资源

语法格式：pcs resource delete 资源名称。

使用命令删除 myweb 资源。

```
[root@node1 ~ ]# pcs resource delete myweb
Attempting to stop: myweb... Stopped
```

2.3.2 资源组管理

在 Pacemaker 中，经常需要将多个资源作为一个资源组进行统一操作。例如，使多个相关资源全部位于某个节点或者同时切换到另外的节点，并且要求这些资源按照一定的先后顺序启动，然后以相反的顺序停止。为了简化同时对多个资源进行配置的过程，提供了高级资源类型——资源组。用户只需使用一条命令即可创建资源组，并且添加资源到资源组中，避免写入多条限制条件处理资源间的依赖关系。添加的资源列表需要依照资源运行的依赖关系排列。

资源组的特点如下。

- 将一个任务的所有资源加入一个资源组，统一管理。
- 资源运行在同一个节点。
- 资源随组启动或关闭。

1. 创建资源组

语法格式：pcs resource group add 资源组名称 资源 1 资源 2。

例子：创建一个资源组 web_cluster，将 myvip、myweb 资源加入该组。

```
[root@node1 ~ ]# pcs resource group add web_cluster myvip myweb
```

2. 查看资源组

语法格式：pcs resource group list。

打印现有资源组列表。

```
[root@node1 ~ ]# pcs resource group list
web_cluster: myvip myweb
```

3. 停止资源组

语法格式：pcs resource disable 资源组名称。

停止资源组 web_cluster。

```
[root@node1 ~ ]# pcs resource disable web_cluster
```

4. 启动资源组

语法格式：pcs resource enable 资源组名称。

启动资源组 web_cluster。

```
[root@node1 ~ ]# pcs resource enable web_cluster
```

5. 删除资源组

语法格式：pcs resource group delete 资源组名称。

删除资源组 web_cluster。

```
[root@node1 ~ ]# pcs resource group delete web_cluster
```

2.4 创建高可用 Web 集群

本节将会部署 Web 业务并创建高可用 Web 集群，通过故障模拟的方法对 Web 集群的高可用性进行测试。实验步骤如下。

- 创建一个虚拟 IP（VIP）资源，用于故障切换时的业务漂移。
- 在所有业务节点安装 Apache 服务，用于发布 Web 站点（系统自动完成设置）。
- 创建 Web 资源，用于发布 Web 业务。
- 创建资源组，将 VIP 资源、Apache 资源加入组，确保在同一个节点运行。
- 测试集群故障切换。

2.4.1 创建 VIP 资源

以 node1 节点为例创建 VIP 资源，名称为 myvip。

```
[root@node1 ~ ]# pcs resource create myvip IPaddr2 ip=192.168.122.200 cidr_netmask=
24 nic=enp1s0
Assumed agent name 'ocf:heartbeat:IPaddr2' (deduced from 'IPaddr2')
```

通过“pcs status”命令查看资源创建信息。

```
[root@node1 ~ ]# pcs status
Cluster name: HA01
Stack: corosync
Current DC: node1 (version 2.0.2-3.ky10.2.02.ky10-744a30d655) - partition with quorum
......

2 nodes configured
1 resource configured

Online: [ node1 node2 ]

Full list of resources:

 myvip (ocf::heartbeat:IPaddr2): Started node1
......
```

从命令输出中可以看到有一个资源已经配置，“Full list of resources:”中显示了资源的详细信息，myvip（ocf::heartbeat:IPaddr2）: Started node1 输出显示该资源运行在 node1 节点主机。

- myvip：资源名称。
- ocf::heartbeat:IPaddr2：资源代理名称。
- Started node1：资源运行节点。

2.4.2 创建 Web 资源

创建 Web 资源需要在每个节点上安装 Web 服务器软件，本书中以 Apache 软件为例，通过“yum”命令安装 Apache，然后再创建集群资源，要求集群通过“systemctl”命令来管理 Apache。

1. 在集群节点上安装 Apache 软件

在集群节点上安装 Apache 软件，并创建对应的界面用于访问测试，为了对比效果，建议创建 2 个内容不同的界面。

```
[root@node1 ~ ]# yum -y install httpd
[root@node1 ~ ]# echo node1 > /var/www/html/index.html
[root@node2 ~ ]# yum -y install httpd
[root@node2 ~ ]# echo node2 > /var/www/html/index.html
```

2. 创建 Web 资源

以 node1 节点为例创建 Web 资源，名称为 myweb。

```
[root@node1 ~ ]# pcs resource create myweb systemd:httpd
```

通过“pcs status”命令查看资源创建信息。

```
[root@node1 ~ ]# pcs status
Cluster name: HA01
Stack: corosync
Current DC: node1 (version 2.0.2-3.ky10.2.02.ky10-744a30d655) - partition with quorum
……
2 nodes configured
2 resources configured

Online: [ node1 node2 ]

Full list of resources:
 myvip (ocf::heartbeat:IPaddr2): Started node1
 myweb (systemd:httpd): Started node2
……
```

从命令输出中可以看到配置的资源，“Full list of resources:”中显示了资源的详细信息，myweb（systemd:httpd）: Started node2 输出显示该资源运行在 node2 节点。

- myweb：资源名称。
- systemd:httpd：资源代理名称。
- Started node2：资源运行节点。

从上述命令输出中可以看到，两个资源运行在不同的节点：myvip 资源运行在 node1 节点，myweb 资源运行在 node2 节点。这样就会造成用户无法正确访问到 myweb 资源，因为只有 myvip 资源、myweb 资源都运行在同一个节点才能实现 Web 业务。为了解决这个问题，可以将两个资源合并到一个资源组，资源组的优势就是同组资源运行在相同节点。

2.4.3 将资源划为一个资源组

创建一个资源组 web_cluster，将 myvip 资源、myweb 资源加入该组。

```
[root@node1 ~ ]# pcs resource group add web_cluster myvip myweb
```

通过“pcs status”命令再次查看资源，确保运行在一个节点。

```
[root@node1 ~ ]# pcs status
Cluster name: HA01
Stack: corosync
Current DC: node1 (version 2.0.2-3.ky10.2.02.ky10-744a30d655) - partition with quorum
......
2 nodes configured
2 resources configured

Online: [ node1 node2 ]

Full list of resources:

 Resource Group: web_cluster
     myvip (ocf::heartbeat:IPaddr2): Started node1
     myweb (systemd:httpd): Started node1
......
```

从命令输出中可以看到，两个资源都运行在 node1 节点主机上。

2.4.4 集群测试

高可用集群的优势在于当一个节点发生故障后，另一个节点会快速接手它的工作，而这个过程用户是不会察觉的。2.4.3 小节的实验证明目前业务运行在 node1 节点，可以通过任意一个客户端去访问 VIP（192.168.122.200），如果看到页面显示“node1”即说明是成功的，如图 2-14 所示。

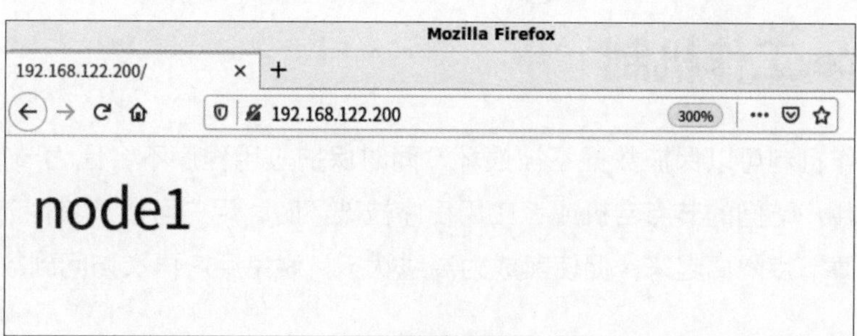

图 2-14　访问 Web 界面

接下来可以通过禁用 node1 的心跳网卡来模拟故障，也可以直接将 node1 主机关机。

```
[root@node1 ~ ]# nmcli connection down enp7s0
```

使用“pcs status”命令在 node2 节点查看集群信息 (node1 已经被认为是故障机器，所以不要在 node1 上查看集群信息)。

```
[root@node2 ~ ]# pcs status
Cluster name: HA01
Stack: corosync
Current DC: node2 (version 2.0.2-3.ky10.2.02.ky10-744a30d655) - partition with quorum
......
```

```
2 nodes configured
2 resources configured

Online: [ node2 ]
OFFLINE: [ node1 ]

Full list of resources:

 Resource Group: web_cluster
     myvip (ocf::heartbeat:IPaddr2): Started node2
     myweb (systemd:httpd): Starting node2
......
```

通过命令输出发现 node1 节点主机已经处于“OFFLINE”状态，并且资源也全部迁移到了 node2 节点主机。再次使用浏览器访问 VIP，如图 2-15 所示，显示业务已经成功切到 node2 节点主机，实现了 Web 业务的高可用性。

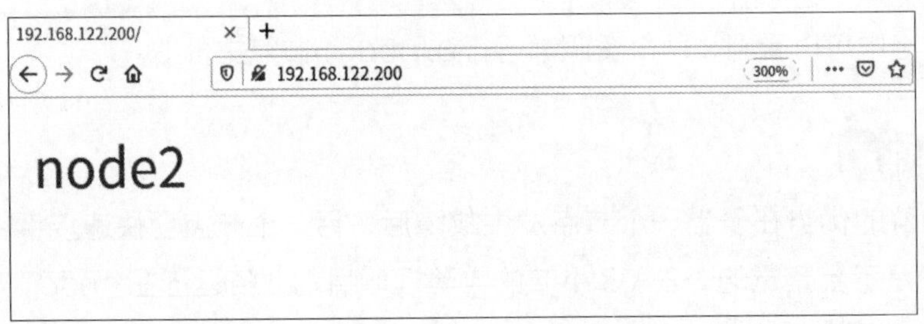

图 2-15　访问 Web 界面

2.5 fence 工作机制

fence 工作机制可以保护数据不被损坏，同时保护应用程序不会因为节点发生故障而中断业务，当用户访问的节点宕机或者应用程序被破坏时，用户可以从其他节点访问数据，fence 会将故障节点隔离起来，促使其成为离线状态，避免用户再次访问到故障节点。

2.5.1 fence 的介绍

fence 也被称为 STONITH（Shoot The Other Node In The Head），该工具可保护数据，以防数据被恶意节点或并行访问破坏。fence 通过两种方式来隔离故障机器，一种是直接切断目标电源，如智能开关、智能平台管理接口（Intelligent Platform Management Interface，IPMI）、硬件看门狗设备；另一种是切断目标对一些关键资源的访问，如共享磁盘对本地网络的访问。

2.5.2 fence 的常规属性

用户可以通过 fence 的属性配置，灵活配置 fence。fence 的常规属性如表 2-2 所示。

表 2-2 fence 的常规属性

选项	类型	默认值	描述
stonith-timeout	时间	60s	在每个 stonith 设备中等待 STONITH 动作完成的时间，可覆盖 stonith-timeout 集群属性
priority	整数	0	stonith 资源的优先权，这些设备将按照优先权从高到低的顺序排列
pcmk_host_map	字符串	–	为不支持主机名的设备提供的主机名和端口号映射。例如，node1:1;node2:2,3 让集群的节点 1 使用端口 1，让节点 2 使用端口 2 和端口 3
pcmk_host_list	字符串	–	这台设备控制的机器列表（自选，pcmk_host_check=static-list 除外）
pcmk_host_check	字符串	dynamic-list	确定该设备控制的机器，允许值为 dynamic-list（查询该设备）、static-list（检查 pcmk_host_list 属性）、none（假设每台设备都可以隔离所有机器）

2.5.3 fence 管理

fence 可以将故障机器隔离起来，保障业务的稳定。银河麒麟高可用集群软件管理员可以通过 fence 命令来配置 fence。

1. fence 的开启与禁用

集群软件管理员可以通过集群软件管理界面“首选项配置”进行 fence 功能的开启与禁用，也可以通过“pcs”命令进行管理。接下来，主要讲解基于命令行对 fence 的管理。

- 禁用 fence。

```
[root@node1 ~ ]# pcs property set stonith-enabled=false
```

- 开启 fence。

```
[root@node1 ~ ]# pcs property set stonith-enabled=true
```

2. 查看本机支持的 fence

通过“pcs stonith list”命令可以查看本机支持的 fence，不同品牌的服务器因为远程管理卡不同，对应的 fence 也不同。如果对应的服务器没有 fence，可以从 GitHub 网站下载 fence 安装包获取更多类型的 fence。

```
[root@node1 ~ ]# pcs stonith list
fence_idrac - Fence agent for IPMI
fence_ilo3 - Fence agent for IPMI
fence_ilo4 - Fence agent for IPMI
fence_ilo5 - Fence agent for IPMI
fence_imm - Fence agent for IPMI
fence_ipmilan - Fence agent for IPMI
fence_sbd - Fence agent for sbd
fence_virsh - Fence agent for virsh
```

3. 查看 fence 的相关参数

可以通过描述命令查看 fence 的用法，根据语法填写对应字段。

语法格式：pcs stonith describe fence 名称。

查看 fence_virsh 的参数信息。

```
[root@node3 ~ ]# pcs stonith describe fence_virsh
```

2.5.4 配置 fence

在集群主机为物理机的集群环境中，可以使用 IPMI 作为电源隔离设备。使用 IPMI 作为隔离方法时，须保证主机电源及 bmc 网络工作正常，否则会出现隔离失败的情况。

1. fence_ipmilan

fence_ipmilan 是基于 IPMI 智能平台管理接口来实现的，要求服务器配备远程管理模块，提供远程管理的功能。

2. 工作原理

IPMI 智能平台管理接口隔离故障节点是通过 IPMI 相关命令来实现的，比如 ipmitool 命令，如图 2-16 所示，服务器需要连接 3 条网线，分别是心跳线（负责心跳监控）、外网线（负责业务处理）、远程管理模块网卡连接网线（负责远程管理服务器）。

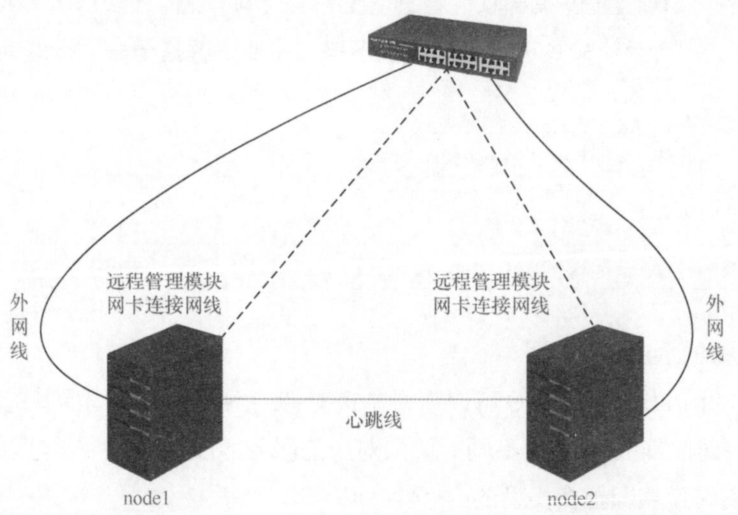

图 2-16 物理服务器网络设置

因为客户双机心跳可能会直连，所以建议业务网络可以访问 bmc 网络，否则无法完成故障节点隔离。

以 node2 节点为例配置 fence，实现原理如下。

集群监控 node 节点，如果某个 node 节点（假设为 node2）被判定为故障，则触发 fence 通过 bmc 远程管理模块隔离该 node 主机（node2），node 主机（node2）被重启或者关机。

3. 创建 fence

语法格式：pcs stonith create 自定义名称 fence 名称 fence 参数。

在集群节点配置 fence 代理。

```
[root@node1 ~]# pcs stonith create fence_node1 fence_ipmilan  pcmk_host_list=node1
delay=10 ipaddr=192.168.122.201 login=USERNAME passwd=PASSWORD lanplus=TRUE
[root@node2 ~]# pcs stonith create fence_node2 fence_ipmilan  pcmk_host_list=node2
ipaddr=192.168.122.202 login=USERNAME passwd=PASSWORD lanplus=TRUE
```

其中，192.168.122.201 为 node1 远程管理模块的 IP 地址，192.168.122.202 为 node2 远程管理模块的 IP 地址，USERNAME 为远程管理 Web 界面登录时的用户名，PASSWORD 为登录密码。

2.5.5 fence_virsh 介绍

fence_virsh 是基于 KVM 虚拟机的 fence，是基于 ssh 协议来实现的。

1. 工作原理

如果想更好地使用 fence_virsh，首先需要理解 fence_virsh 的故障节点隔离机制，以图 2-17 中的 node3 节点故障为例来讲解故障节点隔离的实现机制。

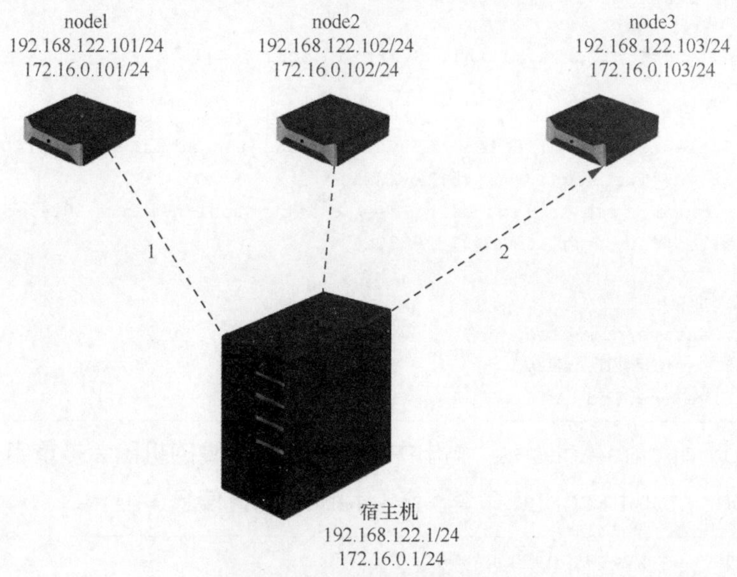

图 2-17 KVM 虚拟机网络设置

当 node3 节点出现故障时，fence 设备使用 ssh 协议通过账号密码连接宿主机并下达“virsh reboot node3”的命令，宿主机接收并执行命令，然后 node3 被重启。

2. 创建 fence

创建基于 fence_virsh 的 fence，名称为 fence_test，管理机器为 node1 ~ node3。

```
[root@node1 ~ ]# pcs stonith create fence_test fence_virsh ip=192.168.122.1
username=root password=baism-2021 pcmk_host_list="node1 node2 node3"
```

其中，ip 指的是宿主机的 IP 地址，username 和 password 指的是宿主机的 ssh 登录账号及密码，pcmk_host_list 指的是要监控的集群节点机器。

3. 查看 fence 信息

- 通过“pcs stonith status”命令查看 fence 信息。

```
[root@node1 ~ ]# pcs stonith status
 fence_test  (stonith:fence_virsh):Started node1
```

- 通过“pcs status”命令查看 fence 详细信息。

```
[root@node1 ~ ]# pcs status
Cluster name: hacluster
Stack: corosync
Current DC: node2 (version 2.0.2-3.ky10.2.02.ky10-744a30d655) - partition with quorum
Last updated: Tue Aug 10 13:49:09 2021
Last change: Tue Aug 10 13:46:33 2021 by root via cibadmin on node1

3 nodes configured
1 resource configured

Online: [ node1 node2 node3 ]

Full list of resources:

 fence_test (stonith:fence_virsh): Started node1

Failed Fencing Actions:
* reboot of create failed: delegate=, client=stonith_admin.6682, origin=node1,
    last-failed='Tue Aug 10 13:45:12 2021'
* reboot of fence_virsh failed: delegate=, client=stonith_admin.6024, origin=node1,
    last-failed='Tue Aug 10 13:37:26 2021'

Daemon Status:
  corosync: active/disabled
  pacemaker: active/disabled
  pcsd: active/enabled
```

从“Failed Fencing Actions”输出中看到，出现故障的机器会被重启。

- 通过“pcs stonith config 命令”查看 fence 配置信息。

```
[root@node1 ~ ]# pcs stonith config
 Resource: fence_test (class=stonith type=fence_virsh)
   Attributes: ip=192.168.122.1 password=baism-2021 pcmk_host_list="node1 node2 node3"
username=root
  Operations: monitor interval=60s (fence_test-monitor-interval-60s)
```

4. 测试 fence 配置

语法格式：pcs stonith fence 节点名。

以 node2 为例，测试 fence 是否正确。

```
[root@node1 ~ ]# pcs stonith fence node2
Node: node2 fenced
```

执行“pcs stonith fence node2”命令手动验证 fence 配置，验证 node2 是否会被 fence 从集群中隔离且 node2 是否被重新启动。通过“pcs status”命令查看集群状态，发现集群中 node2 由 Online 状态变为 OFFLINE 状态，代表 node2 已经被隔离；通过本地查看 node2，系统正在重新启动。

```
[root@node1 ~ ]# pcs status
Cluster name: hacluster
Stack: corosync
Current DC: node3 (version 2.0.2-3.ky10.2.02.ky10-744a30d655) - partition with quorum
Last updated: Tue Aug 10 13:57:02 2021
Last change: Tue Aug 10 13:46:33 2021 by root via cibadmin on node1

3 nodes configured
1 resource configured

Online: [ node1 node3 ]
OFFLINE: [ node2 ]

Full list of resources:

 fence_test (stonith:fence_virsh): Started node1

Failed Fencing Actions:
* reboot of create failed: delegate=, client=stonith_admin.6682, origin=node1,
    last-failed='Tue Aug 10 13:45:12 2021'
* reboot of fence_virsh failed: delegate=, client=stonith_admin.6024, origin=node1,
    last-failed='Tue Aug 10 13:37:26 2021'

Daemon Status:
  corosync: active/disabled
  pacemaker: active/disabled
  pcsd: active/enabled
```

node2 启动成功后，在集群中依然处于隔离状态，如果希望将 node2 在集群中取消隔离，执行命令“pcs cluster start node2”。

```
[root@node1 ~ ]# pcs cluster start node2
node2: Starting Cluster...
```

5. fence 管理

- 关闭 fence。

语法格式: pcs stonith disable 自定义名称。

查看当前 fence 状态。

```
[root@node1 ~ ]# pcs stonith
 fence_test  (stonith:fence_virsh): Started node1
```

关闭 fence_test。

```
[root@node1 ~ ]# pcs stonith disable fence_test
```

验证关闭。

```
[root@node1 ~ ]# pcs stonith
 fence_test  (stonith:fence_virsh): Stopped (disabled)
```

- 启动 fence。

语法格式：pcs stonith enable 自定义名称。

查看当前 fence 状态。

```
[root@node1 ~ ]# pcs stonith
 fence_test  (stonith:fence_virsh): Stopped (disabled)
```

启动 fence_test。

```
[root@node1 ~ ]# pcs stonith enable fence_test
```

验证启动。

```
[root@node1 ~ ]# pcs stonith
 fence_test  (stonith:fence_virsh):Started node1
```

- 更新 fence 参数。

语法格式：pcs stonith update 自定义名称。

```
[root@node1 ~ ]# pcs stonith update fence_test pcmk_host_list="node1 node2 node3 node4"
```

2.5.6 删除 fence

语法格式：pcs stonith delete fence 自定义名称 或者 pcs stonith remove fence 自定义名称。

```
[root@node1 ~ ]# pcs stonith delete fence_test
Attempting to stop: fence_test... Stopped
```

第3章 达梦数据共享集群

达梦数据共享集群（DM Data Shared Cluster，DMDSC）是达梦数据库股份有限公司（以下简称达梦公司）在国产数据库领域推出的“基于共享存储设备的高可用集群解决方案”，旨在帮助企业加强核心业务系统的健硕性，解决多类型、多数量的核心应用服务持续运营问题。

3.1 达梦数据共享集群概述

数据共享集群是在多台服务器上构建高可用数据库系统的最佳解决方案，也是数据库技术的制高点，是商业数据库技术的“皇冠”，这项关键技术在我国金融、电力、运营商等重点行业都得到了普遍应用。

达梦公司经过多年自主研发，完全掌握了数据库共享集群的实现原理和体系框架，推出了 DMDSC，并形成了面向共享集群的技术规范。DMDSC 突破了缓存交换、共享存储管理、故障处理等关键技术，形成了对标国外真正应用集群（Real Application Cluster，RAC）产品，且具有完全自主知识产权的国产数据库集群产品。DMDSC 的推出填补了国内同类产品的空白，为金融、电力等行业的核心业务系统提供了高可用解决方案，满足了相关信息化建设项目的自主研发需求。

DMDSC 具备高可用性（故障切换时间为 30 秒）、可扩展性（支持在线增加节点，可扩展到 8 个节点）、高性能（增加节点，可以提升应用系统的吞吐量）等特点，是保证事务和数据强一致性的商用化数据库集群产品。

3.2 核心技术的介绍

本节主要介绍 DMDSC 的几个核心技术：数据库多机缓存交换技术、数据库快速故障转移技术、基于表决盘的多节点状态拓扑管理、面向数据库共享存储集群的专用分布式存储系统。

3.2.1 数据库多机缓存交换技术

缓存交换就是把共享集群中的数据库的所有数据库缓存作为一个被所有节点共享的数据库缓存。它是实现共享集群的基本技术。全局缓冲区服务（Global Buffer Services，GBS）负责管理指定数据页缓存，其存在于每个实例上，互相协作完成整个集群的数据页缓存管理，是实现缓存交换的基础。本地缓冲区服务（Local Buffer Services，LBS）负责与 GBS 交互，管理本地数据页缓存，其也存在于每个实例上，可以与对应实例上的全局缓冲区服务进行交互，是实现缓存交换的基础。

由于目前网络的传输速度比磁盘的读写速度更快，因此，DMDSC 引入缓存交换技术，使节点间的数据页尽可能通过网络传递，从而减少数据库的 I/O 等待时间，提升系统的响应速度，如图 3-1 所示。

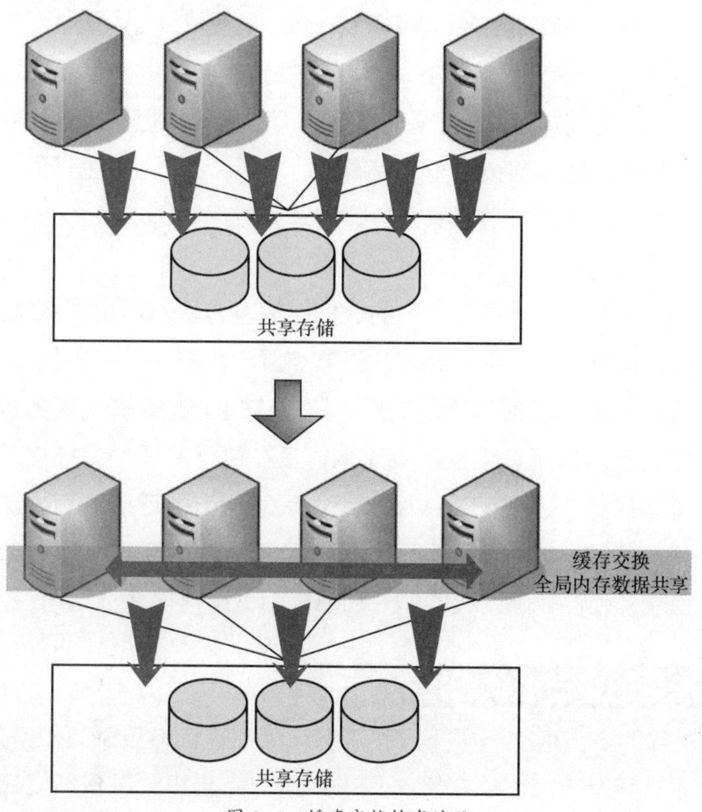

图 3-1 缓存交换技术演示

3.2.2 数据库快速故障转移技术

节点故障处理的目的：在 DSC 出现节点故障时，将系统的数据等对象恢复到节点故障前的状态，保证其正确性。节点故障处理的核心内容包括恢复故障节点 Buffer 中的脏页、恢复故障节点的 GBS 信息、处理活动节点中无法确定部分数据页是否有效的问题、重构 GBS/GTV（Global Transaction View，全局事务视图）/GLS（Global Locking Services，全局封锁服务）信息、重构 LBS/LTV（Local Transaction View、本地事务视图）/LLS（Local Locking Services，本地封锁服务）信息、回滚故障节点未提交事务、清理故障节点已提交事务。

DSC 正常的情况下，各个节点 Buffer 中的数据页包括有效数据页、无效数据页、最新数据页和历史数据页，借助各个节点的 GBS/LBS 信息，可以明确知道最新数据页在哪个节点。在出现节点故障后，故障节点对数据页的修改有可能丢失，需要通过重做 Redo 日志进行恢复；故障节点 GBS/LBS 信息的丢失，导致无法确定活动节点 Buffer 中的部分数据页是否有效。

恢复 Buffer 数据页的一个可选策略是，直接从磁盘加载数据页并与 Buffer 中的数据页进行比对，但这种方法会引发大量的数据页随机读取，严重影响故障处理性能。因此处理过程中，需要利用所有活动节点的 GBS/LBS 信息，以及包括故障节点在内所有节点的页面写入记录（Page Writing Record，PWR）日志，尽可能减少故障处理导致的磁盘 I/O，避免无效的数据页读取，提高 Buffer 数据页恢复效率。

恢复 Buffer 数据页的总体原则就是，对无法确定有效性的数据页进行处理，明确数据页的有效性类型，最终在 Buffer 中保留最新数据页（更新数据页、未更新数据页）和更新过的历史数据页，丢弃其他数据页（无效数据页、未更新的历史数据页）。

保留更新过的历史数据页是为了保证故障恢复完成后，再次产生节点故障时，DSC 系统的数据完整性。

快速故障转移技术提供了一种高可用的数据库解决方案：当出现系统故障、硬件故障，或人为操作失误时，检测故障，并自动将故障节点踢出集群，保证数据库服务的正常提供。故障节点的用户连接会自动切换到活动节点，这些连接上的未提交事务将被回滚，已提交事务不受影响；活动节点的用户连接不受影响，正在执行的操作将被挂起一段时间，在故障处理完成后，继续执行。当检测到故障节点恢复时，自动启动节点重加入流程，将恢复的故障节点重新加入集群，将集群恢复到正常的运行状态。因此，通过部署集群，可以在一定程度上避免由软、硬件故障引起的非计划停机，减少这些意外给客户带来的损失。

3.2.3 基于表决盘的多节点状态拓扑管理

通过基于表决盘的多节点状态拓扑管理实现支持多节点的 DSC 网络故障处理，处理多节点 DSC 环境下的某个节点网络故障，只需将该节点宕机，并进行 CRASH_RECV 处理，避免所有节点自动宕机。

当前 2 节点的处理逻辑是，在检查到某个节点断开时，如果远程序号小，则设置 VOTD Disk 中 DB 组的对应节点块 VTD_BLOCK_MAL_LINK_ADDR 位置的一个字节为远程节点序号 dsc_seqno，当 CSS 检测到该序号，则通知活动的远程节点 HALT，再清理序号标记。

为了支持多节点之间网络故障的处理，考虑在 VOTD Disk 中 DB 组的对应节点块 VTD_BLOCK_MAL_LINK_ADDR 位置开辟一个 16 字节的标记数组 mal_link_arr[16]，节点间发生网络断开时，在远程节点 DSC 序号对应的数组位置上标记 1。

网络故障的检测和处理由达梦集群同步服务（DM Cluster Synchronization Service，DMCSS）进行。DMCSS 检测各个执行处理器（Execute Processer，EP）的 VOTD Disk 对应的 mal_link_arr 数组，将所有 EP 的数组进行组合判断，最终目标是计算出互相连通的子集，选择保留节点数最多的子集。

在算法实现上，需要先求出对称矩阵中连通子集的个数，取子集中节点个数最多的一个分量保留（如果存在节点数一样的子集，保留最小节点序号所在的子集）。这可归结为数据结构图论中的求无向图（Undirected Graph）的极大连通子图问题（Maximal Connected Subgraph），对称矩阵中的连通子集在无向图中被称为连通分量（Connected Component），即给出一个无向图，输出图中连通分量的个数。无向图的连通分量是一个子图，子图中两个节点之间至少存在一条路径。

如果有的节点只是和部分节点断开，和其他节点还是连通的，那么出现这种闪断的情况时就需要对算法进行改进。方法是，每个分量添加节点前，都先判断该节点是否和已加入该分量内的所有节点都连通，如果有不连通的，则不加入该分量。

3.2.4 面向数据库共享存储集群的专用分布式存储系统

通过分布式存储技术实现计算节点对外提供分布式数据库服务的目标，依托 DMDSC，支持多点读写。在存储层，通过多机分布式存储，实现数据的多副本和高可用。分布式存储技术具有分布式系统的高可扩展性、高可用性、高并发处理能力，且对用户透明，同时又具备传统数据库的所有高级特性，支持传统数据库所有开发接口和业务开发框架，其高可扩展性解决了应用系统的性能瓶颈问题，透明分布式架构支持 *N*-1 个存储副本故障容灾，通过将数据副本存储在不同的容灾域，实现数据的异地容灾。

以下为部分名词的解释。

- 数据库服务器（Database Server，DS）：对外提供数据库服务。
- 日志服务器（Redo log Server，RS）：接收 DS 的远程归档，提供 Redo 日志的存储 / 访问服务，并负责向数据存储层转发 Redo 日志。
- 存储服务器（Storage Server，SS）：提供数据存储服务，按照 RS 转发的 Redo 日志更新数据。
- 目录服务器（DM Catalog Server，DCS）：负责提供整个分布式集群的元数据信息，主要包括集群的拓扑和数据副本的分布信息。
- 目录配置工具（DCSTOOL）：连接 DCS，进行整个分布式环境的搭建设置。

采用计算存储分离的系统架构实现计算、日志、存储的三层分离，可实现各层独立扩展、按需配置设备。相对于其他数据库架构，基于分布式存储的共享存储集群架构具有完整的 SQL 支持、完整的事务支持，且支持 *N*-1 个存储副本故障容灾、与 DM 单机架构兼容、对应用透明等优势。

分布式存储系统的架构如图 3-2 所示。

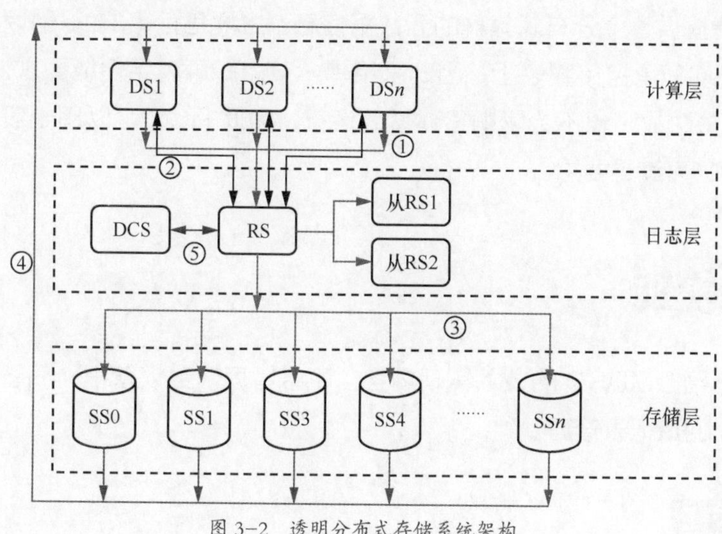

图 3-2 透明分布式存储系统架构

图 3-2 中，①表示原始 Redo 日志流；②表示 DS 和 RS 之间的 I/O 等请求和响应；

③表示 RS 拆分过的日志流；④表示 SS 把数据反馈给 DS；⑤为 DCS 向 RS 推送拓扑信息及 RS 的异常信息反馈。

（1）计算层：由达梦数据库服务器面向用户提供并发的 SQL 服务，每一个节点都被称为一个数据库服务（Database Server，DS），该层技术基于达梦数据共享集群技术发展而来，因此可以实现以下功能。

- 完整的 SQL 标准支持：包括复杂关联查询、存储过程、包、触发器、视图、序列等其他分布式数据库无法支持的特性。
- 多点写入：每个 DS 节点都提供完整的数据访问服务，能够支持增、删、改、查请求，并发的写入操作可以分散到多个节点。
- 强一致性：DS 节点间通过缓存交换技术，可以保证跨节点的数据高度一致。在此基础上，能够支持跨节点的多版本并发控制（Multi-Version Concurrency Control，MVCC）和完整的事务隔离级别。

（2）日志层：由具有容灾能力的日志服务器（Redo log Server，RS）构成，负责从 DS 实时接收数据变更日志，完成日志的存储和访问服务，并向存储层转发 Redo 日志。

通过设计独立的日志层，能够较好地实现日志负载的独立处理，避免日志写入对计算层和存储层产生资源争用。同时，独立的日志层设计能够简化存储层的逻辑，改善存储层的处理性能。

（3）存储层：由多个存储服务器组成，是一个支持多副本的分布式存储系统，主要提供数据存储服务，按照 RS 转发的 Redo 日志更新数据。

存储层支持持续的数据页更新，且数据页更新基于 Redo 回放机制，而非传统数据库的检查点数据页刷盘机制，因此在 CPU 资源占用、内存与带宽占用、资源峰谷差异等方面具有更好的性能。

除上述主要组成部件外，本架构还包含一个独立的目录服务器（DM Catalog Server，DCS），其负责提供整个分布式集群的元数据信息，主要包括集群的拓扑和数据副本的分布信息。由于 DCS 承担负载较小，因此采用单一节点即可满足性能要求。从高可用的角度来看，DCS 短时故障也不会影响整体系统运行，因此 DCS 可以用一般的高可用方案，如 HA、主备等即可满足要求。

3.3 技术实现

本节主要介绍 DMDSC 的技术实现内容：事务管理、封锁管理、闩管理、缓存交换、重做日志管理、回滚记录管理。

3.3.1 事务管理

多版本并发控制可以确保数据库的读操作与写操作不会相互阻塞，大幅度提升数据库的并发度及使用体验。大多数主流商用数据库管理系统都实现了多版本并发控制。DM 多版本并发控制的实现策略是，数据页中只保留物理记录的最新版本数据，通过回滚记录维护数据的历史版本，通过活动事务视图（V$DSC_TRX_VIEW）判断事务可见性，确定获取哪一个版本的数据。

每一条物理记录中都包含了两个字段：TID 和 RPTR。TID 保存修改记录的事务号，RPTR 保存回滚段（Roll Back Segment，RBS）中上一个版本回滚记录的物理地址。插入、删除和更新物理记录时，RPTR 指向操作生成的回滚记录的物理地址。

回滚记录与物理记录一样，也包含了 TID 和 RPTR 这两个字段。TID 保存产生回滚记录时物理记录上的 TID 值（也就是上一个版本的事务号），RPTR 保存回滚段中上一个版本回滚记录的物理地址。

每一条记录（物理记录或回滚记录）都代表一个版本，各版本之间的关系如图 3-3 所示。

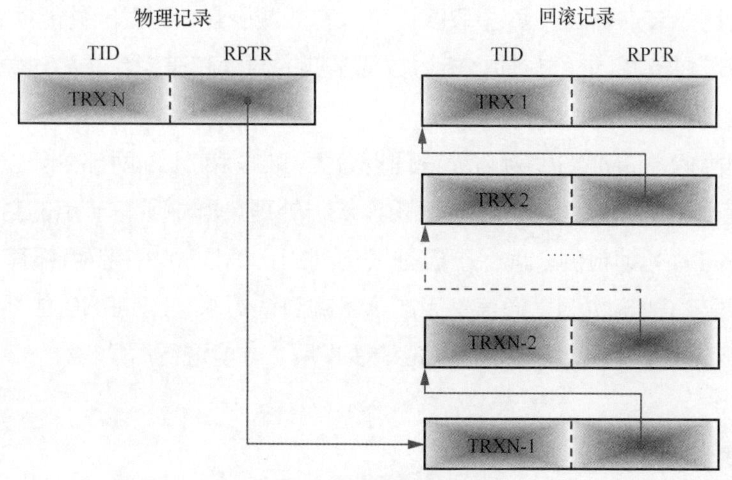

图 3-3　各版本之间的关系

如何找到对当前事务可见的特定版本数据，进行可见性判断，是 DM 实现多版本并发控制的关键。根据事务隔离级别的不同，在事务启动时（串行化），或者语句执行时（读提交），收集这一时刻所有活动事务，并记录系统中即将产生的事务号 NEXT_TID。DM 多版本并发控制的可见性原则如下。

（1）物理记录的 TID 等于当前事务号，说明是本事务修改的物理记录，物理记录可见。

（2）物理记录的 TID 不在活动事务表中，并且 TID < NEXT_TID，物理记录可见。

（3）物理记录的 TID 包含在活动事务表中，或者 TID ≥ NEXT_TID，物理记录不可见。

为了在 DMDSC 中实现与单节点相同的多版本并发控制策略，每个事务都需要知道所有节点当前活动的事务信息。DMDSC 将事务信息全局化，由控制节点统一管理集群中所有节点的 GTV；与之对应的是每个节点都维护一个 LTV，在事务启动、收集活动事务信息时通知 GTV，并获取相应的信息。

3.3.2 封锁管理

数据库管理系统一般采用行锁进行并发访问控制，避免多个用户同时修改相同数据；

通过表锁、字典锁控制数据定义语言（Data Definition Language，DDL）和数据操纵语言（Data Manipulation Language，DML）操作的并发访问，保证对象定义的有效性和数据访问的正确性。DM 则采用了独特的封锁机制，使用 TID 锁和对象锁进行并发访问控制，有效减少封锁冲突，提升系统并发性能。

TID 锁以事务号为封锁对象，每个事务启动时，自动以独占（X）方式对当前事务号进行封锁，由于事务号是全局唯一的，因此这把 TID 锁不存在冲突，总是可以封锁成功。另外，在 3.3.1 小节中，介绍了物理记录上包含一个 TID 字段，记录了修改数据的事务号。执行插入、删除、更新操作修改物理记录时，设置事务号到 TID 字段的动作，就相当于隐式地对物理记录上了一把 X 方式的 TID 锁。因此，通过事务启动时创建的 TID 锁，以及写入物理记录的 TID 值，DM 中所有修改物理记录的操作都不再需要额外的行锁，避免了大量行锁对系统资源的消耗，有效减少封锁冲突。特别是在 DMDSC 中，需要进行全局封锁，封锁的代价比单节点更高，通过 TID 锁可以有效减少封锁引发的性能损失。

对象锁则通过对象 ID 进行封锁，将对数据字典的封锁和表锁合并为对象锁，以达到减少封锁冲突、提升系统并发性能的目的。

与事务管理类似，DMDSC 将封锁管理拆分为 GLS 和 LLS 两部分。整个系统中，只有控制节点拥有一个 GLS。控制节点的 GLS 统一处理集群中所有节点的封锁请求，维护全局封锁信息，进行死锁检测，确保事务并发访问的正确性。每个节点都有一个 LLS。各节点的 LLS 负责与 GLS 协调、通信，完成事务的封锁请求，DMDSC 中所有封锁请求都需要通过 LLS 向 GLS 发起，并在获得 GLS 授权后，才能进行后续操作。

3.3.3 闩管理

闩（Latch）是数据库管理系统的一种内部数据结构，通常用来协调、管理 Buffer 缓冲区、字典缓存和数据库文件等资源的并发访问。与锁（Lock）在事务生命周期中一直保持不同，闩通常只保持极短的一段时间，比如修改 Buffer 中的数据页内容后，闩马上会释放。闩的封锁类型也比较简单，只有共享（Share）和独占（Exclusive）两种类型。

为了适用 DMDSC，同样将闩划分为全局闩服务（Global Latch Services）和本地闩服务（Local Latch Services）两部分。但是，为了与 GLS 和 LLS 的简称区分开来，这里以使用最频繁的 Buffer 来命名全局闩服务。因此，全局闩服务也称为全局缓冲区服务（Global Buffer Services，GBS）；本地闩服务也称为本地缓冲区服务（Local Buffer Services，LBS）。

整个系统中，每一个节点上都部署一个 GBS 和一个 LBS。GBS 服务协调节点间的 Latch 封锁请求，以及 Latch 权限回收。与 GTV/GLS 由控制节点统一管理不同，GBS 不是集中式管理，而是由 DMDSC 中的所有节点共同管理，Buffer 对象会根据数据页号对数据页进行划分，分给某一个节点的 GBS 服务处理。LBS 服务与 LLS/LTV 一样，部署在每一个节点，LBS 服务根据用户请求，向 GBS 发起 Latch 封锁，或者根据 GBS 请求，回收本地的 Latch 封锁。

为了避免两个或多个节点同时修改同一个数据页，导致数据损坏，或者数据页修改过程中，别的节点读取到无效内容，DMDSC 中数据页的封锁流程做出了一定的变化，与单节点相比，增加了全局 Latch 封锁、释放两个步骤，并且，在获取全局 Latch 授权后，仍然需要进行正常的本地 Latch 封锁，避免节点内访问冲突。

3.3.4 缓存交换

缓存交换的实现基础是 GBS/LBS，在 GBS/LBS 中维护了 Buffer 数据页的相关信息，包括闩的封锁权限（Latch）、哪些站点访问过此数据页（Access MAP）、最新数据保存在哪一个节点（Fresh EP）中，以及最新数据页的日志序列值（Fresh LSN）等信息。

这些信息作为 LBS 封锁、GBS 授权和 GBS 权限回收请求的附加信息进行传递，因此并不会带来额外的通信开销。

下面，以两节点（EP0/EP1）访问数据页 P1 为例来介绍缓存交换。数据页 P1 位于共享存储上，P1 的 GBS 控制结构位于节点 EP1 上。数据页 P1 还没有被任何一个节点访问过，数据页 P1 的 LSN 为 10000。下面通过几种常见的场景分析，逐步深入解析缓存交换原理。

（1）场景 1：节点 EP0 访问数据页 P1。

① 节点 EP0 的 LBS 向 EP1 的 GBS 请求数据页 P1 的 S_LATCH 权限。

② 节点 EP1 的 GBS 修改 P1 的控制结构，记录访问节点 EP0 的封锁模式为 S_LATCH（数据分布节点为 EP0），并响应 EP0 的 LBS 请求。

③ 节点 EP0 的 LBS 获得 GBS 授权后，记录获得的授权模式是 S_LATCH，数据页 P1 不在其他节点的 Buffer 中，发起本地 I/O 请求，从磁盘读取数据。I/O 请求完成后，修改 LBS 控制结构，记录数据页上的 LSN 信息，如图 3-4 所示。

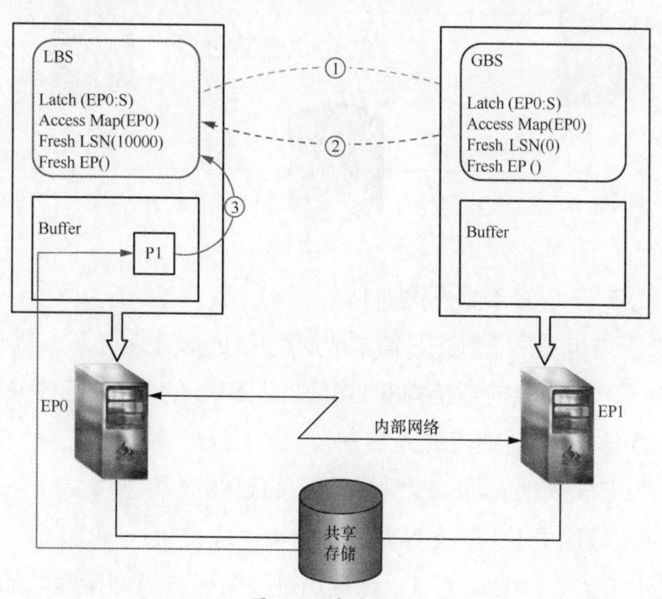

图 3-4　本地 I/O

（2）场景 2：节点 EP1 访问数据页 P1。

① 节点 EP1 的 LBS 向 EP1 的 GBS 请求数据页 P1 的 S_LATCH 权限。

② 节点 EP1 的 GBS 修改 P1 的控制结构，记录访问节点 EP1 的封锁模式为 S_LATCH（数据分布节点为 EP0/EP1），并响应 EP1 的 LBS 请求。

③ 节点 EP1 的 LBS 获得 GBS 授权后，记录获得的授权模式是 S_LATCH，根据数据分布情况，EP1 向 EP0 发起 P1 的读请求，通过内部网络从 EP0 获取数据，而不是重新从磁盘读取 P1 数据，如图 3-5 所示。

④ EP0 根据 EP1 的请求，向 EP1 发送数据页 P1。

⑤ EP1 获得数据页 P1 后，向 EP1 的 LBS 返回数据页 P1 的抵达状态，实现 P1 读取。

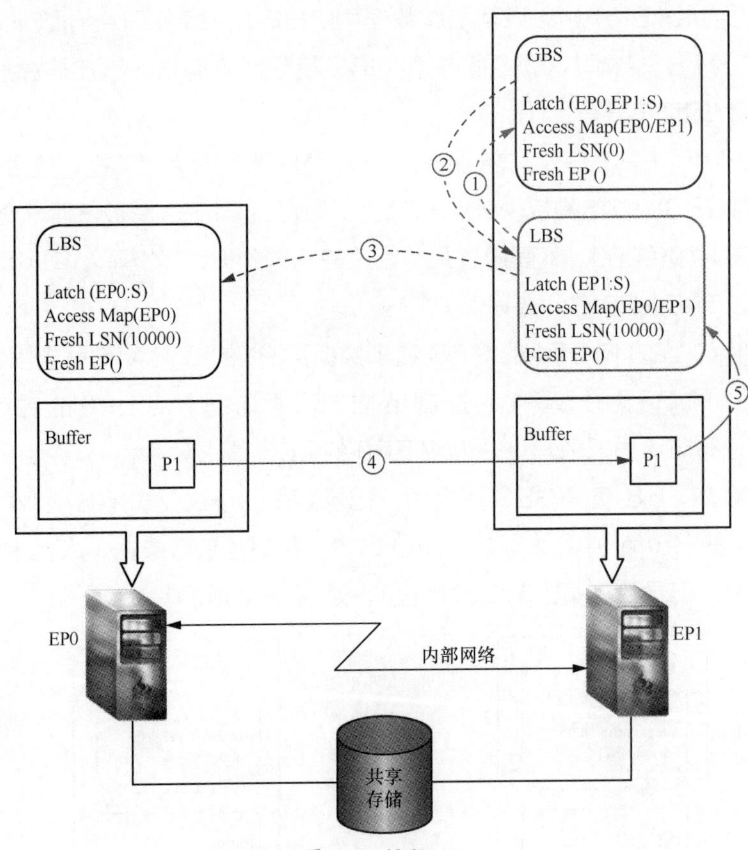

图 3-5　远程 I/O

（3）场景 3：节点 EP0 修改数据页 P1。

① 节点 EP0 的 LBS 向 EP1 的 GBS 请求数据页 P1 的 X_LATCH 权限（附加 LSN 信息）。

② 节点 EP1 的 GBS 修改控制结构的 LSN，从 EP1 的 LBS 回收 P1 的权限。

③ 修改访问节点 EP0 的封锁模式为 S + X_LATCH，并响应 EP0 的 LBS 请求。

④ 节点 EP0 的 LBS 获得 GBS 授权后，记录获得的授权模式是 S + X_LATCH。

⑤ 节点 EP0 修改数据页 P1，LSN 修改为 11000。

这个过程中，只有全局 Latch 请求，数据页并没有在节点间传递，如图 3-6 所示。

修改之后，数据页 P1 的 LSN 修改为 11000，如图 3-7 所示。

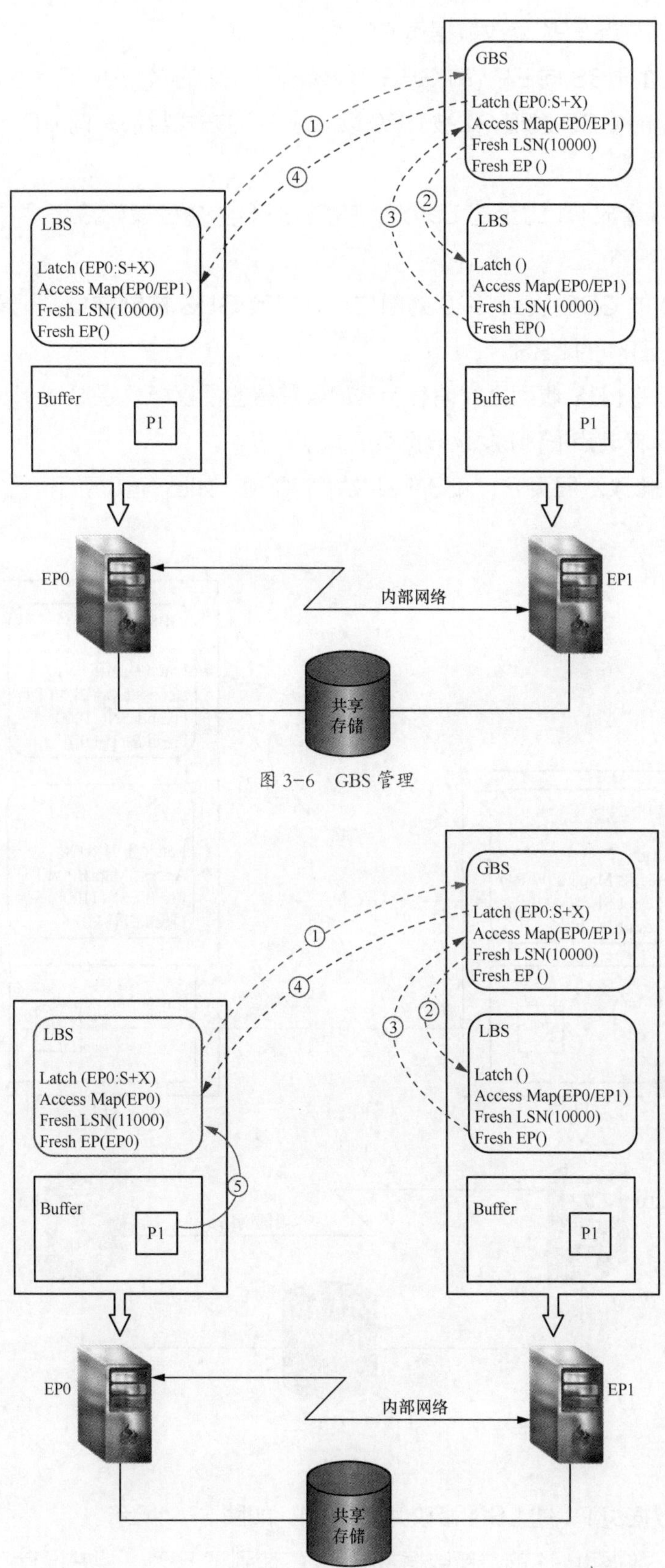

图 3-6　GBS 管理

图 3-7　数据修改

（4）场景 4：节点 EP1 修改数据页 P1。

① 节点 EP1 的 LBS 向 EP1 的 GBS 请求数据页 P1 的 X_LATCH 权限。

② 节点 EP1 的 GBS 发现 P1 被 EP0 以 S + X 的方式封锁，向 EP0 发起回收 P1 权限的请求。

③ 节点 EP0 释放 P1 的全局 Latch，响应 GBS，并且在响应消息中附加了最新的 PAGE LSN。

④ 节点 EP1 的 GBS 收到 EP0 的响应后，修改 GBS 控制结构，记录最新数据保存在 EP0，并授权 EP1 的 LBS。

⑤ 节点 EP1 的 LBS 收到授权信息后，记录获得的授权模式是 S + X_LATCH，并根据数据分布情况，向节点 EP0 发起数据页 P1 的读请求。

⑥ 节点 EP1 修改数据页 P1，LSN 修改为 11000，如图 3-8 所示。

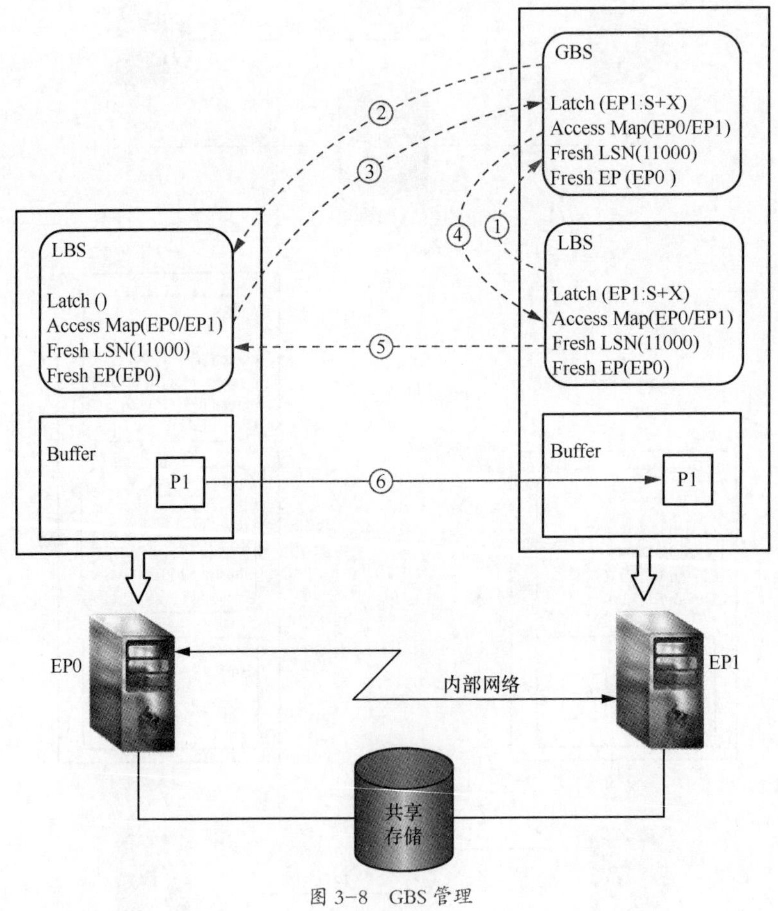

图 3-8　GBS 管理

修改之后，数据页 P1 的 LSN 修改为 12000，如图 3-9 所示。

这个过程中，数据页 P1 的最新数据从 EP0 传递到了 EP1，但并没有产生磁盘 I/O。

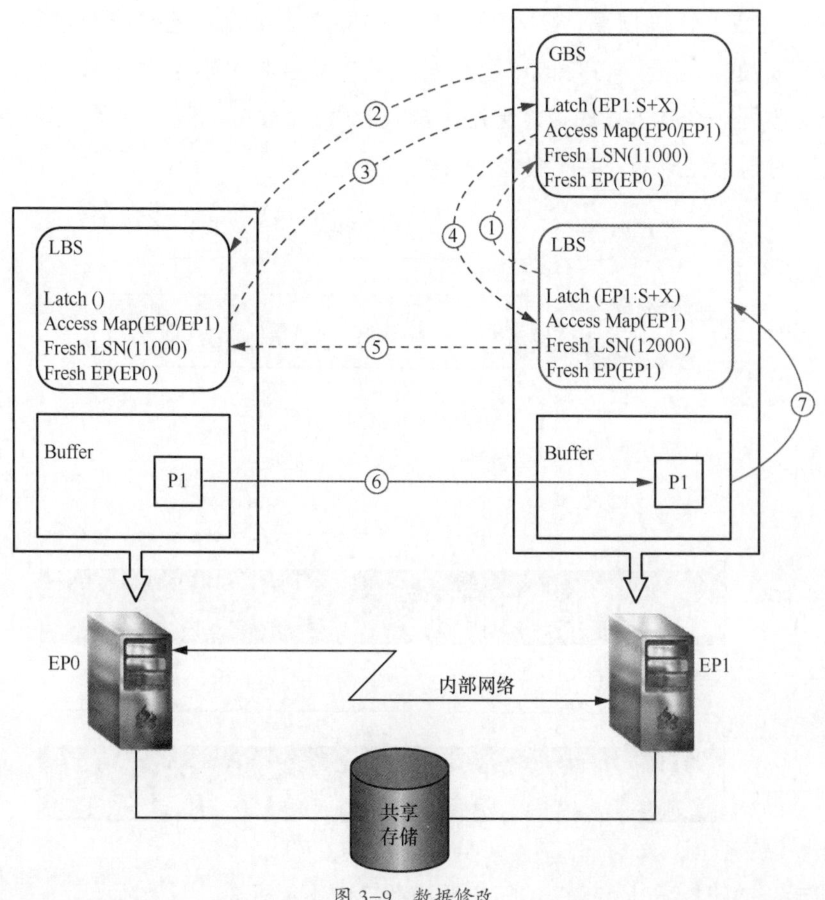

图 3-9　数据修改

3.3.5 重做日志管理

重做（Redo）日志包含了所有物理数据页的修改内容，插入、删除、更新等 DML 操作，create table 等 DDL 操作。这些操作最终都会转化为对物理数据页的修改，这些修改都会反映到 Redo 日志中。一般来说，一条 SQL 语句在系统内部会转化为多个相互独立的物理事务来完成，物理事务提交时产生 Redo 日志，并最终写入联机日志文件中。

一个物理事务包含一条或多条 Redo 记录（Redo Record，RREC），每条 RREC 都对应一个修改物理数据页的动作。根据记录内容的不同，RREC 可以分为物理 RREC 和逻辑 RREC 两类，如图 3-10 所示。物理 RREC 记录的是数据页的变化情况，内容包括操作类型、修改数据页地址、页内偏移、数据页上的修改内容，如果是变长类型的 Redo 记录，在 RREC 记录头之后还会有一个两字节的长度信息。逻辑 RREC 记录的是一些数据库逻辑操作步骤，主要包括事务启动、事务提交、事务回滚、字典封锁、事务封锁、B 树封锁、字典淘汰等，一般只在配置为 Primary 模式时才产生逻辑 RREC。

DMDSC 中，各个节点拥有独立的日志文件，Redo 日志的 LSN 也是按顺序递增的，Redo 日志只会写入当前数据库实例的联机日志文件，与集群中的其他数据库实例没有关系。考虑到所有节点都可以修改数据，为了体现修改的先后顺序，确保故障恢复时能够按照操作的顺序将数据正确恢复，DMDSC 要求对同一个数据页的修改严格有序，产生的 LSN 是全局递增的。但是，在修改不同数据页时并不要求 LSN 全局递增，也就是说，只有多个节点修改同一个数据页时，才会产生全局 LSN 同步的问题，并且 LSN 的全局同步是在缓存交换时附带完成的，并不会增加系统的额外开销。

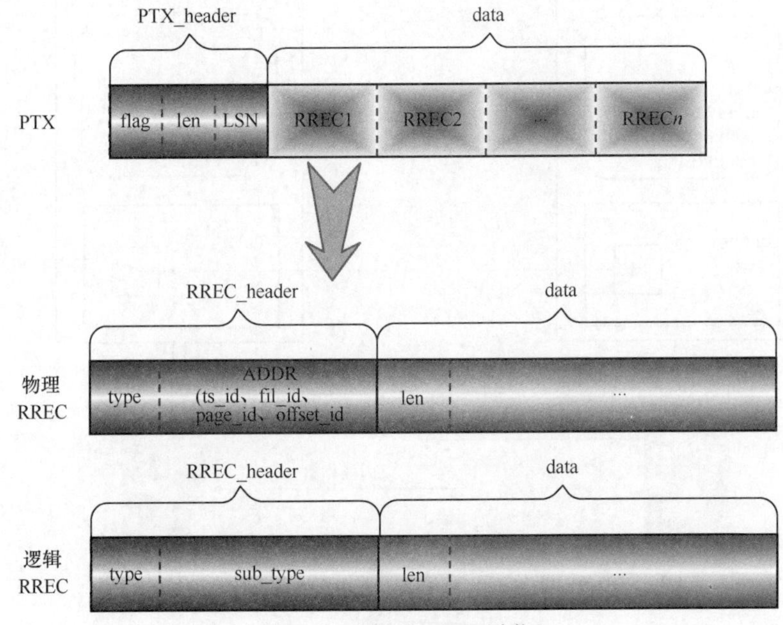

图 3-10　PTX 和 RREC 结构

与单节点系统相比，DMDSC 的日志系统存在以下差异。

（1）本地 Redo 日志系统中，LSN 保证是递增的，后提交物理事务的 LSN 一定更大，但顺序提交的两个物理事务产生的 LSN 不能保证一定是连续的。

（2）全局 Redo 日志系统中，LSN 不再严格保证唯一性，不同节点可能存在 LSN 相等的 Redo 日志记录。

（3）故障重启时，控制节点需要重做所有节点的 Redo 日志，重做过程中会根据 LSN 排序，从小到大依次重做。

（4）联机 Redo 日志文件需要保存在共享存储中。

3.3.6 回滚记录管理

DMDSC 多版本并发控制（MVCC）的实现策略是，通过回滚记录获取数据的历史版本，通过活动事务视图判断事务可见性，确定获取指定版本的数据。因此，回滚记录也必须进行全局维护。与单节点一样，DMDSC 中只有一个回滚表空间，回滚记录保存在回滚页中，回滚页与保存用户记录的数据页一样，由 Buffer 系统管理，并通过缓存交换机制实现全局数据共享。

为了减少并发冲突，提升系统性能，DMDSC 为每个节点都分配了一个单独的回滚段，虽然这些回滚段位于同一个回滚表空间中，但是各个节点的回滚页申请、释放并不会产生全局冲突。

与 Redo 日志一样，DMDSC 故障重启时，控制节点会扫描所有节点的回滚段，收集未提交事务进行回滚，收集已提交事务进行 Purge 操作。

3.4 功能实现

本节主要介绍DMDSC实现的两大功能：达梦集群同步服务（DM Cluster Synchronization Service，DMCSS）和达梦自动存储管理（DM Auto Storage Manager，DMASM）。

3.4.1 达梦集群同步服务

1. 启动命令

在 DM 的透明分布式数据库中，因为 DCR 和 VTD 都是存放在 DRS 上，因此使用 DMCSS.exe 时，除了 DCR_INI 参数之外，还要选上 DFS_INI 参数。DFS_INI 用于指定保存了 DRS 连接信息的 dmdfs.ini。

2. 心跳信息

DMCSS 的实例启动后，每间隔 1 秒向 VOTD Disk 的指定区域写入心跳信息（包括自身的状态、时间戳等），表示 DMCSS 节点处于活动状态。

3. 选举 DMCSS 控制节点

DMCSS 启动后，向 VOTD Disk 写入信息，并读取其他 DMCSS 节点的信息，如果 DMCSS 集群中还没有活动的控制节点，则需要选举 DMCSS 控制节点。选举 DMCSS 控制节点的原则有以下两条。

（1）先启动的 DMCSS 作为控制节点。

（2）如果有多个 DMCSS 同时启动，则选举节点号小的节点作为控制节点。

4. 选举监控对象控制节点

DMCSS 控制节点启动后，会为基于 DMASM 或裸设备的 DMDSC 指定控制节点。DMCSS 选举监控对象控制节点的原则有以下两条。

（1）只有一个活动节点，则设置活动节点为控制节点。

（2）存在多个活动节点，则选举节点号小的节点作为控制节点。

5. 启动流程管理

DMASM 和 DMDSC 中的实例启动后，一直处于 waiting 状态，等待 DMCSS 的启动命令。DMCSS 控制节点在选举监控对象控制节点后，通知控制节点启动，在控制节点启动完成后，再依次通知其他普通节点启动。

6. 状态检测

DMCSS 维护集群状态，随着节点活动信息的变化，集群状态也会产生变化，DMCSS 控制节点会通知被监控对象控制节点执行不同命令，进而控制节点启动、故障处理、故障重加入等操作。

DMCSS 控制节点每秒从 VOTD Disk 读取被监控对象控制节点的心跳信息。一旦被监控对象控制节点的时间戳在 DCR_GRP_DSKCHK_CNT 秒内没有变化，则认为被监控对象控制节点出现异常。

DMCSS 普通节点定时读取 DMCSS 控制节点的心跳信息，监控 DMCSS 运行状态。

7. 故障处理

DMCSS 控制节点检测到故障实例后，首先向故障实例的 VOTD Disk 区域写入 Kill 命令（所有实例一旦发现 Kill 命令，无条件“自杀”），避免故障实例仍然处于活动状态，引发“脑裂”，然后启动故障处理流程，不同类型实例的故障处理流程也存在一些差异。

（1）DMCSS 控制节点故障处理流程。

1）活动节点重新选举 DMCSS 控制节点；

2）新的 DMCSS 控制节点通知 DMCSS 故障节点对应的 DMASMSVR、DMSERVER 强制退出。其中，DMASMSVR 是提供 DMASM 服务的实例载体，DMSERVER 是达梦数据库服务器的实例载体。

（2）DMASMSVR 实例的故障处理流程。

1）挂起工作线程；

2）更新 DCR 的故障节点信息；

3）通知故障节点对应的 DMSERVER 强制退出；

4）DMASMSVR 进行故障恢复；

5）恢复工作线程。

（3）DMSERVER 实例的故障处理流程。

1）更新 DCR 的故障节点信息；

2）重新选举一个控制节点；

3）通知 DMSERVER 控制节点启动故障处理流程（参考 DMDSC 故障处理）；

4）等待 DMSERVER 故障处理结束。

8. 节点重加入

如果检测到故障节点恢复，DMCSS 会通知控制节点启动节点重加入流程。

（1）数据库实例重加入。

1）挂起工作线程；

2）修改节点的状态；

3）执行恢复操作；

4）重新进入 startup 状态，准备启动；

5）open 重加入的节点；

6）重启工作线程；

7）执行 open 数据库实例的操作。

（2）DMASM 实例重加入。

1）挂起工作线程；

2）修改节点的状态；

3）执行恢复操作；

4）重新进入 startup 状态，准备启动；

5）open 重加入的节点；

6）重启工作线程。

9. 集群指令

DMCSS 控制节点通过一系列的集群指令控制被监控对象控制节点的启动、故障处理、状态切换等。DMCSS 控制节点向目标对象的 VOTD Disk 指令区写入命令，通知目标对象执行相应命令，并等待执行响应。每条指令的功能都比较单一，比如修改状态、设置控制节点、执行一条 SQL 等，复杂的集群流程控制就是将这些简单的指令组合起来完成的。

10. 状态查看

在 DMCSS 控制台输入“show”命令可以看到所监控的集群状态，如下所示。

group 行显示的内容如下。

name: 集群名称

seq: 集群编号

type: 集群类型 [CSS/ASM/DB]

control_node: 集群内控制节点

ep 行显示的内容如下。

inst_name: 节点实例名

seqno: 节点编号

port: 实例对外提供服务的端口号

mode: 模式 [控制 / 普通]

sys_status: 实例系统状态 [mount/open 等]

vtd_status: 实例的集群状态 [working/shutdown/syshalt 等]

is_ok: 实例在集群内是否正常，错误的节点会暂时从集群内剔除

active: 实例是否活动

guid: 实例的 guid 值

ts: 实例的时间戳

11. 主节点、普通节点显示信息的差异

DMCSS 控制节点会显示 DMCSS、DMASM、DMDSC 3 个集群的信息，而普通节

点只会显示 DMCSS 集群的信息。

3.4.2 达梦自动存储管理

1. DMASM 概述

DMDSC 可以直接使用裸设备作为共享存储，存放数据库文件，但是，由于裸设备存在的一些功能限制，DMDSC 在使用、维护上并不是那么灵活和方便。裸设备的使用限制有以下几点。

（1）不支持动态扩展文件大小：在创建数据文件时就必须指定文件大小，并且文件无法动态扩展。

（2）数据文件必须占用整个裸设备盘，造成空间浪费。

（3）不支持类 Linux 的文件操作命令，不便于使用。

（4）操作系统支持的最大裸设备数目较小，无法创建足够的数据库文件。

为了克服裸设备的这些使用限制，DM 专门设计了一个分布式文件系统 DMASM 来管理裸设备的磁盘和文件。DMASM 提供了基本的数据文件访问接口，可以有效降低 DMDSC 共享存储的维护难度，DMASM 提供的主要功能包括以下几点。

（1）分布式管理：支持多台机器并发访问 DMASM 磁盘和文件，提供全局并发控制。

（2）磁盘组管理：支持创建和删除磁盘组，将裸设备格式化为 DMASM 格式，并由 DMASMSVR 统一管理；一个磁盘组可以包含一个或多个 DMASM 磁盘；磁盘组支持在线增加 DMASM 磁盘，实现动态存储扩展。

（3）文件管理：支持创建、删除、截断文件等功能；支持创建目录；支持动态扩展文件；文件可以存放在一个磁盘组的多个磁盘中，文件大小不再受限于单个磁盘大小。

（4）完善、高效的访问接口：通过 dmasmapi 可以获得各种文件管理功能。

（5）通用的管理工具：DMASMTOOL 提供一套类 Linux 的文件操作命令，用于管理 DMASM 文件，降低用户学习及使用 DMASM 文件系统的难度。

2. DMASM 的基本概念

DMASM 的实现主要参考了达梦数据库文件系统，因此，一些概念和实现原理与达梦数据库文件系统的基本类似，熟悉达梦数据库文件系统的用户，就会更加容易理解 DMASM。DMASM 与达梦数据库文件系统的概念对照如表 3-1 所示。

表 3-1 DMASM 与达梦数据库文件系统的概念对照

DMASM	达梦数据库文件系统
磁盘组（Disk Group）	表空间（Tablespace）
DMASM 磁盘（Disk）	数据文件（Datafile）
DMASM 文件（File）	段（Segment）

续表

DMASM	达梦数据库文件系统
簇（Extent）	簇（Extent）
AU（Allocate Unit）	页（Page）
描述 AU（desc AU）	描述页（desc Page）
Inode AU（inode AU）	Inode 页（inode Page）

（1）磁盘组（Disk Group）：磁盘组由一个或多个 DMASM 磁盘组成，是存储 DMASM 文件的载体；一个 DMASM 磁盘只能属于一个磁盘组。DMASM 支持动态添加 DMASM 磁盘。DMDSC 中，一般建议将日志文件和数据文件保存到不同的磁盘组中。

（2）DMASM 磁盘（Disk）：DMASM 磁盘是指经过 DMASMCMD 工具格式化，且可以被 DMASMSVR 识别的物理磁盘。DMASM 磁盘是组成磁盘组的基本单位，一个裸设备只能格式化为一个 DMASM 磁盘，不支持分割使用。

（3）DMASM 文件（File）：在 DMASM 磁盘组上创建的文件，被称为 DMASM 文件。一个 DMASM 文件只能保存在一个磁盘组中，但一个 DMASM 文件的数据可以物理存放在同一磁盘组的多个 DMASM 磁盘中。DMDSC 中，需要多个节点共享访问的数据库文件、日志文件、控制文件等，一般都会创建为 DMASM 文件。

（4）簇（Extent）：簇是 DMASM 文件的最小分配单位，一个簇由物理上连续的一组 AU 构成。如果簇的大小为 4，意味着一个 DMASM 文件至少占用 4 个 AU，也就是 4MB 的物理存储空间。

（5）AU（Allocate Unit）：AU 是 DMASM 存储管理的最小单位，AU 的大小为 1MB。DMASM 以 AU 为单位将磁盘划分为若干逻辑单元，DMASM 文件也是由一系列 AU 组成。根据 AU 的不同用途，系统内部定义了一系列 AU 类型，包括描述 AU 和 Inode AU 等。

3. DMASM 原理

为了帮助用户更好地理解和使用 DMASM，本部分从 DMASM 磁盘与文件管理、DMASM Redo 日志、簇映射表（Extent Map）3 个方面介绍 DMASM 原理。

（1）DMASM 磁盘与文件管理。

DMASM 文件系统将物理磁盘格式化后，变成可识别、可管理的 DMASM 磁盘，再通过 DMASM 磁盘组将一个或多个 DMASM 磁盘整合成一个整体来提供文件服务，如图 3-11 所示。

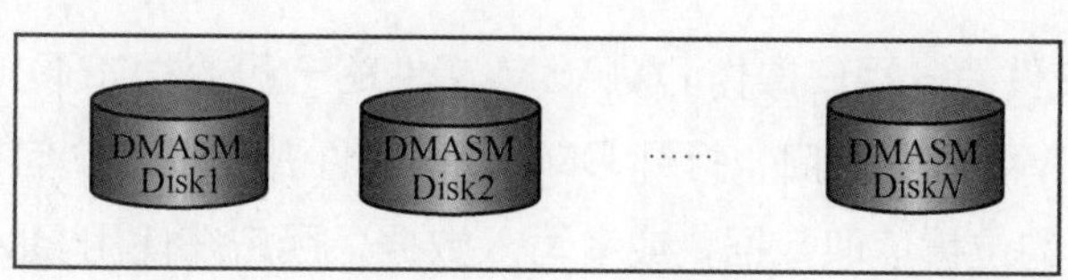

图 3-11　DMASM 磁盘组结构

DMASM 磁盘被格式化以后，在逻辑上可划分为若干簇，簇是管理 DMASM 磁盘的基本单位，DMASM 文件的最小分配单位也是簇。这些逻辑划分的簇根据其用途可以分为 desc 簇、inode 簇和 data 簇，如图 3-12 所示。

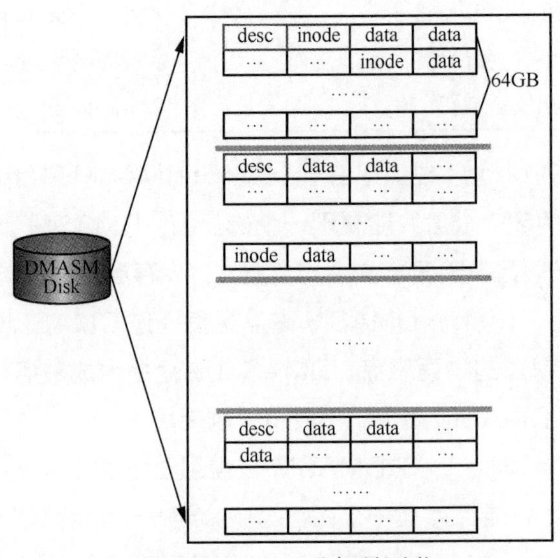

图 3-12 DMASM 磁盘逻辑结构

创建、删除 DMASM 文件的操作，在 DMASM 系统内部会被转换成修改、维护 Inode AU 的具体动作，而扫描全局的 Inode AU 链表就可以获取磁盘组上所有的 DMASM 文件信息。

（2）DMASM Redo 日志。

DMASM 采用 Redo 日志机制，保证在各种异常（如系统掉电重启）的情况下数据不被损坏。在创建、删除 DMASM 文件等 DDL 操作的过程中，所有针对 DMASM 描述 AU、Inode AU 的修改，都会生成 Redo 日志，并且在描述 AU、Inode AU 的修改写入磁盘之前，必须确保 Redo 日志已经写入磁盘。DMASM 中，只有针对描述 AU 和 Inode AU 的修改会产生 Redo 日志，用户修改 data AU 的动作并不会产生 Redo 日志。

DMASM 的所有 DDL 操作（创建文件、删除文件、增加磁盘等）都是串行执行的，并且在操作完成之前，会确保所有修改的描述 AU、Inode AU 写入磁盘；一旦 DDL 操作完成，所有 Redo 日志就可以被覆盖。

DDL 操作过程中出现异常时，如果 Redo 日志尚未写入磁盘，则当前操作对系统没有任何影响；如果 Redo 日志已经写入磁盘，那么重新启动后，系统会重演 Redo 日志，来修改描述 AU 和 Inode AU，将此 DDL 继续完成。

（3）簇映射表。

创建 DMASM 文件后，用户操作 DMASM 文件的一般流程如下：调用 DMASM 文件的 OPEN、READ、WRITE 接口，打开 DMASM 文件并获取一个句柄，再使用这个句柄从文件的指定偏移量的位置读取数据，或者写入数据，用户在使用 DMASM 的过程中，只需要获取一个 DMASM 文件句柄，并不需要知道数据最终被保存在物理磁盘的什么位置。

DMASM 使用簇映射表机制维护 DMASM 文件与物理磁盘地址的映射关系，访问 DMASM 文件时，根据文件号、文件偏移等信息，通过簇映射表可以快速获取物理磁盘地址，如图 3-13 所示。

由于 DMASM 并不缓存任何用户数据，与直接读写的裸设备相比，DMASM 文件的读写操作仅仅增加了簇映射的代价，而这个代价与 I/O 代价相比几乎可以忽略，因此，使用 DMASM 并不会引起读写性能的降低。

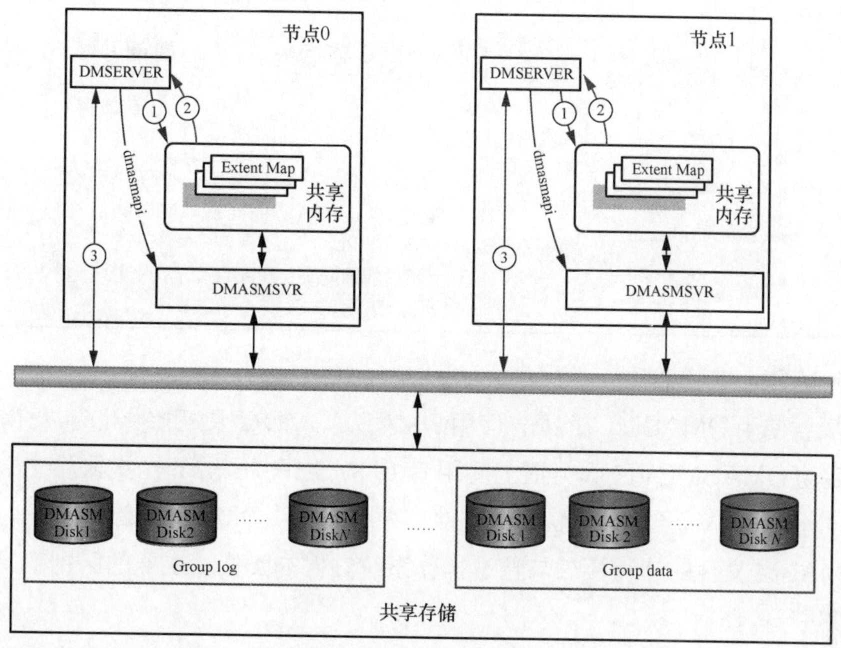

图 3-13 DMASM 的数据访问

4. DMASM 技术指标

DMASM 中重要的技术指标如表 3-2 所示。

表 3-2 DMASM 中重要的技术指标

项	大小	说明
AU 大小	1024Byte × 1024Byte	一个 AU 占用 1MB 存储空间
簇大小	4AU	一个簇包含 4 个物理上连续的 AU
描述项大小	32Byte	一个簇描述项占用 32 个字节的存储空间
描述 AU 管理的最大簇数目	16× 1024 个	一个描述 AU 最多可以管理 16384 个簇
描述 AU 管理的最大 AU 数	64× 1024 个	一个描述 AU 最多可以管理 65536 个 AU
描述 AU 管理的最大磁盘空间	64GB	一个描述 AU 最多可以管理 64GB 磁盘空间
inode 项大小	512Byte	每个 DMASM 文件 / 目录都对应着一个文件描述项目
Inode AU 可管理的最大文件数	2046 个	一个 Inode AU 最多可以管理 2046 个文件

续表

项	大小	说明
DMASM 文件最小尺寸	4MB	每个 DMASM 文件最少包含一个簇
DMASM 文件最大尺寸	4PB	一个 DMASM 文件最多可以包含 4294967295 个 AU，每个 AU 是 1MB，理论上，单个 DMASM 文件的最大尺寸是 4PB
一个用户连接可同时打开的 DMASM 文件数	65536 个	一个用户连接最多可打开 65536 个 DMASM 文件
DMASM 文件数上限	8388607 个	一个磁盘组最多可以创建 8388607 个 DMASM 文件
磁盘组个数上限	124 个	最多可创建 124 个磁盘组
每 10MB 共享内存能管理的磁盘大小	约 655GB	管理一个簇，需要在共享内存中分配 64 个字节的空间，每个簇描述项对应 4MB 磁盘空间，计算后得出 10MB/64×4MB = 655GB；使用 10MB 大小的共享内存能保证在 655GB 磁盘的使用过程中，簇描述项不被淘汰

（1）DMASM 使用说明。

1）如果要使用 DMASM，必须先使用 DMASMCMD 工具初始化 DMASM 磁盘和磁盘组，并启动 DMASMSVR 服务器。使用者（DMSERVER 等）必须通过 dmasmapi 接口登录 DMASMSVR 创建 DMASM 文件，并进行各种 DMASM 文件操作。

2）DMASM 文件的读写接口与普通操作系统文件的类似，主要的区别就是需要使用专用的接口进行操作。

3）一台共享存储上只能搭建一套 ASM 文件系统，搭建多套会导致系统启动失败。

4）已经打开、正在被访问的 DMASM 文件不允许被删除。

5）DMASM 文件可以重复打开，但是建议用户在使用过程中，尽量避免反复打开同一个 DMASM 文件。如果用户反复打开同一个 DMASM 文件，并且没有及时关闭，有可能会降低 DMASM 文件的访问效率。

6）DMASM 文件句柄不保证全局唯一，只保证连接级别的唯一性，一个连接重复打开同一个 DMASM 文件，会返回不同的文件句柄；不同连接打开同一个 DMASM 文件，有可能返回相同的文件句柄。

7）支持删除磁盘组，但不能单独删除磁盘组中的某一块磁盘。

8）任意文件 open 的情况下，其所属的磁盘组不能被删除。

9）DMASM 文件路径都以“+GROUP_NAME”开头，使用“/”作为路径分隔符，任何以“+”开头的文件，都认为是 DMASM 文件，“GROUP_NAME”是磁盘组名称，比如，“+DATA/ctl/dm.ctl”表示 dm.ctl 文件保存在 DMASM 文件系统的“DATA”磁盘组的 ctl 目录下。“+”号只能出现在全路径的第一位，出现在其他任意地方的路径都是非法的。

10）DMASM 只提供文件级别的并发控制，如果访问 DMASM 文件，系统内部会进行封锁操作，比如，正在访问的数据文件不允许被删除，但是 DMASM 并不提供数据文件的读写并发控制。DMASM 允许多个用户同时向同一个文件的相同偏移写入数据，一旦发生这种并发写入，则无法预知最终写入磁盘的数据是什么。因此，DMASM 不是一个通用的分布式文件系统，必须由使用 DMASM 的上层应用来控制数据文件的读写并发。采用这种实现策略的主要原因有两个。

第一，提升 DMASM 文件的读写效率。通用的分布式文件系统需要实现读写操作的全局并发控制，避免并发写入导致数据不一致，这种策略会严重影响读写性能。

第二，数据库管理软件已经提供了数据访问的并发控制机制，确保不会同时读写相同的数据页，DMASM 不需要实现一套重复的并发控制策略。

11）目前，DMASM 还未实现异步格式化机制，创建磁盘组、添加磁盘等操作需要较长的执行时间，并且格式化过程中会阻塞 DMASM 文件的创建等操作。

12）目前，DMASM 只提供了基本的数据文件管理功能，并不支持镜像存储、条带化存储、数据再平衡等功能。

（2）DMASMCMD。

DMASMCMD 是 DMASM 文件系统的初始化工具，用来将裸设备格式化为 DMASM 磁盘，并初始化 DCR Disk、VOTD Disk。格式化 DMASM 磁盘就是在裸设备的头部写入 DMASM 磁盘特征描述符号，包括 DMASM 标识串、DMASM 磁盘名，以及 DMASM 磁盘大小等信息。其中，DCR Disk 和 VOTD Disk 也会被格式化为 DMASM 磁盘。

DMASMCMD 工具的主要功能包括以下几项。

1）格式化 DMASM 磁盘。

2）初始化 DCR Disk，同时指定密码。

3）初始化 VOTD Disk。

4）导出 DCR Disk 配置信息。

5）导入 DCR Disk 配置信息。

6）清理 DCR Disk 中指定组的故障节点信息。

7）创建用于模拟裸设备的磁盘文件（用于单机模拟 DMDSC 环境）。

8）列出指定路径下面的磁盘属性。

9）联机修改 DCR Disk，扩展节点。

DMASMCMD 工具用法如下所示。

```
格式：dmasmcmd KEYWORD=value
例如：dmasmcmd SCRIPT_FILE=asmcmd.txt
关键字                   说明（默认值）
--------------------------------------------------------------------------------
SCRIPT_FILE             dmasmcmd 脚本文件路径
```

```
RET_FLAG            执行 dmasmcmd 脚本文件时，如果出错是否立即返回 (0/1)
DFS_INI             dmdfs.ini 文件路径
HELP                打印帮助信息
```

1）SCRIPT_FILE 用于指定脚本文件路径。asmcmd.txt 中集中存放了 DMASMCMD 用到的命令。

如果用户没有通过 SCRIPT_FILE 指定脚本文件，则 DMASMCMD 进入交互模式运行，逐条解析、运行命令。

如果用户通过 SCRIPT_FILE 指定脚本文件（如 asmcmd.txt），则以行为单位读取文件内容，并依次执行，执行完成后，自动退出 DMASMCMD 工具。脚本文件必须以“#asm script file”开头，否则认为是无效脚本文件；脚本中其他行有“#”的表示注释；脚本文件大小不超过 1MB。

2）RET_FLAG 用于设置执行脚本文件时，如果出错是否立即返回，取值为 0 或 1，0 表示不返回，1 表示返回。缺省值为 0。

3）DFS_INI 专门用于透明分布式数据库环境中，指定 dmdfs.ini 文件路径。DMASMCMD 初始化时需连接 DRS 执行。dmdfs.ini 中保存的都是 DRS 的配置信息。

DMASMCMD 命令行执行界面下支持的语句包括以下几项。

● 创建 DMASM 磁盘。

创建 DMASM 磁盘，用来将裸设备格式化为 ASM Disk，代码如下所示，会在裸设备头部写入 ASM Disk 标识信息。size 的最小取值为 32。

```
Format: create asmdisk disk_path disk_name [size(M)]
Usage:  create asmdisk '/home/asmdisks/disk0.asm' 'DATA0'
Usage:  create asmdisk '/home/asmdisks/disk0.asm' 'DATA0' 100
```

创建 DMASM 磁盘，用来将裸设备格式化为 DCR Disk，代码如下所示，会在裸设备头部写入 DCR 标识信息。size 的最小取值为 32。

```
Format: create dcrdisk disk_path disk_name [size(M)]
Usage:  create dcrdisk '/home/asmdisks/disk0.asm' 'DATA0'
Usage:  create dcrdisk '/home/asmdisks/disk0.asm' 'DATA0' 100
```

创建 DMASM 磁盘，用来将裸设备格式化为 VOTD Disk，代码如下所示，会在裸设备头部写入 VOTD Disk 标识信息。

```
Format: create votedisk disk_path disk_name [size(M)]
Usage: create votedisk '/home/asmdisks/disk0.asm' 'DATA0'
Usage: create votedisk '/home/asmdisks/disk0.asm' 'DATA0' 100
```

以上 3 个命令中的 size 参数可以省略，程序会计算 disk_path 的大小，但是某些操作系统计算 disk_path 大小会失败，这时候还是需要用户指定 size 信息，size 的最小取值为 32。

- 创建空文件模拟裸设备。

创建 disk0.asm 模拟裸设备，注意必须以 .asm 结尾，代码如下所示。创建空文件可以在模拟测试时使用，但真实环境下不建议使用。size 的取值范围为 16 ～ 128。

```
Format: create emptyfile file_path size(M) num
Usage: create emptyfile '/opt/data/asmdisks/disk0.asm' size 100
```

- 初始化 DCR Disk 和 VOTD Disk。

根据配置文件 dmdcr_cfg.ini 的内容来初始化 DCR Disk。设置登录 ASM 文件系统的密码，注意密码要用单引号括起来，代码如下所示。

```
Format: init dcrdisk disk_path from ini_pathidentified by password
Usage: init dcrdisk '/dev/raw/raw2' from '/home/asm/dmdcr_cfg.ini'identified by
'aaaaaa'
```

根据配置文件 dmdcr_cfg.ini 的内容，来初始化 VOTD Disk，代码如下所示。

```
Format: init votedisk disk_path from ini_path
Usage: init votedisk '/dev/raw/raw3' from '/home/asm/dmdcr_cfg.ini'
```

- 导出 DCR Disk 的配置文件。

解析 DCR Disk 内容，导出 dmdcr_cfg.ini 文件，代码如下所示。

```
Format: export dcrdisk disk_path to ini_path
Usage: export dcrdisk '/dev/raw/raw2' to '/home/asm/dmdcr_cfg.ini'
```

- 导入 DCR Disk 的配置文件。

根据配置文件 /data/dmdcr_cfg.ini 的内容，将修改导入 DCR Disk，代码如下所示。

```
Format: import dcrdisk ini_path to disk_path
Usage: import dcrdisk '/data/dmdcr_cfg.ini' to '/data/asmdisks/disk0.asm'
```

- 校验 DCR Disk。

根据打印出来的 code 值来校验 DCR Disk 信息是否正常，如果 code 值等于 0，则表示 DCR Disk 正常；如果 code 值小于 0，则说明 DCR Disk 出现了故障，需要重新初始化，代码如下所示。

```
Format: check dcrdisk disk_path
Usage: check dcrdisk '/dev/raw/raw2'
```

- 清理指定组的故障节点信息。

代码如下所示。

```
Format: clear dcrdisk err_ep_arr disk_path group_name
Usage:  clear dcrdisk err_ep_arr '/dev/raw/raw2' 'GRP_DSC'
```

- 显示指定路径下面的磁盘属性。

显示 path 路径下面所有磁盘的信息，代码如下所示。

```
Format: listdisks path
Usage: listdisks '/dev/raw/'
```

磁盘分为以下 3 种类型。

normal Disk：普通磁盘。

unused asmdisk：初始化未使用的 asmdisk。

used asmdisk：已经使用的 asmdisk。

- 联机修改 DCR Disk，扩展节点。

联机修改 DCR Disk，扩展节点，会将新增节点信息写回 DCR Disk，代码如下所示。

```
Format: extend dcrdisk disk_path from ini_path
Usage: extend dcrdisk 'd:\asmdisks\disk0.asm' from 'd:\dmdcr_cfg.ini'
```

（3）DMASMSVR。

DMASMSVR 是提供 DMASM 服务的主要载体，每个提供 DMASM 服务的节点都必须启动一个 DMASMSVR 服务器，这些 DMASMSVR 一起组成共享文件集群，提供共享文件的全局并发控制。DMASMSVR 启动时，扫描 /dev/raw/ 路径下的所有裸设备，加载 DMASM 磁盘，构建 DMASM 磁盘组和 DMASM 文件系统。在 DMASMSVR 实例之间使用 MAL 系统进行信息和数据的传递。MAL 系统是达梦数据库基于 TCP 实现的一种内部通信系统，MAL 是 MAIL 的简管（以邮件类化集群节点间的通信）。

DMASMSVR 集群的启动、关闭、故障处理等流程由 DMCSS 控制，DMASMSVR 定时向 VOTD Disk 写入时间戳、状态、命令，以及命令执行结果等信息，DMCSS 控制节点定时从 VOTD Disk 读取信息，检查 DMASMSVR 实例的状态变化，启动相应的处理流程。

DMASMSVR 集群中，只有一个控制节点，控制节点以外的其他节点叫作普通节点，DMASMSVR 控制节点由 DMCSS 选举；所有 DDL 操作（如创建文件、创建磁盘组等）都是在控制节点执行，用户登录普通节点发起的 DDL 请求，会通过 MAL 系统发送到控制节点执行并返回；而 DMASM 文件的读、写等操作，则由登录节点直接完成，不需要传递到控制节点执行。

（4）DMASMAPI。

DMASMAPI 是 DMASM 文件系统的应用程序访问接口，通过调用 DMASMAPI 接口，用户可以访问、操作 DMASM 文件。与达梦数据库接口 DPI 类似，访问 DMASM 文件之前，必须先分配一个 conn 对象，并登录到 DMASMSVR 服务器，再使用这个 conn 对象进行创建磁盘组、创建文件、删除文件、读取数据和写入数据等 DMASM 相关操作。

（5）DMASMTOOL。

DMASMTOOL 是 DMASM 文件系统管理工具，提供了一套类 Linux 文件操作命令，用于管理 DMASM 文件，是管理、维护 DMASM 的好帮手。DMASMTOOL 工具使用

DMASMAPI 连接到 DMASMSVR，并调用相应的 DMASMAPI 函数，实现创建、拷贝、删除等各种文件操作命令；DMASMTOOL 还支持 DMASM 文件和操作系统文件的相互拷贝。

DMASMTOOL 可以登录本地 DMASMSVR，也可以登录位于其他节点的 DMASMSVR，并执行各种文件操作命令。一般建议登录本地 DMASMSVR 服务器，避免文件操作过程中的网络开销，提升执行效率。

DMASMTOOL 支持的命令说明如下。

1）创建磁盘组、添加磁盘、删除磁盘组。

- 创建磁盘组，代码如下所示。

```
Format: create diskgroup name asmdisk file_path
Usage: create diskgroup 'DMDATA' asmdisk '/dev/raw/raw3'
```

asmdisk 为磁盘组名，最长不能超过 32 字节。路径必须是全路径，不能是相对路径。

- 添加磁盘，代码如下所示。

```
Format: alter diskgroup name add asmdisk file_path
Usage: alter diskgroup 'DMDATA' add asmdisk '/dev/raw/raw4'
```

asmdisk 路径必须是全路径，不能是相对路径。

- 删除磁盘组，代码如下所示。

```
Format: drop diskgroup name
Usage: drop diskgroup 'DMDATA'
```

创建磁盘组或为磁盘组添加磁盘时，以下情况可能导致失败。

a. DMASMSVR 进程没有访问对应磁盘的权限。

b. 磁盘路径不在 dmdcr_cfg.ini 配置文件中配置的 DCR_EP_ASM_LOAD_PATH 路径（ASM 磁盘扫描路径）下。

c. 磁盘大小不够，最少需要 32MB。

2）创建文件、扩展文件、截断文件、删除文件、重定向输出文件、关闭重定向文件。

- 创建文件，代码如下所示。

```
Format: create asmfile file_path size(M) num
Usage: create asmfile '+DMDATA/sample.dta' size 20
```

- 扩展文件，代码如下所示。

```
Format: alter asmfile file_path extend to size(M)
Usage: alter asmfile '+DMDATA/sample.dta' extend to 20
```

- 截断文件，代码如下所示。

```
Format: alter asmfile file_path truncate to size(M)
Usage: alter asmfile '+DMDATA/sample.dta' truncate to 20
```

- 删除文件，代码如下所示。

```
Format: delete asmfile file_path
Usage: delete asmfile '+DMDATA/sample.dta'
```

● 重定向输出文件，代码如下所示。

```
Format: spool file_path [create|replace|append]
Usage: spool /home/dataspool.txt
```

a. create：如果重定向文件不存在，则创建；如果存在，创建失败。

b. replace：如果重定向文件不存在，则创建；如果存在，则替换掉。默认为 replace。

c. append：如果重定向文件不存在，则创建；如果存在，则追加到文件末尾。

d. 多次 spool 重定向文件，第一次成功打开重定向文件之后，如果未关闭，则不再打开其他重定向文件。

● 关闭重定向文件，代码如下所示。

```
Format: spool off
Usage: spool off
```

3）兼容 Linux 的一些命令，虽然功能受限，但是很实用。

● 到达某目录，代码如下所示。

```
Format: cd[path]
Usage: cd +DMDATA/test
```

● 拷贝，代码如下所示。

```
Format: cp [-rf] src_file_path dst_file_path
Usage:  cp '+DMDATA/aa/sample.dta' '+DMDATA/a/b.dta'
        cp -r '+DMDATA/aa' '+DMDATA/bb'
        cp -f '+DMDATA/aa/sample.dta' '+DMDATA/a/b.dta'
```

● 删除，代码如下所示。

```
Format: rm file_path
        rm -r directorie
Usage: rm '+DMDATA/a/sample.dta'
       rm -r '+DMDATA/a/'
       rm -f '+DMDATA/b/'
```

● 创建目录，代码如下所示。

```
Format: mkdir [-p] dir_path
Usage: mkdir '+DMDATA/a'
mkdir -p '+DMDATA/nodir/bb'
```

● 查找，代码如下所示。

```
Format: find path file_name
Usage: find +DMDATA/a 'sample.dta'
```

● 显示，代码如下所示。

```
Format: ls [-lr] filename
Usage: ls
       ls -l
       ls -r
```

- 显示存储信息，代码如下所示。

```
Format: df
Usage: df
```

- 显示当前目录，代码如下所示。

```
Format: pwd
Usage: pwd
```

4）DMASM 特有的一些命令。

- 列出所有的磁盘组，代码如下所示。

```
Format: lsdg
Usage: lsdg
```

- 列出所有的 DMASM 磁盘，代码如下所示。

```
Format: lsdsk
Usage: lsdsk
```

- 列出文件的详细信息，代码如下所示。

```
Format: lsattr
Usage: lsattr
```

- 列出所有的信息，包括文件等，代码如下所示。

```
Format: lsall
Usage: lsall
```

- 修改密码，代码如下所示。

```
Format: password
Usage: password
```

- 登录，在断开连接后，重新登录，代码如下所示。

```
Format: login
Usage:  login
```

3.5 使用 / 操作说明

本节主要介绍 DMDSC 的搭建、故障处理流程、监控、备份与还原等使用 / 操作说明。

3.5.1 搭建

1. 启动、关闭流程

DMDSC 是基于共享存储的数据库集群，包含多个数据库实例，因此，与单节点的达梦数据库不同，DMDSC 需要在节点间进行同步、协调，才能正常地启动、关闭。启动 DMDSC 之前，必须先启动集群同步服务 DMCSS，如果使用了 DMASM 文件系统，则 DMASMSVR 服务也必须先启动。

DMASMSVR/DMSERVER 控制台执行“exit”命令，会通知其他所有节点一起退出；DMCSS 需要手动退出所有节点，没有同步功能；Linux 环境下，DMASMSVR/DMSERVER 监控了操作系统 SIGTERM 信号，Linux 环境执行“kill-10”命令，DMASMSVR/DMSERVER 能正常退出。

如果 DMCSS 配置了 DMASMSVR/DMSERVER 自动拉起命令，可以先仅启动 DMCSS，然后启动 DMCSSM，在 DMCSSM 控制台执行“ep startup asm”命令启动 DMASMSVR 集群，执行“ep startup dsc”命令启动 DMSERVER 集群（其中，asm/dsc 为 DMASMSVR/DMSERVER 集群的组名）。类似地，执行“ep stop asm/dsc”命令可以关闭 DMASMSVR/DMSERVER 集群环境。

Linux 环境下，DMCSS/DMASMSVR/DMSERVER 可以配置成操作系统服务，每次开机自动启动，或者通过 Linux 命令“service XXX start/stop/restart（XXX 为配置的服务名）”完成服务的启动、关闭。服务脚本在达梦安装包里提供，可能还需要根据实际情况修改部分参数才能使用。

关闭 DMDSC 环境时，应先关闭 DMSERVER，再依次关闭 DMASMSVR 和 DMCSS。

2. 配置说明

与 DMDSC 相关的配置文件包括 dmdcr_cfg.ini、dmdcr.ini、dminit.ini、MAL 系统配置文件（dmmal.ini 和 dmasvrmal.ini）、dm.ini。

下面分别介绍配置文件中各配置项的含义。

（1）dmdcr_cfg.ini。

dmdcr_cfg.ini 是格式化 DCR Disk 和 VOTD Disk 的配置文件。配置信息包括 3 类：集群环境全局信息、集群组信息，以及节点信息。

一些常用的参数如表 3-3 所示。

表 3-3 dmdcr_cfg. ini 配置项及配置含义

配置项	配置含义
集群环境全局信息	
DCR_VTD_PATH	VOTD Disk 路径

续表

配置项	配置含义
DCR_N_GRP	集群环境包括 group 的个数，取值范围为 1 ～ 16
DCR_OGUID	消息标识，用于校验 DMCSSM 登录 DMCSS 的消息
	集群组信息
DCR_GRP_TYPE	组类型（CSS/ASM/DB）
DCR_GRP_NAME	组名，16 字节，配置文件内不可重复
DCR_GRP_N_EP	组内节点个数 N，最大 16
DCR_GRP_EP_ARR	组内包含的节点序列号，范围是 $\{0,1,2,\ldots,N-1\}$ 用户不能指定，仅用于从 DCR Disk 输出可见
DCR_GRP_N_ERR_EP	组内故障节点个数 用户不能指定，仅用于从 DCR Disk 输出可见
DCR_GRP_ERR_EP_ARR	组内故障节点序列号 用户不能指定，仅用于从 DCR Disk 输出可见
DCR_GRP_DSKCHK_CNT	磁盘心跳容错时间，单位：秒，缺省值为 60 秒，取值范围为 5 ～ 600
	节点信息，某些属性可能只针对某一类型节点
DCR_EP_NAME	节点名，16 字节，配置文件内不可重复，DB 的节点名必须和 dm.ini 中的 INSTANCE_NAME 保持一致，ASM 的节点名必须和 dmasvrmal.ini 中的 MAL_INST_NAME 保持一致，同一类型节点的 EP_NAME 不能重复
DCR_EP_SEQNO	组内序号，CSS/ASM 不能配置，自动分配，DB 可以配置，范围为 0 ～ n_ep −1，组内不能重复，如不配置则自动分配
DCR_EP_HOST	节点 IP（实例所在机器的 IP 地址）。对 DB 来说，是绑定 VIP 的网卡对应的物理 IP 地址，若配置 DCR_VIP，才需要配置，否则不需要配置。在 CSS 中设置表示 DMCSSM 可以通过该 IP 连接 CSS，可以不配置
DCR_EP_PORT	节点 TCP 监听端口（CSS/ASM/DB 有效，对应登录 CSS/ASM/DB 的端口号），节点实例配置此参数，取值范围为 1024 ～ 65534；发起连接端的端口在 1024 ～ 65535 随机分配。特别对 DB 来说，DB的 DCR_EP_PORT 与 dm.ini 中的 PORT_NUM 不一致时，DB 端口以 dm.ini 中的 PORT_NUM 为准。修改 dm.ini 的 PORT_NUM 后，若需要 DMCSSM 显示新的端口号，则需要重启所有的 DMCSS
DCR_EP_SHM_KEY	共享内存标识，数值类型（ASM 有效，初始化共享内存的标识符）应为大于 0 的 4 字节整数
	节点信息，某些属性可能只针对某一类型节点
DCR_VIP	节点 VIP（DB 有效，表示配置的虚拟 IP），需要和 DCR_EP_HOST 在同一网段。若需要取消 VIP 配置，仅需要将 DB 组的 DCR_VIP 和 DCR_EP_HOST 删除
DCR_CHECK_PORT	DCR 检查端口号，检查实例是否活动的时候用，各实例不能冲突。实例配置此参数，取值范围为 1024 ～ 65535；DCR 发起连接端的端口在 1024 ～ 65534 随机分配

续表

配置项	配置含义
DCR_EP_SHM_SIZE	共享内存大小，单位为 MB（ASM 有效，初始化共享内存大小），取值范围为 10 ～ 1024。共享内存大小与其能管理的磁盘大小的关系详见表 3-2“DMASM 中重要的技术指标”
DCR_EP_ASM_LOAD_PATH	ASM 磁盘扫描路径，Linux 下一般为 /dev/raw，文件模拟情况必须是全路径，不能是相对路径

（2）dmdcr.ini。

dmdcr.ini 是 DMCSS、DMASMSVR、DMASMTOOL 等工具的输入参数，记录了当前节点序列号及 DCR Disk 路径。一些常用的参数如表 3-4 所示。

表 3-4 dmdcr. ini 配置项及配置含义

配置项	配置含义
DMDCR_PATH	记录 DCR Disk 路径
DMDCR_SEQNO	记录当前节点序号（用来获取 ASM 登录信息）
DMDCR_MAL_PATH	保存 dmmal.ini 配置文件的路径，仅对 DMASMSVR 有效
DMDCR_ASM_RESTART_INTERVAL	DMCSS 认定 DMASM 节点故障重启的时间间隔（取值范围为 0 ～ 86400），DMCSS 只负责和 DMDCR_SEQNO 节点号相等的 DMASM 节点的故障重启，超过设置的时间后，如果 DMASM 节点的 Active 标记仍然为 FALSE，则 DMCSS 会执行自动拉起操作；如果配置为 0，则不会执行自动拉起操作，默认为 60 秒
DMDCR_ASM_STARTUP_CMD	DMCSS 认定 DMASM 节点故障后，执行自动拉起的命令串，可以配置为服务方式或命令行方式启动
DMDCR_DB_RESTART_INTERVAL	DMCSS 认定 DMDSC 节点故障重启的时间间隔（取值范围为 0 ～ 86400），DMCSS 只负责和 DMDCR_SEQNO 节点号相等的 DMDSC 节点的故障重启，超过设置的时间后，如果 DMDSC 节点的 Active 标记仍然为 FALSE，则 DMCSS 会执行自动拉起操作；如果配置为 0，则不会执行自动拉起操作，默认为 60 秒
DMDCR_DB_STARTUP_CMD	DMCSS 认定 DMDSC 节点故障后，执行自动拉起的命令串，可以配置为服务方式或命令行方式启动
DMDCR_AUTO_OPEN_CHECK	指定时间内如果节点实例未启动，DMCSS 会自动将节点踢出集群环境，单位：秒，取值范围应大于等于 30 秒。不配置此参数时表示不启用此功能
DMDCR_MESSAGE_CHECK	是否对 CSS 通信消息启用通信体校验（只有当消息的发送端和接收端都配置为 1 时，才启用通信体校验）。0：不启用；1：启用。默认为 1

（3）dminit.ini。

dminit.ini 是 dminit 工具初始化数据库环境的配置文件。与使用普通文件系统初始化数据库不同，如果使用裸设备或者 ASM 文件系统，必须使用 dminit 工具的 control 参数指定 dminit.ini 文件。dminit 工具的命令行参数，比如 db_name、auto_overwrite 等都可以放在 dminit.ini 中，dminit.ini 格式分为全局参数和节点参数。一些常用的参数如表 3-5 所示。

表 3-5 dminit.ini 配置项及配置含义

配置项	配置含义
全局参数，对所有节点有效	
SYSTEM_PATH	初始化数据库存放的路径
DB_NAME	初始化数据库名称
MAIN	MAIN 表空间路径
MAIN_SIZE	MAIN 表空间大小
SYSTEM	SYSTEM 表空间路径
SYSTEM_SIZE	SYSTEM 表空间大小
ROLL	ROLL 表空间路径
ROLL_SIZE	ROLL 表空间大小
CTL_PATH	DM.ctl 控制文件路径
CTL_SIZE	DM.ctl 控制文件大小
LOG_SIZE	日志文件大小
HUGE_PATH	HUGE 表空间路径
AUTO_OVERWRITE	文件存在时的处理方式
DCR_PATH	DCR Disk 路径
DCR_SEQNO	连接 DMASM 节点号
节点参数，对具体节点有效	
[XXX]	具体节点都是以 [XXX] 开始，节点实例名就是 XXX
CONFIG_PATH	配置文件存放路径
PORT_NUM	节点服务器监听通信端口号，服务器配置此参数，有效值范围为 1024 ～ 65534，发起连接端的端口在 1024 ～ 65535 随机分配
MAL_HOST	节点 MAL 系统使用 IP
MAL_PORT	MAL 监听端口，用于数据守护、DSC、MPP 等环境中各节点实例之间的 MAL 链路配置，监听端端口配置此参数，范围为 1024 ～ 65534，发起连接端的端口在 1024 ～ 65535 随机分配
LOG_PATH	日志文件路径

（4）MAL 系统配置文件（dmmal.ini 和 dmasvrmal.ini）。

dmmal.ini 和 dmasvrmal.ini 都是 MAL 系统配置文件。使用同一套 MAL 系统的所有实例，MAL 系统配置文件要严格保持一致。MAL 系统配置文件的配置项及配置含义如表 3-6 所示。

表 3-6　MAL 系统配置文件的配置项及配置含义

配置项	配置含义
MAL_CHECK_INTERVAL	MAL 链路检测时间间隔，取值范围为 0 ～ 1800，默认为 30 秒，配置为 0 表示不进行 MAL 链路检测
MAL_CONN_FAIL_INTERVAL	判定 MAL 链路断开的时间，取值范围为 2 ～ 1800，默认为 10 秒
MAL_LOGIN_TIMEOUT	MPP/DBLINK 等实例登录时的超时检测间隔（3 ～ 1800），单位：秒，默认为 15 秒
MAL_BUF_SIZE	单个 MAL 缓存大小限制，单位：MB。如果 MAL 的缓存邮件超过此大小，则会将邮件存储到文件中。有效值范围为 0 ～ 500000，默认为 100MB
MAL_SYS_BUF_SIZE	MAL 系统总内存大小限制，单位：MB。有效值范围为 0 ～ 500000，默认为 0，表示 MAL 系统无总内存大小限制
MAL_VPOOL_SIZE	MAL 系统使用的内存初始化大小，单位：MB。有效值范围为 1 ～ 500000，默认为 128MB，此值一般要设置得比 MAL_BUF_SIZE 的大一些
MAL_COMPRESS_LEVEL	MAL 消息压缩等级，取值范围为 0 ～ 10。默认为 0，表示不进行压缩；1 ～ 9 表示采用 zip 算法，从 1 到 9 压缩速度依次递减，压缩率依次递增；10 表示采用 snappy 算法，压缩速度高于 zip 算法，压缩率相对较低
[MAL_NAME]	MAL 名称，同一个配置文件中 MAL 名称需保持唯一性
MAL_INST_NAME	数据库实例名，与 dm.ini 的 INSTANCE_NAME 配置项保持一致，MAL 系统中数据库实例名要保持唯一性
MAL_HOST	MAL IP 地址，使用 MAL_HOST + MAL_PORT 创建 MAL 链路
MAL_PORT	MAL 监听端口，用于数据守护，DSC、MPP 等环境中各节点实例之间的 MAL 链路配置，监听端端口配置此参数，范围为 1024 ～ 65534，发起连接端的端口在 1024 ～ 65535 随机分配
MAL_INST_HOST	MAL_INST_NAME 实例对外服务的 IP 地址
MAL_INST_PORT	MAL_INST_NAME 实例服务器监听通信端口号，服务器配置此参数，有效值范围为 1024 ～ 65534，发起连接端的端口在 1024 ～ 65535 随机分配，此参数的配置应与 dm.ini 中的 PORT_NUM 保持一致
MAL_DW_PORT	MAL_INST_NAME 实例守护进程的监听端口，其他守护进程或监视器使用 MAL_HOST + MAL_DW_PORT 创建与 MAL_INST_NAME 实例守护进程的 TCP 连接时，此端口监听端配置的有效值范围为 1024 ～ 65534，发起连接端的端口在 1024 ～ 65535 随机分配
MAL_MESSAGE_CHECK	是否对 MAL 通信消息启用消息体校验（只有当消息的发送端和接收端都配置为 1 时，才启用通信体校验）。0：不启用；1：启用。默认为 1
MAL_USE_RDMA	MAL 是否使用 RDMA 通信方式。0：否；1：是。设置为 1 时，MAL_HOST 必须是 RDMA 网卡所绑定的 IP，否则仍使用 TCP 方式通信

（5）dm.ini。

dm.ini 是 DMSERVER 使用的配置文件。

各 DSC 节点之间的部分 ini 参数必须保持一致，如果不一致，会导致后启动的节点启动失败，日志会记录失败原因。每个节点用系统函数修改本节点的 ini 时，DSC 会将新修改值同步到其他节点，始终保持 ini 参数的一致性。

另外，下面几个参数需要按要求进行配置。

- INSTANCE_NAME：如果 DMSERVER 需要使用 DMASM 文件系统，INSTANCE_NAME 必须和 dmdcr_cfg.ini 里面配置的 DCR_EP_NAME 相同。
- MAL_INI：必须设置为 1。
- DSC_USE_SBT：是否使用辅助的平衡二叉树。取值为 0 或 1。0 表示“否”，1 表示“是”，默认为 0。DM 的检查点机制要求 Buffer 更新链表保持有序性，所有被修改过的数据页要根据其第一次修改的 LSN（FIRST_MODIFIED_LSN）从小到大有序排列。而 DMDSC 的缓存交换机制要求数据页在节点间传递，当一个更新页 P1 的普通节点 EP0 传递到节点 EP1 时，为了不破坏节点 EP1 更新链表的 FIRST_MODIFIED_LSN 的有序性，需要扫描更新链表，将 P1 加入更新链表中的合适位置。极端情况下，可能需要扫描整个更新链表，才能找到 P1 的插入位置。在 Buffer 比较大、更新链表比较长的情况下，这种扫描、定位的代价非常大，特别是在高并发情况下，会引发严重的并发冲突，影响并发性能。开启 DSC_USE_SBT 参数后，系统内部维护一个平衡二叉树，在将数据页加入更新链表时，根据这个平衡二叉树进行 $\log_2 N$ 次比较，就可以找到插入位置。
- BUFFER_POOLS：BUFFER 系统分区数。有效值范围为 1 ~ 512，当 MAX_BUFFER>BUFFER 时，动态扩展的缓冲区不参与分区。
- DSC_N_POOLS：LBS/GBS 池数目。有效值范围为 2 ~ 1024，默认值为 2。与 BUFFER_POOLS 类似，DSC_N_POOLS 将系统中的 LBS/GBS 根据页号进行分组，以降低 LBS/GBS 处理的并发冲突。
- CONFIG_PATH：指定 DMSERVER 所读取的配置文件（dmmal.ini、dmarch.ini、dmtimer.ini 等）的路径。不允许指定 ASM 目录。缺省使用 SYSTEM_PATH 路径。如果 SYSTEM_PATH 保存在 ASM 上，则直接报错。
- TRACE_PATH：存放系统 TRACE 文件的路径。不允许指定 ASM 目录。默认的 TRACE_PATH 是 SYSTEM_PATH；如果 SYSTEM_PATH 保存在 ASM 上，则路径：../config_path/trace 作为 TRACE_PATH。

3．环境准备

硬件：两台相同配置的机器，最低配置要求：2GB 内存、100GB 本地磁盘、2 块网卡、1 块 100GB 共享磁盘。

操作系统：RedHat Linux 64 位。

网络配置：eth0 网卡为 10.0.2.x 内网网段，两台机器分别为 10.0.2.101、10.0.2.102；eth1 为 192.168.56.x 外网网段，两台机器分别为 192.168.56.101、192.168.56.102。内网网段用于 MAL 通信。

DM 各种工具所在目录：/opt/dmdbms/bin。

配置文件所在目录：/home/data。

4. 搭建 2 节点 DMDSC 的 DMASM

（1）在共享磁盘上进行裸设备划分；

（2）准备 dmdcr_cfg.ini 配置文件，保存到 /home/data/ 目录下，后续 DMASMCMD 工具执行 init 语句时会使用到；

（3）使用 DMASMCMD 工具初始化；

（4）准备 DMASM 的 MAL 配置文件（命名为 dmasvrmal.ini），使用 DMASM 的所有节点都要配置，内容完全一样，保存到 /home/data 目录下；

（5）准备 dmdcr.ini 配置文件，保存到 /home/data 目录下；

（6）启动 DMCSS、DMASM 服务程序；

（7）使用 DMASMTOOL 工具创建 DMASM 磁盘组；

（8）准备 dminit.ini 配置文件，保存到 /home/data 目录下；

（9）使用 dminit 初始化 DB 环境；

（10）启动数据库服务器。

5. 搭建 2 节点 DMDSC 的裸设备

（1）进行裸设备划分；

（2）准备 dmdcr_cfg.ini 配置文件，保存到 /home/data 目录下，后续 DMASMCMD 工具执行 init 语句时会使用到；

（3）使用 DMASMCMD 工具初始化；

（4）准备 dmdcr.ini 配置文件，保存到 /home/data 目录下；

（5）启动 DMCSS 服务程序；

（6）准备 dminit.ini 配置文件，保存到 /home/data 目录下；

（7）使用 dminit 初始化 DB 环境；

（8）启动数据库服务。

6. 单节点搭建 DMDSC 测试环境

在单节点上搭建 DMDSC 的测试环境，用于验证集群功能。

使用 DMASM 搭建单节点 DMDSC 的步骤与本节中使用 DMASM 搭建 2 节点 DMDSC 的步骤基本一致，但有以下两点不同。

（1）需要修改 dmdcr_cfg.ini 中的 IP 信息；

（2）要为每个模拟节点配置一个不同的 SHM_KEY 值。SHM_KEY 值用来区分不同的 ASM 节点，不同的 ASM 节点设置的 SHM_KEY 值不一致。

7. 动态扩展节点

DMDSC 支持动态扩展节点，每次扩展时，都可以在原有基础上增加一个节点。

动态扩展节点要求当前 DMDSC 的所有节点都为“OK”状态，所有 DMSERVER 实例都处于“OPEN”状态，且可以正常访问。

基于本节成功架构的共享存储集群，下面介绍如何动态扩展一个节点。

已搭建好的 DMDSC 实例名为 DSC0、DSC1，在此基础上扩展一个节点 DSC2。

（1）环境说明。

新增节点环境如下。

操作系统：RedHat Linux 64 位。

网络配置：eth0 网卡为 10.0.2.x 内网网段，该机器为 10.0.2.103；eth1 为 192.168.56.x 外网网段，该机器为 192.168.56.103。内网网段用于 MAL 通信。

DM 各种工具所在目录：/opt/dmdbms/bin。

配置文件所在目录：/home/data。

配置环境说明如表 3-7 所示。

表 3-7 配置环境说明

实例名	IP 地址	操作系统	备注
DSC0	192.168.56.101 10.0.2.101	RedHat Linux 64 位	192.168.56.101 为外部服务 IP； 10.0.2.101 为内部通信 IP
DSC1	192.168.56.102 10.0.2.102	RedHat Linux 64 位	192.168.56.102 为外部服务 IP； 10.0.2.102 为内部通信 IP
DSC2	192.168.56.103 10.0.2.103	RedHat Linux 64 位	192.168.56.103 为外部服务 IP； 10.0.2.103 为内部通信 IP

（2）操作流程。

1）在 10.0.2.101 机器上使用 DMASMCMD 工具输出备份 dmdcr_cfg_bak.ini；

2）为新增节点准备日志文件；

3）为新增节点准备 CONFIG_PATH；

4）新建 dmdcr.ini 配置文件，保存到节点 10.0.2.103 的 /home/data/ 目录下；

5）修改当前环境的 MAL 配置文件；

6）修改 dmdcr_cfg_bak.ini，添加新增节点信息，CSS/ASMSVR/DB 都要配置；

7）使用 DMASMCMD 工具将新增节点信息写回磁盘，新增节点作为 error 节点；

8）在 DMCSSM 控制台执行扩展节点命令；

9）启动新的 DMCSS、DMASM 服务程序；

10）启动新的数据库服务器；

11）配置 dmcssm.ini。

（3）注意事项。

1）扩展节点前由用户保证所有 DMCSS、DMASMSVR、DMSERVER 节点都为“OK”状态，且都是活动的；

2）每次扩展节点只能扩展一个，扩展完成后可以再继续扩展下一个节点；

3）扩展节点的过程中，不能出现修改实例状态或模式的操作；

4）扩展节点的过程中，如果发生 DMCSS、DMASMSVR、DMSERVER 实例故障，会导致扩展失败；

5）扩展过程中，如果操作失误（如未修改 dmmal.ini、asmsvrmal.ini，未增加日志文件），会导致扩展失败；

6）执行完“extend node”命令，用户需要查看 log 文件，确认扩展操作是否成功；

7）扩展失败可能会导致集群环境异常，需要退出所有 DMCSS、DMASMSVR、DMSERVER，重新初始化 DCR。

3.5.2 故障处理流程

1. 故障处理

DMDSC 出现数据库实例或节点硬件故障时，DMSERVER 的 VOTD Disk 心跳信息不再更新，DMCSS 一旦监控到 DMSERVER 发生故障，会马上启动故障处理，各节点的 DMSERVER 收到故障处理命令后，启动故障处理流程。

在 DMDSC 故障处理机制下，一旦产生节点故障，登录到故障节点的所有连接将会断开，所有未提交事务将被强制回滚；活动节点上的用户请求可以继续执行，但是一旦产生节点间信息传递（比如向故障节点发起 GBS/LBS 请求，或者发起 remote read 请求），当前操作就会被挂起；在 DMDSC 故障处理完成后，这些被挂起的操作可以继续执行。也就是说，DMDSC 产生节点故障时，活动节点上的所有连接会保留，正在执行的事务可能被阻塞一段时间，但最终可以正常完成，不会被强制回滚，也不会影响结果的正确性。

DMDSC 环境下的 DMSERVER 故障处理主要包括以下工作。

（1）暂停所有会话线程、工作线程、日志刷盘线程、检查点线程等，避免故障处理过程中产生并发错误。

（2）收集所有活动节点的 Buffer，丢弃无效数据页，获取最新数据页和需要重做故障节点 Redo 日志的数据页信息，并在排除故障节点后重新构造 LBS/GBS 信息。

（3）重做故障节点 Redo 日志。

（4）收集所有节点事务信息，重新构造锁对象，并重构相应的 LLS/GLS/LTV/GTV 系统。

（5）如果配置有 VIP，则进行必要的 VIP 配置操作。

（6）控制节点执行故障节点活动事务回滚和故障节点已提交事务修改的 PURGE 操作。

DMDSC 故障处理分为两个阶段：第一阶段由所有活动节点共同参与，进行全局的信息收集、重构；第二阶段由控制节点执行，将故障节点的活动事务回滚，并对故障节点已提交的事务进行 PURGE 修改。在第一阶段执行期间，数据库实例不提供数据库服务，所有用户请求将被挂起。在第二阶段操作之前，会唤醒所有活动节点，正常提供数据库服务。也就是说，故障处理第二阶段的操作与正常的数据库操作在系统内部同时进行，但在第二阶段执行结束之前，DMDSC 故障处理仍然没有真正结束，在此期间，不能处理节点重加入，也不能处理新的节点故障，如果有新的节点故障会主动中止所有节点。

2．节点重加入

故障节点恢复正常后，DMCSS 会启动节点重加入处理流程，将故障节点重新加入 DMDSC 中。默认情况下，DMCSS 自动监控并处理节点重加入，不需要用户干预；此外，也可以通过 DMCSSM 关闭自动监控功能，改成手动处理节点重加入（参考 3.5.3 小节的 DMCSSM 功能说明）。

DMDSC 节点重加入操作会将 DMDSC 挂起一段时间，重加入过程中会中断正在执行的操作，暂停响应用户的数据库请求。但是，重加入操作不会终止这些活动事务，在重加入操作完成后，可以继续执行。

DMDSC 节点重加入的基本步骤包括以下几项。

（1）根据各节点的 Buffer 使用情况，重构所有节点的 GBS、LBS 系统。

（2）根据各节点的活动事务信息，重构全局的 GTV 系统，以及所有节点的 LTV 系统。

（3）根据各节点的活动事务的封锁信息，重构全局的 GLS 系统，以及所有节点的 LLS 系统。

（4）在节点重加入期间，不能处理新的节点故障，如果有新的节点故障会主动中止所有节点。

3．故障自动重连

当用户连接到 DMDSC 时，实际上是连接到集群中的一个实例，用户的所有增、删、改、查操作都是由该实例完成的，但是如果该实例出现故障，那么用户连接会被转移到其他正常实例，而这种转移对用户是透明的，用户的增、删、改、查继续返回正确结果，用户感觉不到异常。这种功能就是故障自动重连。

实现故障自动重连的前提条件是在配置 DMDSC 的时候，配置连接服务名。

（1）配置连接服务名。

配置 DMDSC 时，一般要求配置连接服务名，以实现故障自动重连。连接服务名可以在 DM 提供的 JDBC、DPI 等接口中使用，连接数据库时指定连接服务名，接口会随机选择一个 IP 进行连接，如果连接不成功或者服务器状态不正确，则按顺序获取下一个 IP 进行连接，直至连接成功或者遍历了所有 IP。

可以通过编辑 dm_svc.conf 文件来配置连接服务名。dm_svc.conf 配置文件在 DM

安装时生成，Windows 操作系统下位于 %SystemRoot%\system32 目录，Linux 操作系统下位于 /etc 目录。

（2）体验故障自动重连。

基于 3.5.1 小节成功搭建的达梦数据共享集群，下面用一个简单的例子来体验故障自动重连。

1）连接到 DSC，代码如下所示。

```
DIsql sysdba/sysdba@dmdsc_svc
```

2）确认当前用户已经连接到的节点实例，代码如下所示。

```
SQL> select name from v$instance;
行号        NAME
---------- ------- -------
1           DSC0
```

用户当前连接到节点 0 上的 DSC0 实例。不要退出这个会话，第 4 步还是在这个会话中执行。

3）关闭 DSC0 实例，或者将节点 0 所在的这台主机关机。

4）等待几秒后，再次执行这条语句，还在会话 1 中执行，服务器会返回提示已切换当前连接。

5）在会话 1 中再次执行这条语句，执行成功后，可以看到会话已切换到 DSC1 实例。

3.5.3 监控

DMDSC 的运行情况可以通过 DMCSSM（DaMeng Cluster Synchronization Services Monitor）进行查看，也可以查询 DMDSC 相关的动态视图获取更详细的信息。DMCSSM 支持一些控制命令，可以用来启动、关闭 DMDSC，还可以手动控制节点故障处理和节点重加入。

1. DMCSSM

（1）功能说明。

1）监控集群状态。

DMCSS 每秒会发送集群中所有节点的状态信息、当前连接到 DMCSS 的监视器信息，以及 DCR 的配置信息到活动的监视器上，监视器提供对应的“show”命令用于查看各类信息。

2）打开 / 关闭指定组的自动拉起。

DMCSSM 提供“set auto restart on”“set auto restart off”命令，通知 DMCSS 打开 / 关闭指定组的自动拉起功能，此功能和 DMCSS 的监控打开 / 关闭没有关系。

3）强制打开指定组。

DMCSSM 提供“open force”命令，在启动 ASM 或 DB 组时，如果组中某个节点由于硬件故障等一直无法启动，可执行此命令通知 DMCSS 将 ASM 或 DB 组强制打开，不再等待故障节点启动成功。

4）启动 / 退出组。

DMCSSM 提供“ep startup”“ep stop”命令，可以通知 DMCSS 启动 / 退出指定的 ASM 或 DB 组。

5）集群故障处理。

DMCSSM 提供“ep break”“ep recover”命令，在主 CSS 的监控功能被关闭的情况下，可以通过执行这些命令手动进行故障处理和故障恢复。另外，在某些特殊场景下，还可通过“ep halt”命令强制退出指定节点，具体可参考下面的“（4）命令说明”。

（2）配置文件。

DMCSSM 的配置文件名称为 dmcssm.ini，所支持的配置项说明如表 3-8 所示。

表 3-8　dmcssm.ini 配置项及配置含义

配置项	配置含义
CSSM_OGUID	用于和 DMCSS 通信校验使用，和 dmdcr_cfg.ini 中的 DCR_OGUID 值保持一致
CSSM_CSS_IP	集群中所有 DMCSS 所在机器的 IP 地址，以及 DMCSS 的监听端口，配置格式都为“IP:PORT”，其中，IP 和 PORT 分别对应 dmdcr_cfg.ini 中 DMCSS 节点的 DCR_EP_HOST 和 DCR_EP_PORT
CSSM_LOG_PATH	日志文件路径，日志文件命名方式为“dmcssm_ 年月日时分秒 .log”，如“dmcssm_20160614131123.log”。
CSSM_LOG_FILE_SIZE	单个日志文件大小，范围为 16 ～ 2048，单位：MB，默认值为 64，达到最大值后，会自动生成并切换到新的日志文件中
CSSM_LOG_SPACE_LIMIT	日志总空间大小，取值为 0 或者 256 ～ 4096，单位：MB，默认值为 0，表示没有空间限制，如果达到设定的总空间限制，会自动删除创建时间最早的日志文件
CSSM_MESSAGE_CHECK	是否对 CSSM 通信消息启用通信体校验（只有当消息的发送端和接收端都配置为 1 时，才启用通信体校验）。0：不启用；1：启用。默认为 1

（3）配置步骤。

同一个 DMDSC 中，最多允许同时启动 10 个监视器，建议监视器放在独立的第三方机器上，避免节点间由于网络不稳定等导致监视器误判节点故障。

（4）命令说明。

监视器提供一系列命令，支持集群的状态信息查看以及节点的故障处理，可输入“help”命令，查看命令使用说明。监视器命令如表 3-9 所示。

表 3-9　监视器命令名称及含义

命令名称	含义
help	显示帮助信息
show [group_name]	显示指定的组信息，如果没有指定 group_name，则显示所有组信息
show config	显示 dmdcr_cfg.ini 的配置信息
show monitor	显示当前连接到主 CSS 的所有监视器信息
set group_name auto restart on	打开指定组的自动拉起功能（只修改 DMCSS 内存值）
set group_name auto restart off	关闭指定组的自动拉起功能（只修改 DMCSS 内存值）
open force group_name	强制打开指定的 ASM 或 DB 组
ep startup group_name	启动指定的 ASM 或 DB 组
ep stop group_name	退出指定的 ASM 或 DB 组
ep halt group_name.ep_name	强制退出指定组中的指定节点
extend node	联机扩展节点
ep crash group_name.ep_name	手动指定节点故障
check crash over group_name	检查指定组的故障处理是否真正结束
exit	退出监视器

2. 动态视图

DMDSC 提供一系列动态视图来查看当前的系统运行信息，其中，部分动态视图是全局的，登录任意节点查询的结果都相同，而部分动态视图仅显示登录节点的信息。DMDSC 常用动态视图如下。

（1）V$DSC_EP_INFO。

显示实例信息，登录任意节点查询到的结果都一致。

（2）V$DSC_GBS_POOL。

显示 GBS 控制结构的信息，仅显示登录节点的信息。

（3）V$DSC_GBS_POOLS_DETAIL。

显示分片的 GBS_POOL 详细信息，仅显示登录节点的信息。

（4）V$DSC_GBS_CTL。

显示 GBS 的控制块信息。

（5）V$DSC_GBS_CTL_DETAIL。

显示 GBS 的控制块详细信息。

（6）V$DSC_GBS_CTL_LRU_FIRST。

显示 GBS 的控制块 LRU 链表首页信息。

（7）V$DSC_GBS_CTL_LRU_FIRST_DETAIL。

显示 GBS 的控制块 LRU 链表首页详细信息。

（8）V$DSC_GBS_CTL_LRU_LAST。

显示 GBS 的控制块 LRU 链表尾页信息。

（9）V$DSC_GBS_CTL_LRU_LAST_DETAIL。

显示 GBS 的控制块 LRU 链表尾页详细信息。

（10）V$DSC_GBS_REQUEST_CTL。

显示等待 GBS 控制块的请求信息。

（11）V$DSC_LBS_POOL。

显示 LBS 控制结构的信息。

（12）V$DSC_LBS_POOLS_DETAIL。

显示分片的 LBS_POOL 详细信息。

（13）V$DSC_LBS_CTL。

显示 LBS 的控制块信息。

（14）V$DSC_LBS_CTL_LRU_FIRST。

显示 LBS的 LRU_FIRST 控制块信息。

（15）V$DSC_LBS_CTL_LRU_LAST。

显示 LBS的 LRU_LAST 控制块信息。

（16）V$DSC_LBS_CTL_DETAIL。

显示 LBS 的控制块详细信息。

（17）V$DSC_LBS_CTL_LRU_FIRST_DETAIL。

显示 LBS的 LRU_FIRST 控制块详细信息。

（18）V$DSC_LBS_CTL_LRU_LAST_DETAIL。

显示 LBS的 LRU_LAST 控制块详细信息。

（19）V$DSC_GTV_SYS。

显示 GTV 控制结构的信息，仅登录集群环境控制节点才能获取数据，登录其他节点返回数据无效。

（20）V$DSC_GTV_TINFO。

显示 TINFO 控制结构的信息，仅登录集群环境控制节点才能获取数据，登录其他节点返回数据为空。暂时没有什么用，查询结果为空。

（21）V$DSC_GTV_ACTIVE_TRX。

显示全局活动事务信息，仅登录集群环境控制节点才能获取数据，登录其他节点返回数据为空。暂时没有什么用，查询结果为空。

（22）V$DSC_LOCK。

显示全局活动的事务锁信息，登录任意节点查询到的结果都一致。

（23）V$DSC_TRX。

显示所有活动事务的信息。通过该视图可以查看所有系统中的所有事务及相关信息，如锁信息等，登录任意节点查询到的结果都一致。

（24）V$DSC_TRXWAIT。

显示事务等待信息，登录任意节点查询到的结果都一致。

（25）V$DSC_TRX_VIEW。

显示当前事务所有可见的活动事务视图信息。根据达梦制定的多版本规则，通过该视图可以查询系统中自己所见的事务信息，也可以通过与 V$DSC_TRX 动态视图的连接查询它所见事务的具体信息，登录任意节点查询到的结果都一致。

（26）V$ASMATTR。

如果使用 ASM 文件系统，可通过此视图查看 ASM 文件系统的相关属性，登录任意节点查询到的结果都一致。

（27）V$ASMGROUP。

如果使用 ASM 文件系统，可通过此视图查看 ASM 的磁盘组信息，登录任意节点查询到的结果都一致。

（28）V$ASMDISK。

如果使用 ASM 文件系统，可通过此视图查看所有的 ASM 磁盘信息，登录任意节点查询到的结果都一致。

（29）V$ASMFILE。

如果使用 ASM 文件系统，可通过此视图查看所有的 ASM 文件信息，登录任意节点查询到的结果都一致。

（30）V$DCR_INFO。

查看 DCR 配置的全局信息，登录任意节点查询到的结果都一致。

（31）V$DCR_GROUP。

查看 DCR 配置的组信息，登录任意节点查询到的结果都一致。

（32）V$DCR_EP。

查看 DCR 配置的节点信息，登录任意节点查询到的结果都一致。

（33）V$DSC_REQUEST_STATISTIC。

统计 DSC 环境内不同类型的请求时间信息，仅显示登录节点的信息。

（34）V$DSC_REQUEST_PAGE_STATISTIC。

显示 DSC 环境各节点数据页的 LSN 信息。

（35）V$DSC_CRASH_OVER_INFO。

显示 DSC 环境各节点数据页的 LSN 信息和故障节点数据文件的 LSN 信息。

3.5.4 备份与还原

DMDSC 备份与还原的功能、语法与单节点数据库的基本保持一致，本小节主要介绍 DMDSC 与单节点数据库备份与还原使用方法的不同，并说明在 DMDSC 中执行备份与还原的一些注意事项。

1. DMDSC 和单节点的差异

达梦数据库中，备份与还原的对象包括表、表空间和数据库。其中，表备份与还原的操作对象是数据页，而数据页是通过 Buffer 获取的，与存储无关，因此 DMDSC 的表备份与还原与单节点的没有任何区别；表空间备份只需要访问属于这个表空间的数据文件，并不需要备份归档日志，因此 DMDSC 的表空间备份与单节点的也没有任何区别。表空间还原要求将表空间数据恢复到最新状态，需要重做归档日志，但 DMDSC 中本地归档往往是保存在本地磁盘中的，因此如何访问其他节点生成的归档日志，是 DMDSC 需要解决的问题。

数据库备份也需要访问所有节点的本地归档日志文件，同样需要解决如何访问其他节点归档日志的问题；另外，与单节点不同的是，DMDSC 备份过程中，还需要记录备份开始和结束时各个节点的 LSN 信息，LSN 信息需要在节点间进行传递。数据库还原的过程就是从备份集中读取数据页并重新写入数据库文件中，而 DMDSC 的数据库文件是保存在共享存储中的，因此不需要特别处理。但是，数据库的恢复操作有可能需要访问本地归档日志文件，因此也需要解决如何访问其他节点生成的归档日志的问题。

虽然可以将本地归档保存到共享存储中，解决其他节点生成的归档日志的问题，但是出于数据安全性和成本的考虑，一般建议将数据库备份文件和本地归档日志文件保存在本地磁盘中，避免共享存储损坏，所有数据丢失、无法恢复的风险。而将远程节点归档日志文件拷贝到发起备份与还原的执行节点上，存在操作烦琐、执行效率低的问题。为了简化操作步骤，降低数据丢失风险，达梦数据库提供了远程归档功能，解决了 DMDSC 备份与还原过程中访问其他节点归档日志文件的问题。

配置远程归档后，DMDSC 中各个节点接收其他节点发送的 Redo 日志，并保存在节点的本地目录后，DMDSC 备份恢复的使用方法与单节点的基本保持一致。

2. 远程归档

（1）远程归档简介。

远程归档专门用于 DMDSC 环境中。

所谓远程归档就是将归档目录配置在远程节点上。远程归档采用双向配置的方式，即两个节点将自己的远程归档配置在对方机器上。集群中所有的节点都拥有一套包括所有节点的、完整的归档日志文件。

远程归档有两种配置方式：一种是共享本地归档的远程归档，即将远程归档目录配置为另一节点的本地归档目录，以此来共享它的本地归档日志文件；另一种是通过 MAL 发送的远程归档，即将写入本地归档的 Redo 日志信息，通过 MAL 发送到远程节点，并写入远程节点的指定归档目录中，形成远程归档日志文件。

远程归档与本地归档的主要区别是 Redo 日志写入的位置不同，本地归档将 Redo 日志写入数据库实例所在节点的磁盘，而远程归档则将 Redo 日志写入其他数据库实例所在节点的指定归档目录。

通过 MAL 发送的远程归档与本地归档的另外一个区别就是归档失败的处理策略不同：本地归档写入失败（如磁盘空间不足），系统将会挂起；而远程归档失败则会直接将远程归档失效，不再发送 Redo 日志到指定数据库实例。当节点间网络恢复，或者远程节点重启成功后，系统会自动检测并恢复远程归档，继续发送新写入的 Redo 日志，但不会主动补齐故障期间的 Redo 日志。因此，在出现节点故障等情况下，通过 MAL 发送的远程归档的内容有可能是不完整的，而本地归档的内容肯定是完整的；如果备份与还原恰好需要用到这段丢失的远程归档日志，那么可以从源端的本地归档拷贝，补齐这部分内容。而共享本地归档的远程归档，其本质就是本地归档，因而不存在远程归档日志丢失的问题，加上共享本地归档精简了 MAL 发送的过程，因此更加可靠、高效。综上所述，DM 推荐用户使用共享本地归档的远程归档。

（2）共享本地归档的远程归档。

共享本地归档的远程归档就是双向配置的两个节点都不再发送 Redo 日志到对方机器上生成远程归档日志文件，而是将对方的本地归档作为自己的远程归档。例如，节点 0 的本地归档配置在 ASM 共享存储或其他共享磁盘上。节点 1 可以通过将自己的远程归档目录设置为节点 0 的本地归档目录，将节点 0 的本地归档日志文件作为自己的远程归档日志文件。图 3-14 展示了一个共享本地归档的远程归档的双向配置示意图。

DMDSC 中，各个节点配置一个远程归档为其他节点的本地归档，通过这种共享本地归档的方式，可以在任意一个节点上，访问到 DMDSC 所有节点产生的、完整的归档日志文件。若节点出现故障，故障恢复后，因为该节点配置的远程归档为其他节点的本地归档，该节点的远程归档内容仍然是完整的，因此无须进行手动修复。

（3）通过 MAL 发送的远程归档。

通过 MAL 发送的远程归档就是将写入本地归档的 Redo 日志信息发送到远程节点，并写入远程节点的指定归档目录中。远程归档的触发时机是，在 Redo 日志写入本地归档日志文件的同时，将 Redo 日志通过 MAL 系统发送给指定的数据库实例。

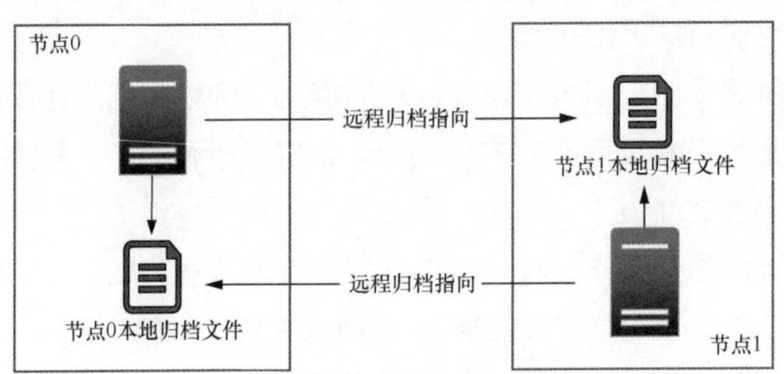

图 3-14　共享本地归档的远程归档

DMDSC 中，如果各个节点在配置本地归档之外，再双向配置一个远程归档，那么就可以在任意一个节点的本地磁盘中，找到一套 DMDSC 所有节点产生的、完整的归档日志文件。图 3-15 展示了一个通过 MAL 发送的远程归档的双向配置示意图。

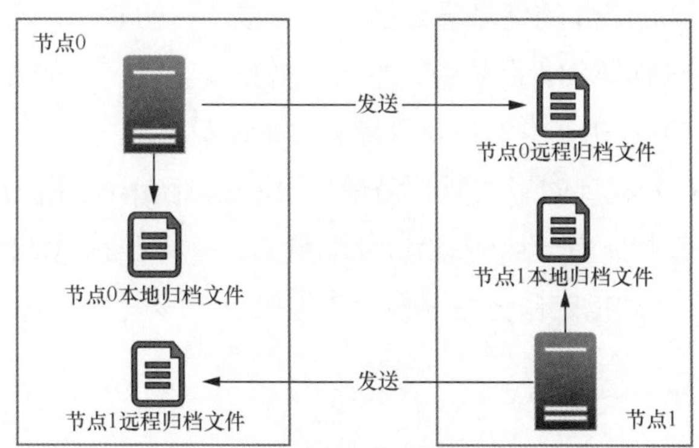

图 3-15 通过 MAL 发送的远程归档

若节点出现故障，故障恢复后，因为该节点配置的是通过 MAL 发送的远程归档，该节点的远程归档内容可能不完整，可能缺少故障期间的 Redo 日志，因此需要进行手动修复。

（4）远程归档配置方法。

与其他归档（如本地归档等）类型一样，远程归档也配置在 dmarch.ini 文件中，与远程归档相关的主要配置项如下。

1）ARCH_TYPE 设置为 REMOTE，表示是远程归档。

2）ARCH_DEST 设置为远程数据库实例名，表示 Redo 日志发送到这个节点。

3）ARCH_INCOMING_PATH 设置为本地存储路径，用于保存 ARCH_DEST 实例发送的 Redo 日志。

4）若配置共享本地归档的远程归档，还需要在 dmarch.ini 中配置全局参数 ARCH_LOCAL_SHARE = 1，其他方式不需要设置此参数。

（5）DMDSC 归档配置方法。

一般建议 DMDSC 中的节点，除了配置本地归档之外，还要双向配置集群中所有其他节点的远程归档。查询 V$DM_ARCH_INI、V$ARCH_STATUS 等动态视图可以获取归档配置及归档状态等相关信息。

3. DMDSC 备份集

备份集除了保存备份对象的数据（数据页和归档日志）外，还记录了备份库节点的描述信息。可以认为单节点库生成的备份集是只包含一个节点的特殊备份集。与节点相关的描述信息主要包括以下几点。

（1）DMDSC 库的节点数，单节点库为 1。

（2）备份开始时 DMDSC 节点的状态，以及各节点 Redo 日志的起始 LSN（日志序列值）和 SEQ（序列号）。

（3）备份结束时 DMDSC 节点的状态，以及各节点 Redo 日志的结束 LSN 和 SEQ。

（4）备份集中记录了执行备份节点的 dm.ini 配置参数，还原时使用备份集中的参数值覆盖目标库节点的 dm.ini 文件。

备份操作可以在 DMDSC 的任意节点执行，生成的备份集可以存放在本地磁盘上，也可以存放到共享存储的 DMASM 目录中，考虑到数据安全性，一般建议将备份集保存在本地磁盘上。可以通过以下方式，将备份集保存到本地磁盘。

（1）使用 dminit 初始化库时，将默认备份目录 bak_path 设置为本地磁盘。

（2）修改 DMDSC 中所有节点的 dm.ini 配置文件，将 bak_path 设置为本地磁盘。

（3）执行备份时，手动指定备份集路径为本地磁盘。

4. 使用说明

DMDSC 备份与还原的部分说明如下。

（1）配置远程归档时，必须同时配置本地归档。

（2）DMDSC 环境中，备份与还原涉及的 trace 文件路径、“dump”命令的映射文件路径、“show”命令的备份集信息输出文件路径都不支持 DMASM 类型文件。

（3）由于 DMDSC 中，各个节点可能存在 LSN 相同的 Redo 日志，恢复过程中无法严格校验归档日志的完整性，因此，需要用户保证全局归档日志的完整性。

（4）在恢复过程中创建的数据文件优先使用原始路径创建，如果创建失败，则会在 system_path 目录下创建。因此，在恢复结束后，需要检查一下是否有数据文件创建在本地磁盘上，如果有，则需要用户手动执行 SQL，将这些文件重新存放到共享存储或者 DMASM 文件系统中，确保数据文件可以被 DMDSC 中的所有节点访问。

（5）归档日志是恢复数据库的关键，建议将归档文件与数据文件分别保存到不同的物理磁盘上，防止归档文件和数据文件同时损坏，以降低数据无法修复的风险。

（6）如果需要访问 DMASM 文件系统，DMRMAN 必须设置 DCR_INI 参数，指定 DCR 的访问配置。

（7）数据库恢复过程中，需要保证本地归档和远程归档的完整性。如果由于节点故障等原因，远程归档不完整，则需要使用 DMRMAN 工具在对应节点修复本地归档后，将修复后的本地归档拷贝过来，再进行恢复。

（8）还原操作指定重用（REUSE）选项时，会将备份集中的 DCR_INI 参数更新，还原节点上的 dm.ini 配置文件，DMDSC 中其他节点的 dm.ini 并不会更新，需要用户手动修改。

第 4 章

神通数据库共享存储集群

4.1 神通数据库共享存储集群概述

神通数据库共享存储集群是一个多实例单数据库集群，一个实例对应一个集群节点，用户可以连接到任何一个节点获得完整的数据库服务，从而使系统具备高可用性、高性能和可扩展性，其也具备了支持金融等高端领域的能力。

4.1.1 系统架构

神通数据库共享存储集群架构如图 4-1 所示。

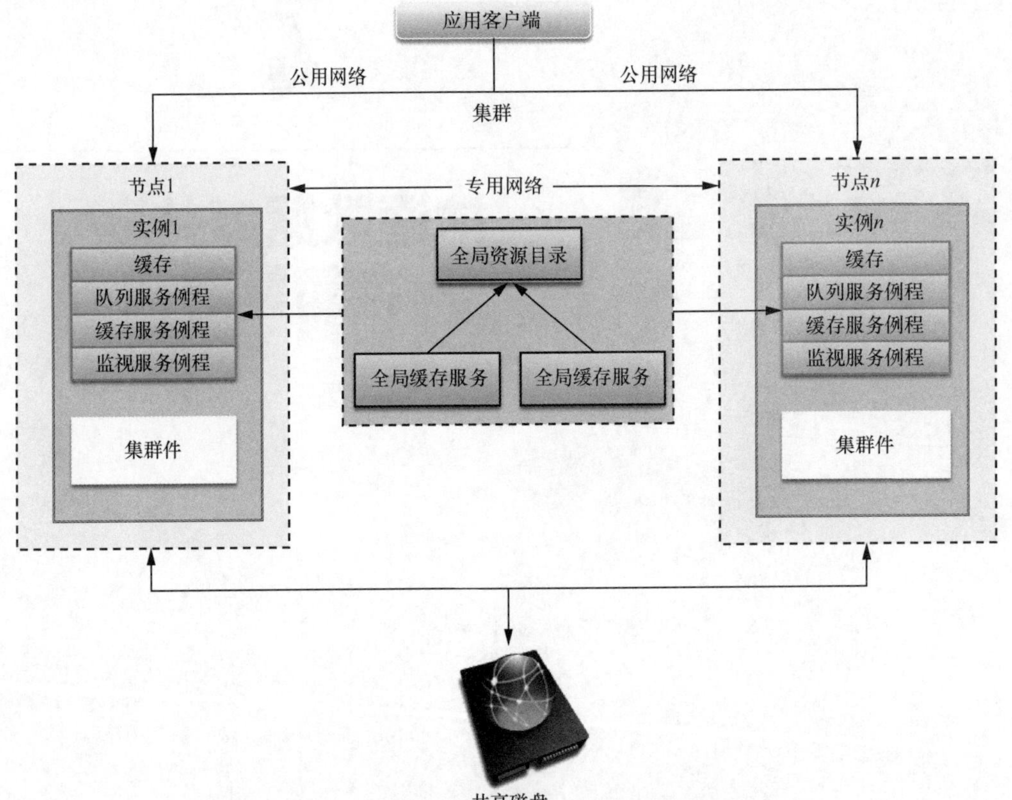

图 4-1　神通数据库共享存储集群架构

由于所有集群节点访问同一数据库（共享磁盘），因此单个节点的故障不会导致上层应用无法访问数据库，从而保证了数据库的高可用性。

另外，由于所有集群节点可以并行工作，因此提升了数据库的性能；同时可以在不影响数据库上层业务的情况下增加或减少节点，使数据库具备了按需扩展的能力，提高了数据库的可扩展性。

4.1.2 系统特性

神通数据库共享存储集群的特性如下。

（1）具备高可用性，节点故障可以透明切换，上层应用完全无感。

（2）支持多节点并行工作，可以提供更高的性能。

（3）可以按需扩展，自动负载均衡。

4.2 核心技术介绍

神通数据库共享存储集群的核心技术包括多节点缓存一致性控制技术和故障快速切换技术。

4.2.1 多节点缓存一致性控制技术

多节点缓存一致性控制技术是保证神通数据库共享存储集群高可用性和高性能的关键，神通数据库共享存储集群在各节点之间引入了高速的专用网络，如果某个节点请求访问的数据当前位于其他节点的缓存中，并且已经被更新，则该数据通过专用网络直接被传送到请求节点的缓存中，从而提升了系统的性能。

为保证数据的一致性，当一个数据块被读入某个节点的缓存时，该数据块会被赋予一个资源锁，以确保其他实例知道该数据块正在被使用。之后，如果另一个节点请求该数据块的一个副本，而该数据块已经处于前一个节点的缓存内，那么该数据块会通过专用网络直接被传递到另一个节点的缓存中。如果缓存中的数据块已经被改变，但改变已经提交，那么系统也将会传递一个副本。这就意味着只要可能，数据块无须写回磁盘即可在各实例的缓存之间移动，从而避免了同步多节点的缓存所花费的额外 I/O。

4.2.2 故障快速切换技术

故障快速切换技术是神通数据库共享存储集群实现高可用性的关键，由于每个节点都可以访问到整个数据库，因此，当单个节点发生故障时，集群中的其他节点可以无缝接管故障节点的工作负载。

集群注册表用于标识集群中的各节点成员，基于该信息，监视服务例程通过专用网络实时地监视各个节点的状态，节点监视功能可以使集群在故障转移过程中快速同步资源。如果某个节点突然不可用，其他活动的节点通过表决盘推选接管节点，接管节点首先将故障节点从集群中移除，然后取得故障节点拥有的资源控制权。当故障节点被修复后，可以通过表决盘被重新加入集群中。

表决和接管的过程是非常迅速的，神通数据库共享存储集群不用进行数据的重新分布，当新的负载来临时，集群件总是根据当前各节点的负载状况，选择其中最小的一个进行分发。

在神通数据库共享存储集群中，所有的数据文件和日志文件都可以被任何节点访问，接管节点可以读取故障节点的日志，通过分析该节点日志进行数据恢复，同时照常提供其他的所有服务。

4.3 技术实现

本节首先介绍神通数据库共享存储集群的系统技术架构，然后说明多节点缓存融合、分布式锁、仲裁盘、并行实例恢复、透明故障切换的技术实现。

4.3.1 系统技术架构

神通数据库共享存储集群的系统技术架构如图 4-2 所示。

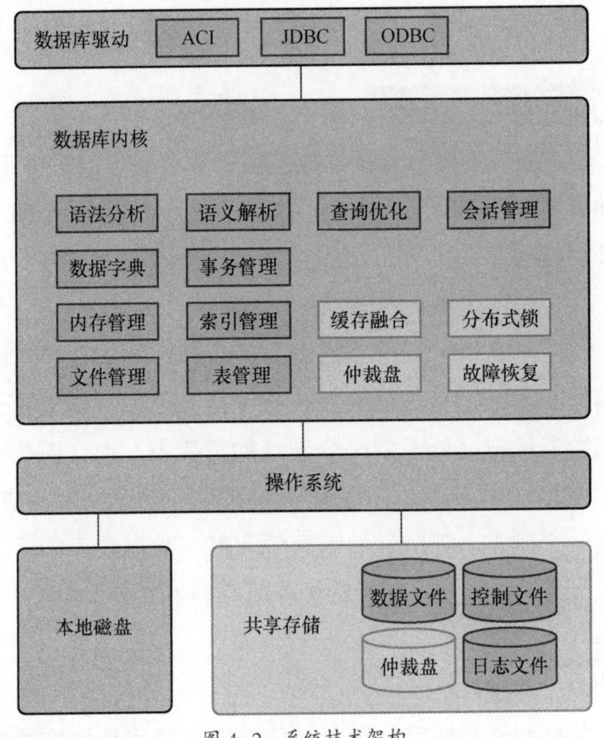

图 4-2 系统技术架构

神通数据库共享存储集群的实现，需要在神通数据库通用模块的基础上，增加多节点缓存融合、分布式锁、仲裁盘等模块。

4.3.2 多节点缓存融合

多节点缓存融合的原理是，多个节点可以共享读数据块而不产生冲突。当一个实例需要读取其他实例的数据块时（此数据块已被该实例修改但还未写回磁盘），这个实例就需要获得这个块的锁资源，然后通过专用网络将这个块从持有节点的缓存传送到请求节点的缓存中。多节点缓存融合包含以下两个关键点。

1. 并行缓存管理锁

神通数据库共享存储集群的缓冲区里保存了加载到内存里的数据页面，这些页面部分被修改过，并且还未写到磁盘里。

单机环境下，只有一个节点会启动数据库，这个节点的页面缓冲区也只有自己访问，不需要考虑到多节点并发的问题。

神通数据库共享存储集群环境下，所有节点都可访问与修改磁盘，且都有自己的页面缓冲区，只有统一管理所有节点对页面缓冲区的访问，才能够保证页面在节点间的修改顺序是串行的，新增的并行缓存管理（Parallel Cache Management，PCM）锁用于实现该需求。

在神通数据库共享存储集群里，每个节点在修改数据页面的缓冲区时，需要先对该数据页面进行加锁，加的锁与页面上已加的锁存在冲突时，进入等待队列，待冲突锁释放后被唤醒。

2. 多版本并发控制与回滚段

神通数据库共享存储集群多版本并发控制（MVCC）的实现策略是，通过回滚（Rollback）记录获取数据的历史版本，通过活动事务视图判断事务的可见性，确定获取指定版本的数据。

因此，在集群环境下，回滚记录是全局的。与单节点一样，神通数据库共享存储集群中只有一个回滚表空间，回滚记录保存在回滚页中，回滚页与普通数据页一样，由 Buffer 系统管理，并通过缓存融合机制实现全局数据共享。为了减少并发冲突，提升系统性能，神通数据库共享存储集群为每个节点分配一个单独的回滚段，虽然这些回滚段位于一个回滚表空间中，但是各个节点的回滚页申请、释放，并不会产生全局冲突。

与 Redo 日志一样，神通数据库共享存储集群故障重启时，主节点会扫描所有节点的回滚段，收集未提交事务进行回滚。

4.3.3 分布式锁

神通数据库共享存储集群中的所有节点都可以同时接收客户端的读写请求，这些来自不同节点的请求可能在同一时刻访问数据库中的同一共享资源，为了保证数据库分布式的一致性，不同的节点需要通过分布式锁来访问同一共享资源，防止互相干扰。

传统单机数据库提供的锁机制只能协调单个实例、多个线程之间的加锁请求。在分布式集群环境中，有必要开发一套分布式锁定装置来协调多个节点对同一共享资源的锁定请求，从而保证一致性。

为实现上述目标，神通数据库共享存储集群设计了一种分布式锁管理器：集群启动之后，通过仲裁盘选举出集群主节点，主节点负责维护全局的锁信息。当某个节点需要锁定某项资源时，先在本地中尝试加锁，若已经缓存加锁状态且缓存有效，表示加锁成功，但若没有缓存或缓存失效时，会向主节点发起加锁请求，主节点锁管理器判断是否满足加锁条件。若满足加锁条件，将锁分配给请求节点；若不满足，向持有锁的节点发送解锁请求，待成功解锁后再将锁分配给请求节点。

通过主节点锁管理器和从节点锁管理器，既可协调各个节点的加锁请求，保证数据库的一致性，又利用了数据库事务 DML 操作为主的特性，即节点上的锁状态缓存在大部分情况下都是有效的，有效减少了远程节点的访问开销，提高了加锁效率，如图 4-3 所示。

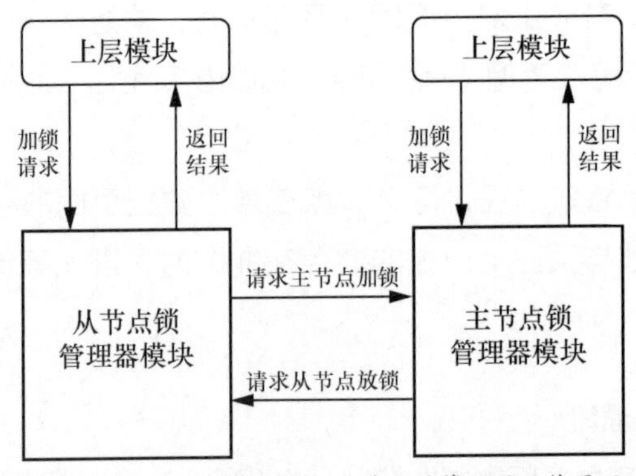

图 4-3 主节点锁管理器与从节点锁管理器工作原理

集群环境中，节点的锁请求都是并发进行的。分布式锁管理器并发处理多个加锁、放锁请求。同时，因为加锁和放锁的请求都要通过网络进行发送，在通信网络较差的环境下，可能会出现请求丢失、回复延迟等现象。因此，一个节点在发起加锁请求的同时，可能又会接收到放锁请求，或者在处理放锁的同时，又接收到同一节点的加锁请求。在高并发的场景下，这种现象尤其频繁。因此，需要仔细处理上述由并发请求和网络延迟导致的集群中主、从节点锁状态不一致的问题。

在神通数据库里，事务管理模块包括事务日志读写同步模块、检查点操作模块、系统故障恢复模块、时间点操作模块，事务管理模块的层次架构如图 4-4 所示。其中，FDL 指的是数据页第一次出现脏页时生成的 LSN 信息。

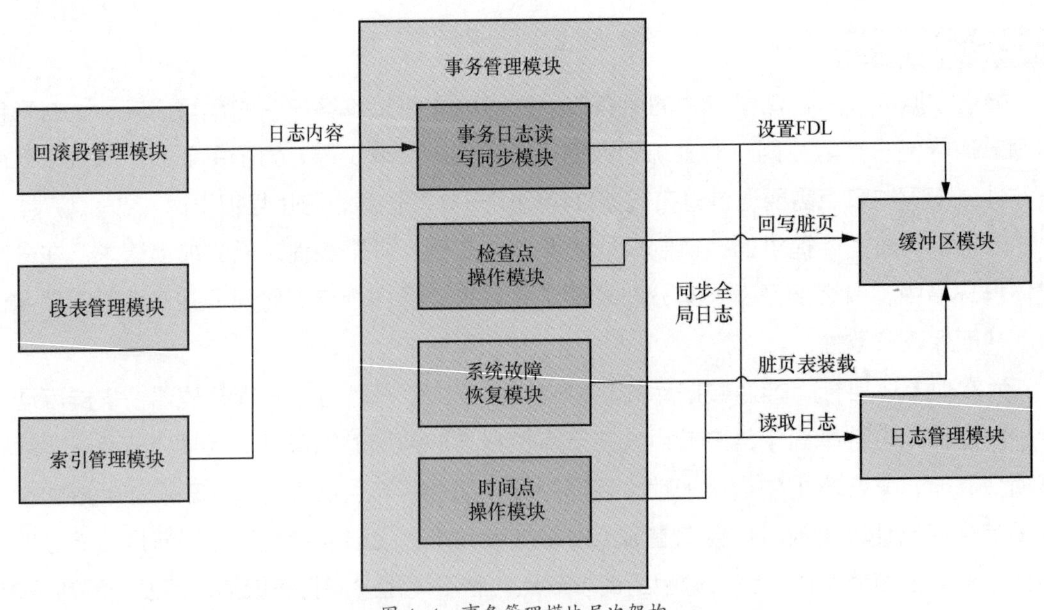

图 4-4 事务管理模块层次架构

数据的更新被记录在日志里，同步事务日志记录的信息流如图 4-5 所示。

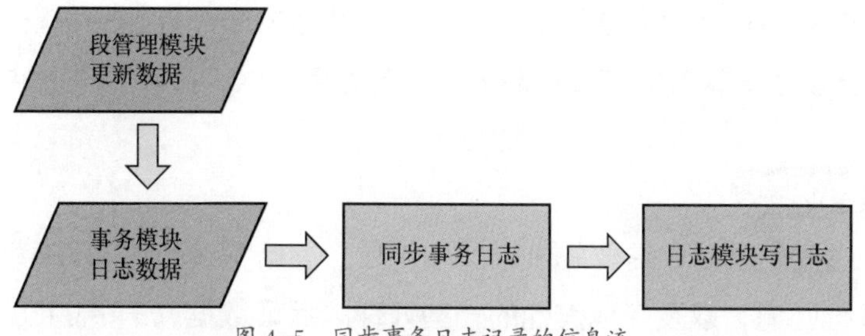

图 4-5 同步事务日志记录的信息流

神通数据库共享存储集群提供全局物理事务号，每个物理事务号都只有一个，并且与实例相绑定。

当更新事务第一次绑定回滚段时，生成物理事务号，并对此物理事务号加锁。

注意 此处的加锁并不是真正的加行锁，而是为此物理事务号生成 Lock 对象，因为物理事务号是新产生的，肯定可以成功加锁。

事务锁与对象锁的重要区别在于，事务锁的加锁是发生在页面上的，通过锁表模块进行的加锁主要是为了生成 Lock 对象，便于发生写写冲突时协调各个事务之间的等待关系。

发生写写冲突时，通过锁表模块加锁，此时肯定有冲突需要等待，因此加的是“瞬时锁”，不需要产生 Holder 持有该 Lock。

4.3.4 仲裁盘

神通数据库共享存储集群需要有一个主节点进行统一控制操作，仲裁盘负责在集群所有节点中挑选一个节点作为主节点管理整个集群。

仲裁盘的基本原理是为每个节点分配一片独立的存储区域，各节点定时向此区域写入信息（包括时间戳、状态、命令、结果等），主节点定时从此区域读取信息，检查各节点的状态变化，启动相应的处理流程，如图 4-6 所示。

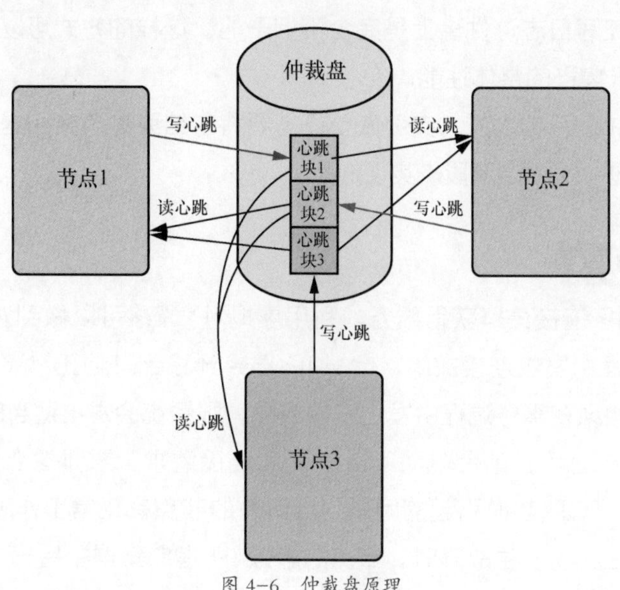

图 4-6 仲裁盘原理

仲裁盘的主要功能包括写入心跳信息、选举仲裁盘主节点、选举集群主节点、管理节点的启动流程、集群状态监控、节点故障处理、节点重加入、接收并执行仲裁盘命令。

4.3.5 并行实例恢复

数据库在发生重启之后，需要先进行实例恢复，重新构造出上次停库时的状态，并将未结束的事务进行回退，以及完成其他的一些处理以保证数据库的 ACID 特性。ACID 特性指的是原子性（Atomicity）、一致性（Consistency）、隔离性（Isolation）、持久性（Durability）。

当某个事务想要修改数据库中某一行数据的时候，数据库将相关的数据页面从磁盘读取到内存中进行修改。这个时候数据在内存中被修改，与磁盘中的页面内容相比就产生了差异，这种有差异的数据页面被称为脏页。

数据库对脏页的处理不是每次生成脏页就将脏页回写到磁盘，这样会产生大量的随机 I/O 操作，严重影响数据库的处理性能。数据库中有专门的页面回刷线程定时将内存中的数据页面回刷到磁盘上，页面被回刷后成为干净页。在产生脏页到回刷变成干净页期间，若由于断电、系统故障、进程崩溃导致数据库意外宕机，就会造成数据错误，用户的修改丢失，从而无法保证事务的持久性。数据库通过 Redo 日志解决上述问题，进而保证事务的持久性。当事务需要修改数据页面时，首先要将此次的修改内容记录到 Redo 日志文件中。当数据库宕机后重启时，通过恢复 Redo 日志，可以将数据库恢复到一个正常的状态。

神通数据库共享存储集群中，每个数据库节点都可以读写位于共享存储上的数据文件，单独对外提供服务。如果这些节点共享一个 Redo 日志文件，必然会产生竞争，影响数据库性能。因此，集群中每个数据库节点都有属于自己的 Redo 日志文件。在运行过程中，各个节点只会访问自己的 Redo 日志文件，不会访问其他节点的 Redo 日志文件。也就是说，不同节点之间在写日志这件事上是完全不相干的。这样的方式可以减少节点之间的交互与等待，从而提升集群的整体性能。

除了上述的 Redo 日志之外，实例恢复还需要将未结束的事务回退，在神通数据库共享存储集群里是通过 undo 回滚段来实现的。

4.3.6 透明故障切换

用户使用虚拟 IP 连接集群获得服务，利用虚拟 IP 漂移可以做到对应用的透明切换。如果在初始连接过程中发生连接故障，虚拟 IP 已经迁移到其他正常节点，则连接直接重定向到正常节点。如果在事务过程中发生连接故障，则系统会发出适当的 SQL 异常通知，此事务将重新开始，之后，前台驱动可以重试此连接请求，重新建立会话状态。利用虚拟 IP 可以排除由于 TCP 超时引起的问题，当所有的节点都正常工作时，每个虚拟 IP 都运行在指定的节点上，当发生故障时，节点的虚拟 IP 指向集群中另一个正常的工作节点，虚拟 IP 仍然可以响应连接请求，如果不使用虚拟 IP，那么操作系统的 TCP 连接可能会超时。

只要集群中存在一个实例，利用集群的在线恢复和虚拟 IP 就能提供所有的服务，从而提高了整个系统的可用性。

4.4 功能实现

本节说明多节点缓存融合模块、并行控制管理（PCM）锁模块、分布式锁模块、仲裁盘模块、并行实例恢复模块、透明故障切换模块的功能实现。

4.4.1 多节点缓存融合模块

神通数据库共享存储集群运行期间，每个节点都会有自己的数据页面缓冲区模块，该模块位于段管理模块和操作系统支撑模块之间，实现数据页面在内存缓冲区的管理。上层模块需要读取数据页面时，访问本模块提供的接口，返回符合多版本并发控制（MVCC）特性的数据页面。

多节点缓存融合模块可以细分为数据页面访问、数据页面回刷和数据页面清理 3 部分。

1. 数据页面访问

数据页面访问分为 Buffer Cache 结构、一致性版本构造、页面获取流程、Buffer Latch 过程 4 部分。

（1）Buffer Cache 结构。

神通数据库共享存储集群的实现方案是将所有页面打平，并且都链接到 Bucket 所在的链表中，所有页面都使用自己的 BufPage，如图 4-7 所示。

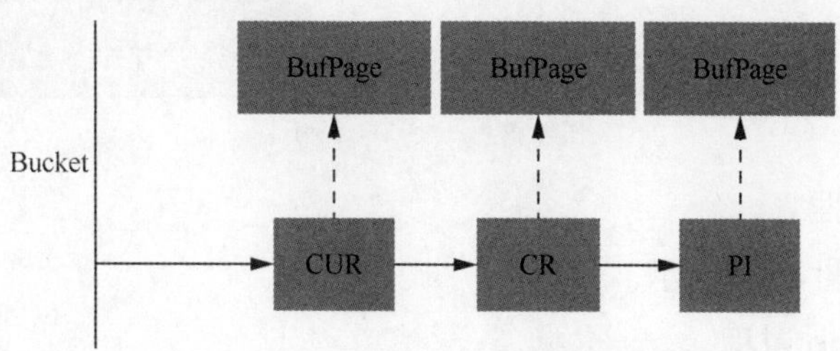

图 4-7 Buffer Cache 结构图

（2）一致性版本构造。

在 Buffer 中获取页面数据时，要求所有的非只读事务都必须以当前块（CUR）页面为最优页面。Buffer Latch 接口中不进行一致性判断和回滚操作，只根据传入的版本信息和 Latch 模式返回构造一致性版本的最优候选页面，如图 4-8 所示。

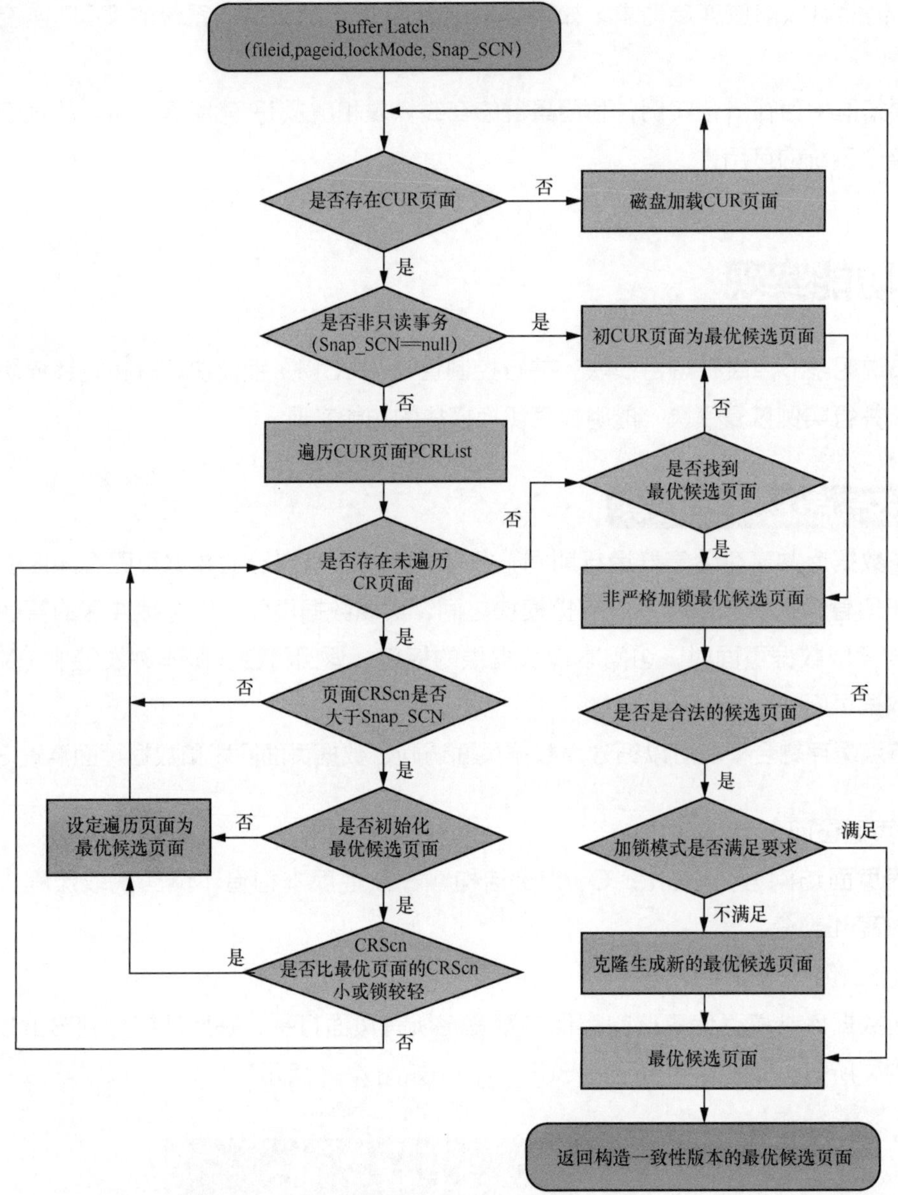

图 4-8　一致性版本构造

（3）页面获取流程。

页面获取流程如图 4-9 所示。

（4）Buffer Latch 过程。

Buffer Latch 是获取相应页面的读写权限。

在神通数据库共享存储集群环境中，Buffer Latch 先通过检查资源锁和 PCM 锁来判断页面是否符合读写权限，如果符合，则本地可以直接对页面进行读写操作；否则，需要向 PCM 锁的主节点发送请求。如果请求节点恰好是 PCM 锁的主节点，则本机无须向 PCM 主节点发送网络包，减少了网络访问路径。如果请求节点是 PCM 锁的从节点，则需要走正常的网络请求逻辑。

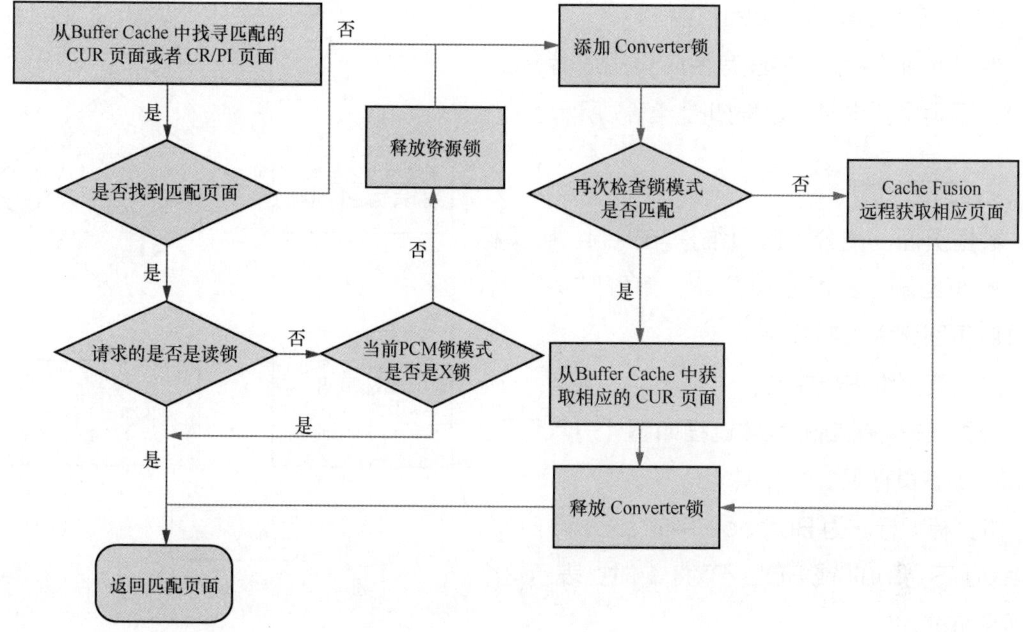

图 4-9 页面获取流程

1）主节点 Buffer Latch 过程。

当 Buffer Cache 中没有相应页面或者 PCM 锁模式不满足要求时，过程如图 4-10 所示。

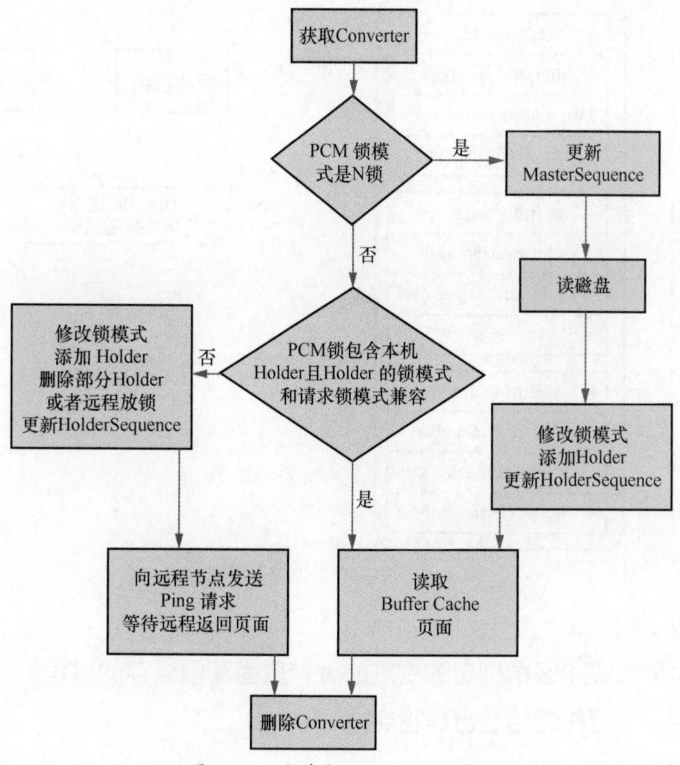

图 4-10 主节点 Buffer Latch 过程

2）从节点 Buffer Latch 过程。

当 Buffer Cache 中没有相应页面或者 PCM 锁模式不满足要求时，过程如图 4-11 所示。

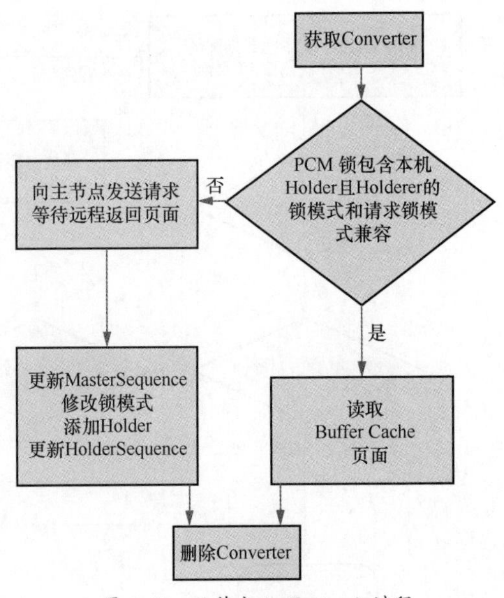

图 4-11 从节点 Buffer Latch 过程

2. 数据页面回刷

数据页面回刷分为脏页维护与控制、脏页标识、脏页回刷、集群脏页分类、集群脏页队列、集群脏页回刷六大部分。

（1）脏页维护与控制。

脏页维护与控制的大致过程如图 4-12 所示。

（2）脏页标识。

脏页标识标志为 Bufpage 中的 axid 和 FDL，当 axid 不为 null 或 FDL 不为 -1 时，表示这个页面是脏的。

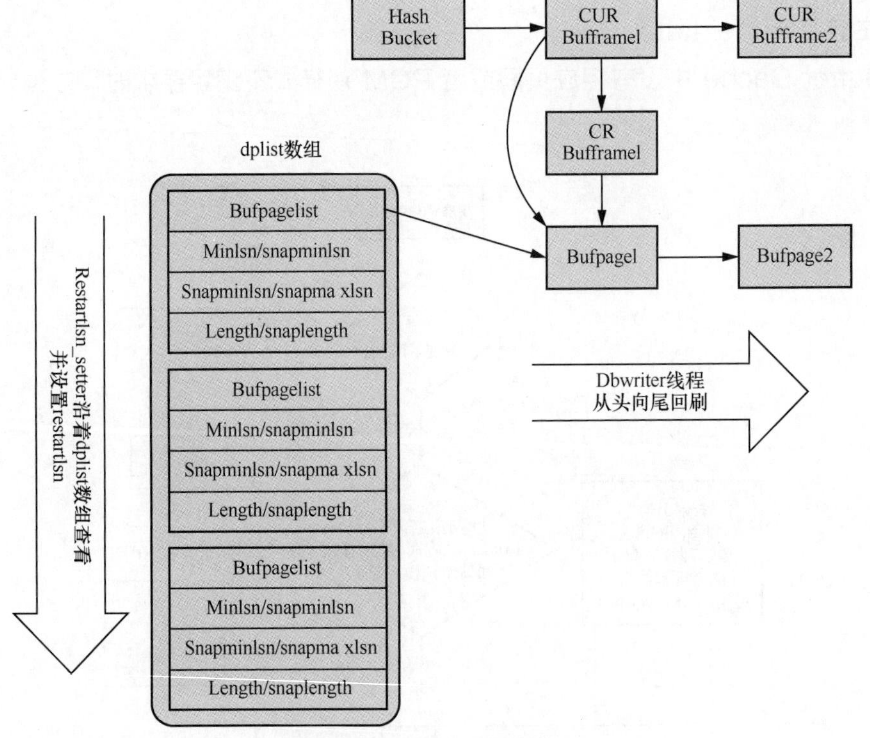

图 4-12 脏页维护与控制过程

（3）脏页回刷。

脏页回刷指的是将缓冲区中指定的变脏的缓存页面写回外存的过程。

脏页的整个回刷流程托管给后台线程完成。

（4）集群脏页分类。

神通数据库共享存储集群的脏页表中可能有过去映像页（Past Image，PI）、共享页

（Shared CUR，SCUR）、排他页（eXclusive CUR，XCUR）3 种页面。

（5）集群脏页队列。

脏页队列的优先级主要是确认哪个队列的脏页先被刷。

神通数据库共享存储集群的刷脏页调整了优先级级别，优先进行同步脏页队列的操作。异步脏页队列被放在第 2 档上，神通数据库共享存储集群原有的刷脏页队列被放在了第 3 档。

（6）集群脏页回刷。

集群脏页回刷是对已经确定的脏页队列进行回刷，对 PI 页面、SCUR 页面、XCUR 页面有不同的处理。

3. 数据页面清理

数据页面清理分为页面清理与替换、页面替换策略、CUR 被动回收页面流程。

（1）页面清理与替换。

Freelist 链表分成多个入口，每个入口维护着空闲的 Bufframe 链表和 Bufpage 链表，每次分配时都是成对分配的，回收也是成对回收的。

Freelist 链表、Bufframe 链表、Bufpage 链表、Bufframe 数组、Bufpage 数组和 Spinlock（自旋锁）的关系如图 4-13 所示。

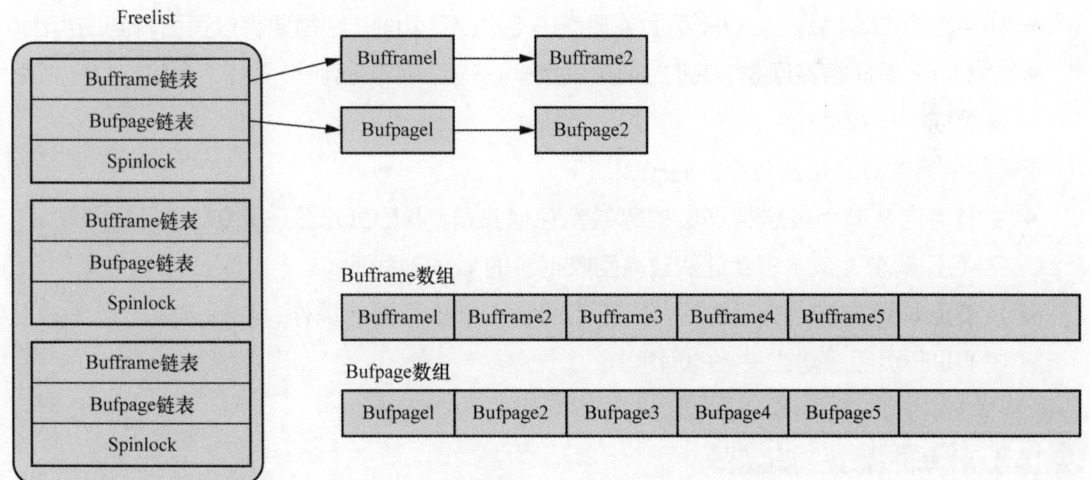

图 4-13 Freelist、Bufframe、Bufpage 等的关系示意图

（2）页面替换策略。

初始化时，Freelist 链表维护着可用的 Bufframe 链表和 Bufpage 链表，当页面需要从外存读取时，先从 Freelist 链表中获取空闲的 Bufframe 链表和 Bufpage 链表，然后把内容读取到 Bufframe 链表中。

替换策略就是将不再使用或者近期不再使用的 Bufpage 链表从 Hash 表中摘除，放入 Freelist 链表中。常用的替换策略，比如 LRU、second-chance、Clock 等各有优势和劣势。神通数据库共享存储集群采用的替换策略是经过改进的 second-chance 方法。

通过设置 byRefcount 值可以保持需要常驻内存的页面不被换出，同时保持了和其他替换策略设计上的统一性。对于需要满足先入先出（First Input First Output，FIFO）队列的内存页面，同样通过设置 byRefcount 值来解决。

页面的替换策略是以段为独立单元的，换句话说，就是一个段内的所有页面的换入换出策略是相同的。为了在换入换出时能够快速定位到自己所属段的换入换出策略，以段号建立了 hash 值，hash 值的计算公式为段号 / 相应的 hash 入口数目。

（3）CUR 被动回收页面流程。

页面回收线程检测到某个 CUR 页面可以回收后，向主节点发送神通数据库共享存储集群 _REQUEST_REMOVE_UNUSED_PCM_LOCK 请求，并附带上该 CUR 页面的 PageSequence（页序列号）。

主节点将请求加入 Converter 中，检查删除 Holder 的条件是否满足（存在请求节点的 Holder，并且主节点没有其他 Converter 及 Waiter），如果不满足，则直接返回请求失败的请求。

1）如果请求节点是主节点，则操作如下。

- 为 CUR 页面加资源写锁，检查删除 Holder 的条件是否满足（PageSequence 是否一致，该 PCM 锁是否有其他的 Waiter），如果满足条件，则删除相应的 Holder。
- 如果该 PCM 锁是 XCUR 页面或最新的 SCUR 页面，则需要将该页面刷到磁盘上。
- 将 CUR 页面直接回收（此时空闲页面空间不够，尽快归还页面就不会将 CUR 页面降级成 CR 页面）。

2）如果请求节点是从节点，则操作如下。

- 主节点向从节点发送神通数据库共享存储集群 _REQUEST_REMOVE_FREE_PAGE 请求，该请求会让从节点回收相应的 CUR 页面。
- 从节点收到主节点的请求后，执行完回收 CUR 页面的操作，然后向主节点汇报回收 CUR 页面成功或失败的消息。

4.4.2 并行控制管理锁模块

并行控制管理（PCM）锁模块包括 PCM 锁结构和 PCM 锁管理器。

1. PCM 锁结构

PCM 锁用于维持不同节点间 Buffer 的一致性，保护 Buffer Cache 中的页面。

每个节点 Buffer Cache 中的页面通常都对应着相应的 PCM 锁。PCM 锁分为两种：Master Lock 和 Slave Lock，只有一个节点的 PCM 锁是 Master Lock，其他节点的 PCM 锁是 Slave Lock。

当本节点进行页面的读写时，如果本节点 PCM 锁自身的锁模式可以满足读写需求，则无须远程访问其他节点的内存。如果本节点 PCM 锁的锁模式不满足需求，则需要远程访问其他节点的内存。

PCM 锁用于管理 Buffer Cache 页面，每个 PCM 锁可映射成一个或多个 Buffer Cache 中的 CUR 页面。PCM 锁的属性包括 Lock Mode、Lock Role、Past Image。

Lock Mode 描述对资源的访问权限，包括 3 种模式：读锁（S）、写锁（X）、N 锁（N）。N 锁是占位锁，N 锁表明该节点没有 CUR 页面，只有 PI 页面或 CR 页面。

Lock Role 描述资源是如何被处理的，包含两种角色：本地（Local）、全局（Global）。Local 表示某页面只在本节点的 Buffer Cache 内是脏页，Global 表示某页面在多个节点的 Buffer Cache 内都是脏页。

Past Image 描述该节点是否存在 PI 页面，有两种取值，0 代表没有 PI 页面，1 代表该节点存在着 PI 页面。

（1）PCM 锁主节点。

每个 PCM 锁都可能存在多个节点，但是有且只有一个节点是该 PCM 锁的主节点。主节点知道该 PCM 锁在所有节点的分布，并负责协调 PCM 锁在节点间的转换。而从节点的 PCM 锁只知道自己持有的锁信息，不知道 PCM 锁的分布信息。

（2）PCM 锁所处的位置。

PCM 锁所处的位置如图 4-14 所示。

（3）PCM 锁的转化操作。

PCM 锁的内部主要由 3 个队列来完成 PCM 锁的转化操作，如图 4-15 所示。

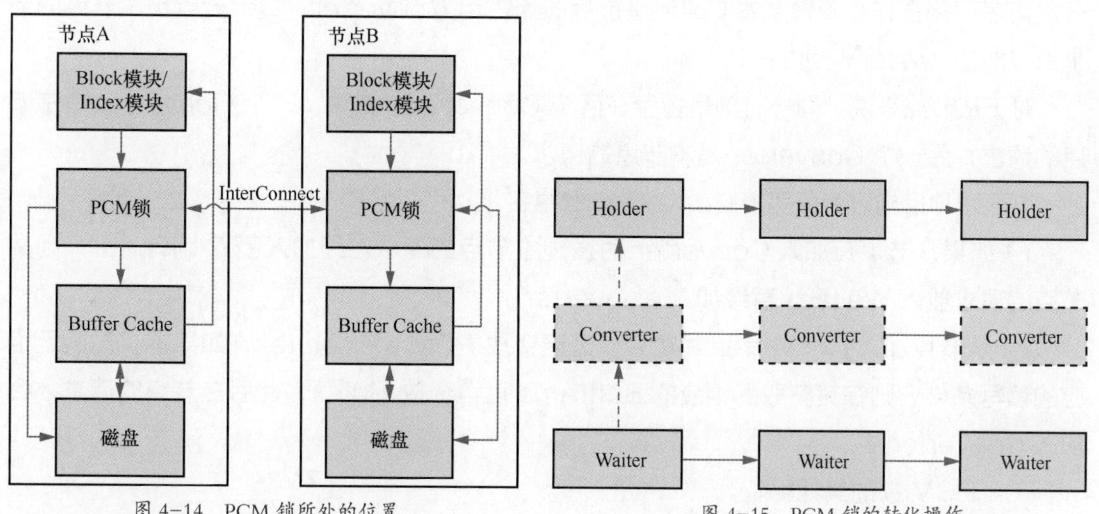

图 4-14 PCM 锁所处的位置

图 4-15 PCM 锁的转化操作

Holder 队列：持有 PCM 锁的节点，每个 Holder 对应着一个节点，表明该节点持有 PCM 锁的相应 Lock Mode。

Waiter 队列：由于存在和申请锁的请求不兼容的 Converter 请求，申请锁的请求需要先放入 Waiter 队列，等 Converter 队列所有的 Converter 都和该请求兼容后，才将该请求从 Waiter 队列放入 Converter 队列中。

Converter 队列：正在进行的转换请求，比如节点 A 申请从 PCM 的读锁升级到 PCM 的写锁的请求。

（4）Holder、Waiter、Converter 的转换关系。

1）Waiter → Converter。

释放 Converter 后，所有的 Waiter 都可以竞争相应的 Converter，一定会有一个 Waiter 竞争成功。

2）Converter → Holder

释放 Converter 后，说明该线程已经获取到相应的锁模式，则可以添加相应的 Holder。

3）Holder → Converter。

本情况主要用于描述持有读锁请求写锁的情况，假设 Holder 的锁模式是读锁，该节点的线程想获取写锁时，可能需要占据 Converter。此时 PCM 锁中既有 Holder，又有 Converter。

4）其他情况不能转换。

（5）Converter 的数目和折中。

对于某个节点来说，该节点只会有一个请求加入 Converter，该节点的其他请求都会加入本地 PCM 锁的 Waiter 中。对于主节点和从节点来说，它们允许同时加入的 Converter 数目是不一样的。

对于主节点来说，同一时刻只能存在一个 Converter，该 Converter 可以是远程请求的 Converter，也可以是本机的 Converter。这个 Converter 表示 PCM 锁进行修改的一次可序列化操作。不管是本节点还是远程节点占用 Converter，其余节点和本节点的请求都只能在 Waiter 队列中。

对于从节点来说，同一时刻最多存在两个 Converter，其中，一个 Converter 是主节点的请求，另一个 Converter 是本节点的请求。

下面两种措施可避免两个 Converter 相冲突。

1）如果从节点在加入 Converter 时发现主节点的请求已经加入了 Converter，则从节点的请求放入 Waiter，暂缓加入 Converter。

2）从节点加入 Converter 成功后，延迟释放 PCM 锁的 Mutex，如果本机已满足相应的读写条件，则在其获取到相应的 Bufframe 后再释放 Mutex，此后主节点的请求才会加入 Converter 中。

（6）PCM 锁的其他类型。

为了提升并发性能，减少加锁粒度，PCM 锁的内部包含以下类型的锁。

1）PCM Mutex。

PCM Mutex 持有时间短，主要用于保护 Converter 队列和 Waiter 队列的添加和删除。

2）PCM Converter。

PCM Converter 请求相当于锁，持有时间比较长。当 Converter 队列非空，且新请求和 Converter 的请求不兼容时，会将新请求加入 Waiter 队列。

3）原子变量。

为了提高并发性，有些请求不需要 Mutex 和 Converter 的介入便可对 PCM 锁的相关属性进行原子更新或读取，比如记录刷到磁盘的 PageSequence。

2. PCM 锁管理器

PCM 锁管理器用于解决冲突。

读读冲突如图 4-16 所示。

步骤 1：当节点 B 想读取最新版本的页面时，向节点 D（主节点）发送获取 PCM 读锁的请求。

步骤 2：节点 D 发现节点 C 有读锁，将请求转发给节点 C，并直接把 PCM 的读锁授权给节点 B。

步骤 3：节点 C 收到节点 D 的请求后，节点 C 的 PCM 锁三元组（SL0）不变，将页面内容转发给节点 B。节点 B 收到页面后，将 PCM 锁三元组修改成 SL0。

读写冲突如图 4-17 所示。

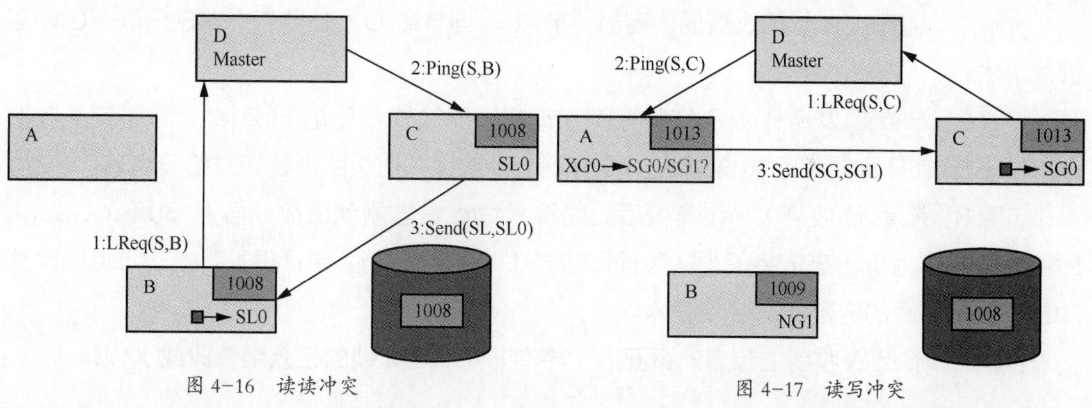

图 4-16 读读冲突　　　　图 4-17 读写冲突

步骤 1：当节点 C 想读取最新版本的页面时，向节点 D（主节点）发送获取 PCM 读锁的请求。

步骤 2：节点 D 发现节点 A 有写锁，将请求转发给节点 A，告诉节点 A 要进行锁降级。节点 D 将 PCM 锁的锁模式修改为读锁，并将读锁授权给节点 C。

步骤 3：节点 A 收到节点 D 的请求后，先刷 Redo 日志，此时本节点的 PCM 锁三元组 XG0 降级成 SG0，然后节点 A 将页面内容发送给节点 C。节点 C 收到页面后，将 PCM 锁三元组修改成 SG0。

写读冲突如图 4-18 所示。

步骤 1：节点 C 已拥有 SCUR 页面，想修改页面内容，此时节点 C 向节点 D（主节点）发送获取 PCM 写锁的请求。

步骤 2：节点 D 发现节点 A 和节点 C 都有读锁，此时需要释放所有读锁，只保留节点 C 的读锁。

步骤 3：节点 A 收到放锁命令后，将 CUR 页面降级成 CR 页面，再反馈给节点 D 放锁成功。

步骤 4：节点 D 收到节点 A 放锁成功的命令后，删除节点 A 的 Holder，将 PCM 锁的 Lock Mode 改成写锁，此时节点 C 持有 PCM 的写锁。节点 C 收到主节点的反馈后，将本节点 PCM 锁的 Lock Mode 修改成写锁。

写写冲突如图 4-19 所示。

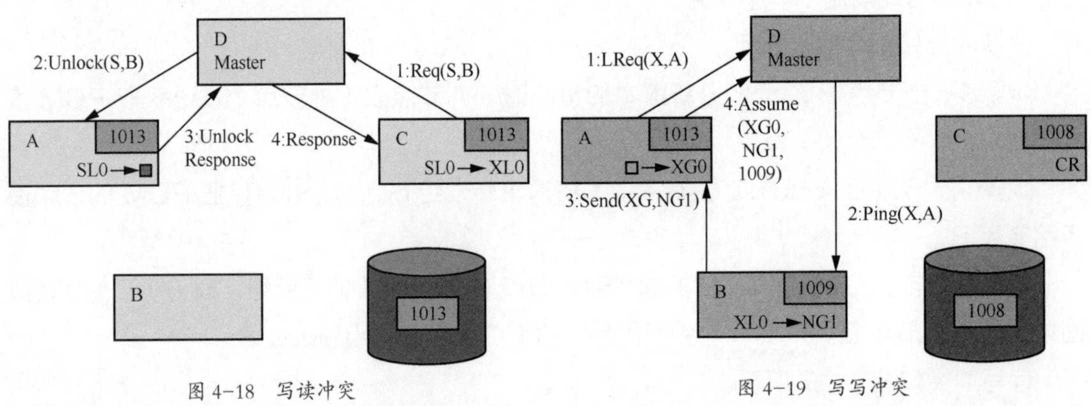

图 4-18　写读冲突　　　　图 4-19　写写冲突

步骤 1：当节点 A 想修改页面内容时，节点 A 向节点 D（主节点）发送获取 PCM 写锁的请求。

步骤 2：节点 D 发现节点 B 持有写锁，节点 D 删除节点 B 的 Holder，添加节点 A 的 Holder。节点 D 向节点 B 发送请求，要求节点 B 放锁并把页面内容转发给节点 A。

步骤 3：节点 B 收到 Ping 命令后，先将 Redo 日志刷到磁盘，再把 Buffer Cache 的 CUR 内容拷贝出来，将 CUR 页面降级成 PI 页面，最后将 PCM 锁的三元组修改成 NG1，并把脏页的内容转发给节点 A。

步骤 4：节点 A 收到主节点的页面后，将本节点 PCM 锁的三元组修改成 XG0。

4.4.3 分布式锁模块

分布式锁模块包括锁结构和锁管理器。

1. 锁结构

锁结构分为事务锁、主节点、数据结构 3 部分。

（1）事务锁。

事务锁实际上就是行锁，当事务执行数据库的插入、更新、删除操作时，该事务自动获得操作行的排他锁。

事务锁与对象锁的主要区别在于，事务锁的加锁是发生在页面上的，通过锁表模块进行的加锁主要是为了生成 Lock 对象，便于发生写写冲突时协调各个事务之间的等待关系。

（2）主节点。

对于同一个 Lock 对象，不同的节点在请求该对象的锁后都会持有该锁的 Holder，但是仅有一个节点包含了该 Lock 对象的所有 Holder 信息，这个节点就是该 Lock 对象所属的主节点。

主节点知道 Lock 对象的所有 Holder 信息，从节点仅知道自己持有的 Lock 对象的 Holder 信息。主节点负责协调 Lock 对象在各个节点之间的转换。

（3）数据结构。

主节点锁表的内存结构如图 4-20 所示。主节点锁表中有每个从节点的锁状态信息，其状态信息记录在 LockList 中。Holder 为持有锁的队列。

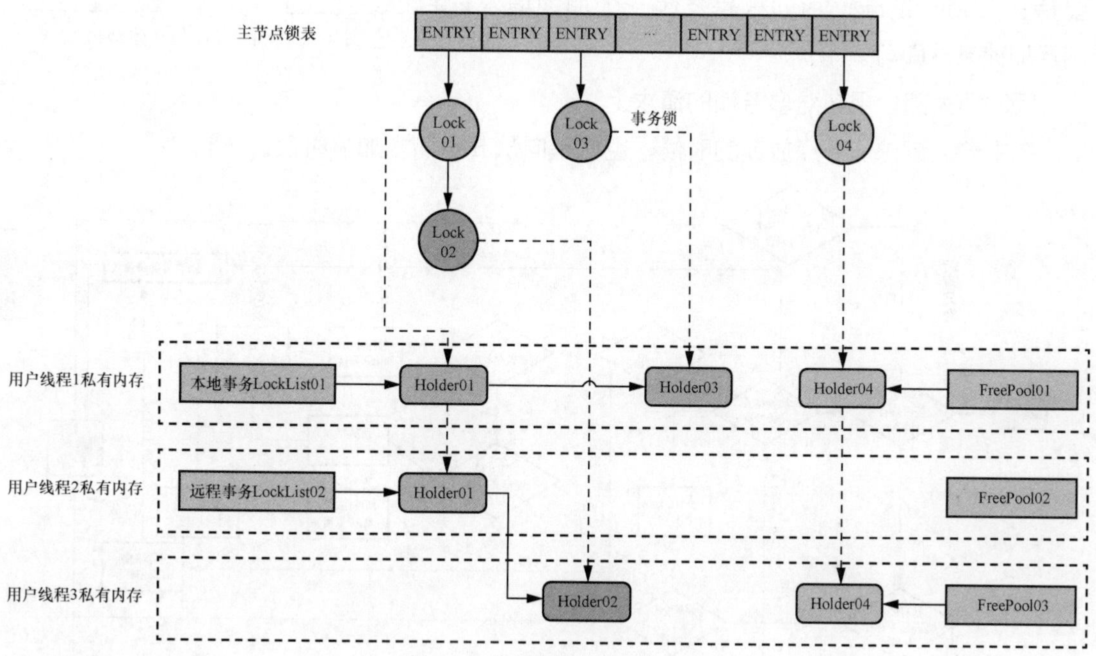

图 4-20　主节点锁表的内存结构

从节点锁表的内存结构如图 4-21 所示。从节点锁表只记录自己持有锁的状态信息，其状态信息记录在 LockList 中。Holder 为持有锁的队列。

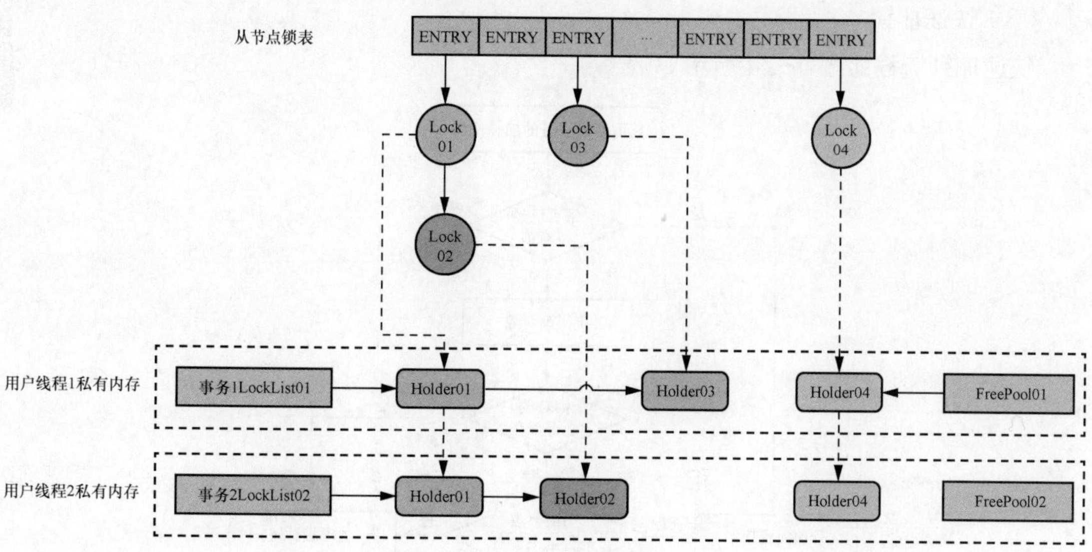

图 4-21　从节点锁表的内存结构

2. 锁管理器

锁管理器的整体结构如图 4-22 所示。

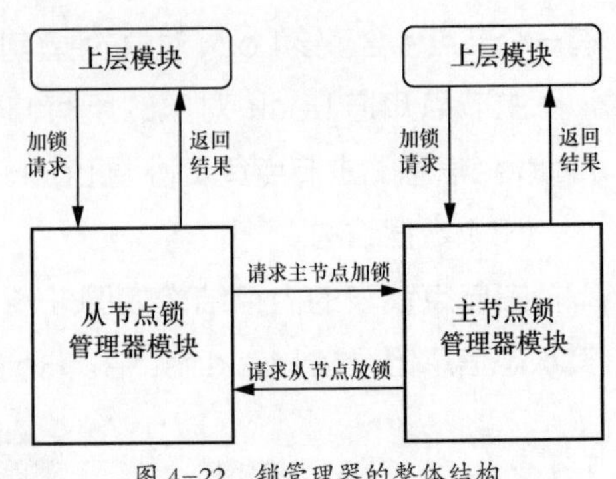

图 4-22 锁管理器的整体结构

（1）单机加锁。

单机加锁的流程如图 4-23 所示。

（2）瞬时锁请求。

瞬时锁请求表示并不需要真正的加锁，即并不需要持有 Lock 的 Holder，只是发起一个加锁请求，满足加锁条件即可。

瞬时锁大部分用在对事务锁的请求上。

在主节点请求从节点放锁的时候，也就是向从节点请求加瞬时锁。

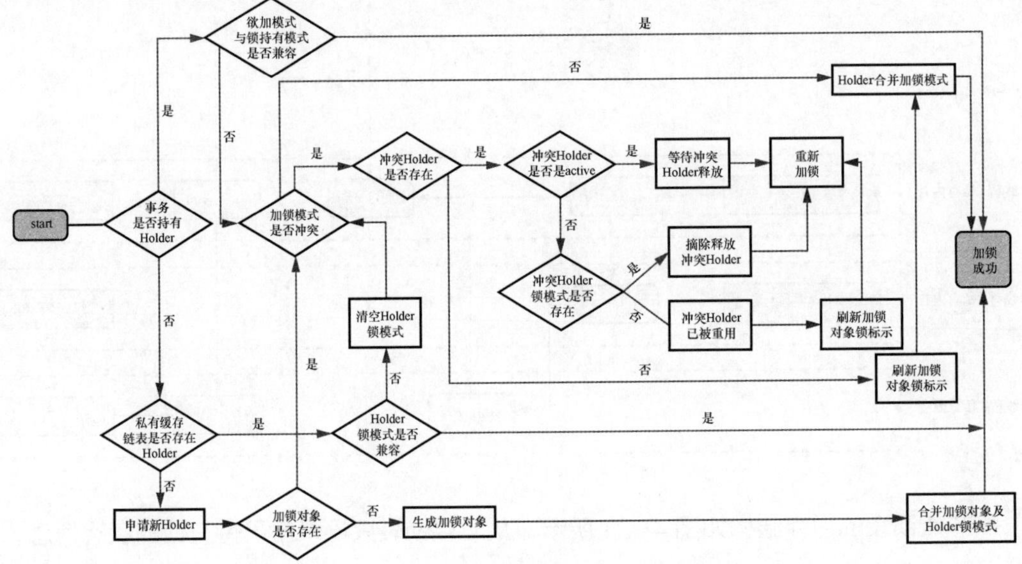

图 4-23 单机加锁的流程

（3）快速加锁。

快速加锁流程如图 4-24 所示。

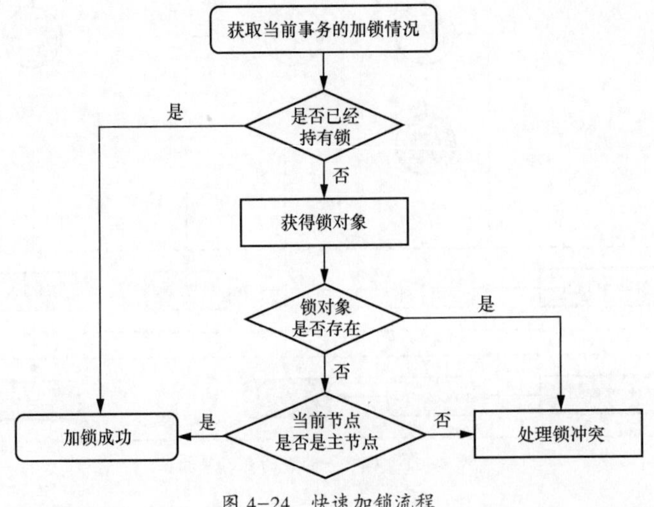

图 4-24 快速加锁流程

（4）从节点请求加锁。

从节点请求加锁的流程如图 4-25 所示。

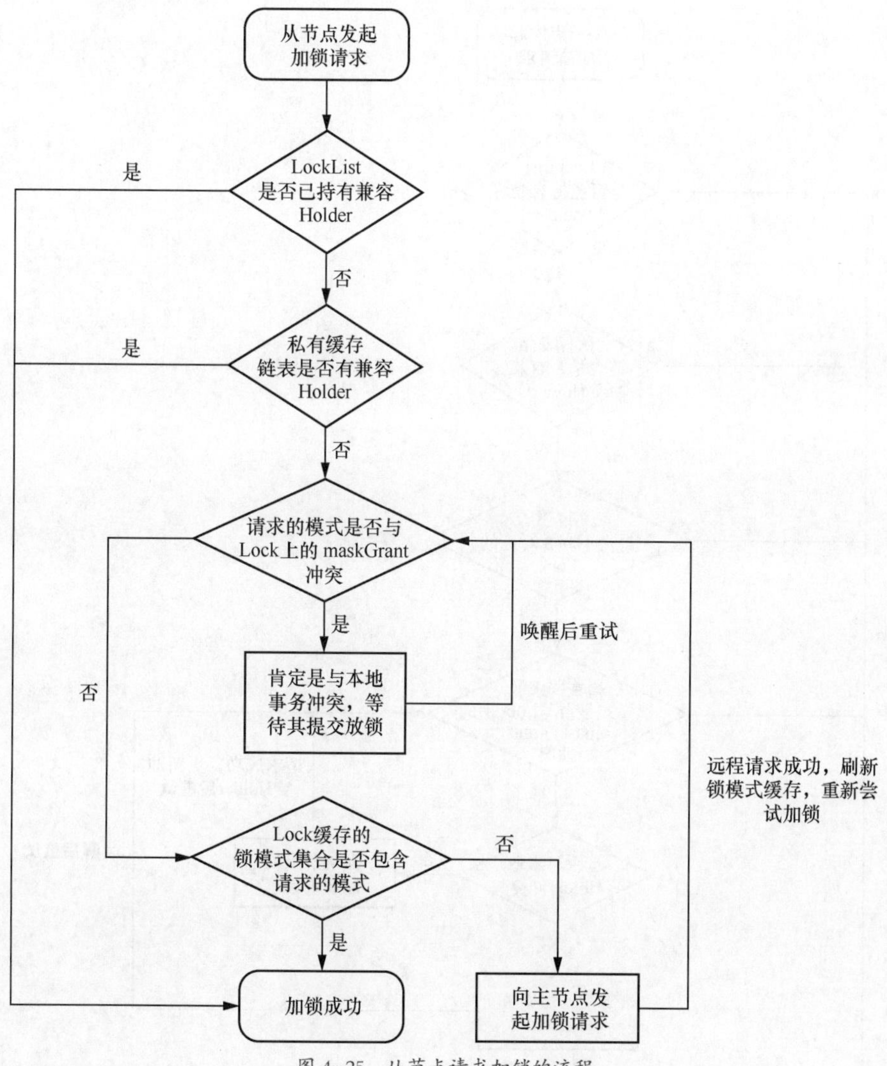

图 4-25 从节点请求加锁的流程

（5）主节点请求加锁。

主节点请求加锁的流程如图 4-26 所示。

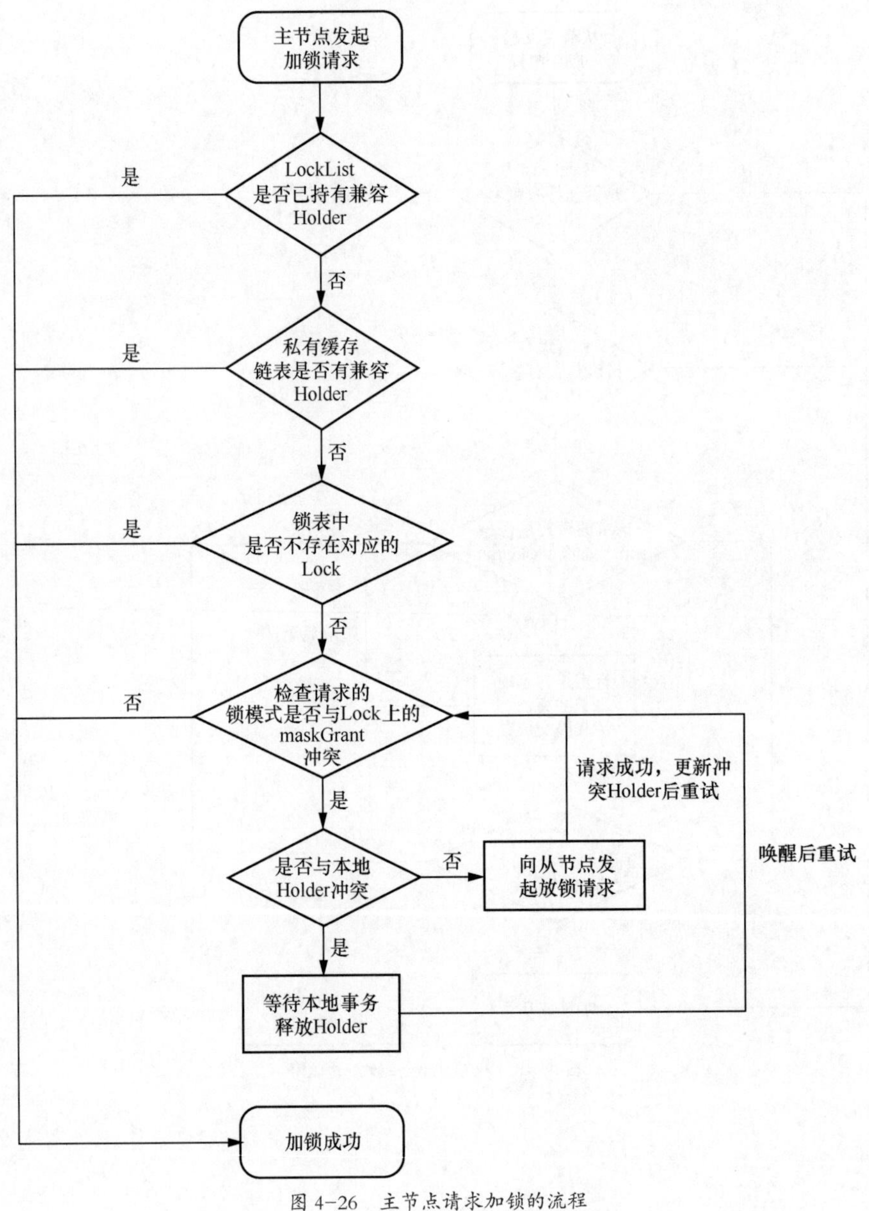

图 4-26　主节点请求加锁的流程

（6）主节点处理从节点加锁。

主节点处理从节点加锁的流程如图 4-27 所示。

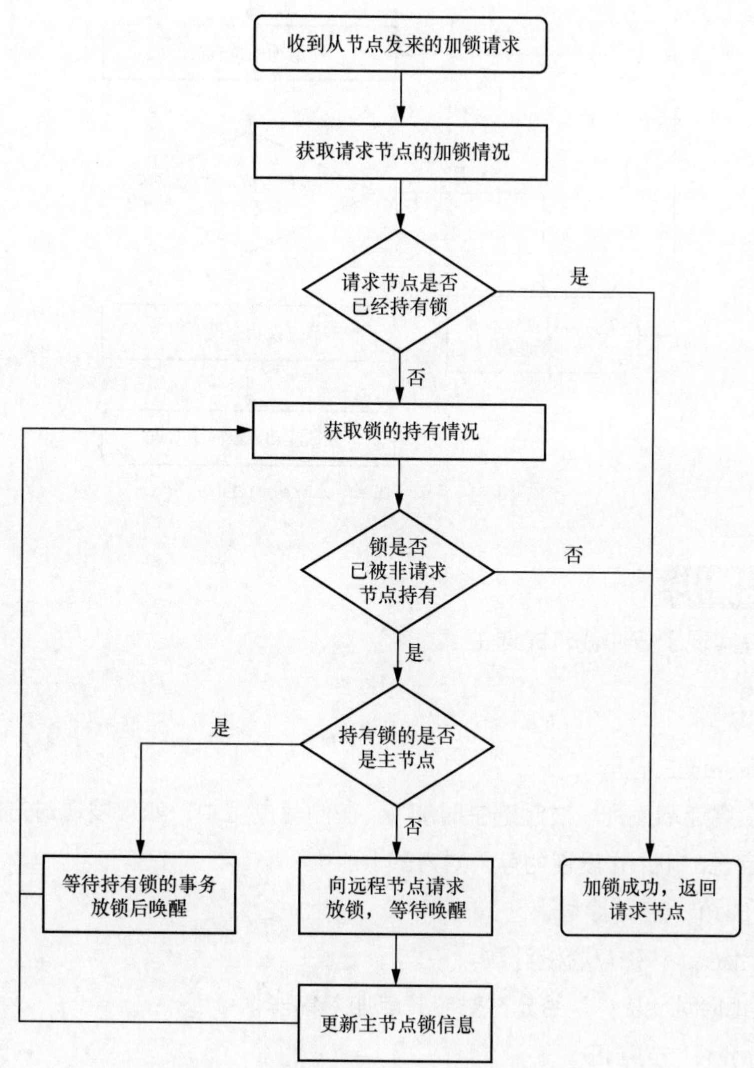

图 4-27 主节点处理从节点加锁的流程

（7）从节点处理主节点放锁。

从节点处理主节点放锁的流程如图 4-28 所示。

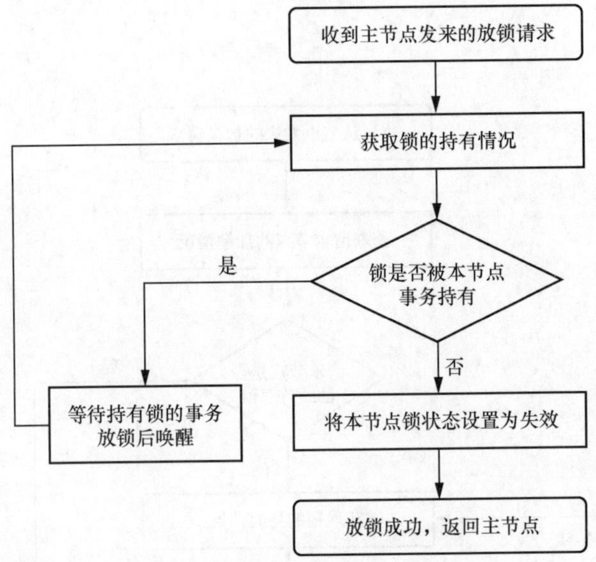

图 4-28　从节点处理主节点放锁的流程

4.4.4 仲裁盘模块

仲裁盘模块实现了按仲裁方式选主。

1. 仲裁盘心跳块

- lwTerm：选主纪元。

这是一个全局递增序列，发起选主时加 1，在仲裁过程中，如果发现对方的 term 比自己的大，会将自己的 term 设置为等于对方的 term。

- lwBootSeq：启动序号。
- lwHeartbeat：磁盘心跳计数。
- lwJoinableMask：是否允许对应节点加入集群。
- dwNodeId：节点 ID。
- dwNodeState：节点状态。
- dwVoteForNodeId：给哪个节点投票。
- bGatewayArrived：是否可以连通网关。

2. 仲裁盘选主

节点状态转换如图 4-29 所示。

仲裁过程如下。

（1）按照心跳间隔时间休眠一段时间。

（2）读仲裁盘（如果读仲裁盘失败，转为 SLAVE，回到第 1 步）。

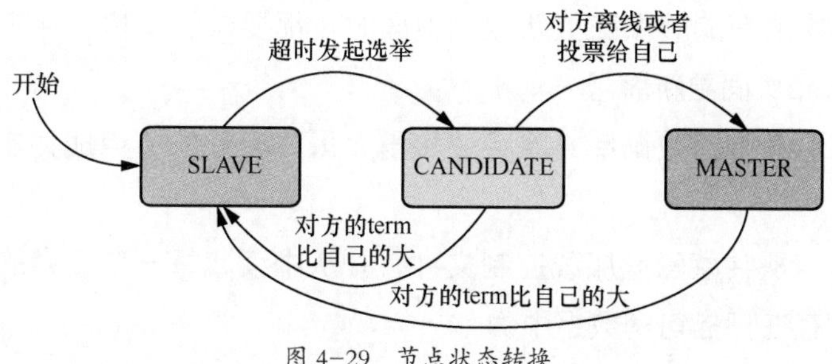

图 4-29 节点状态转换

（3）检查自己的心跳块是否被篡改（如果自己的心跳块被篡改，卸载资源，退出程序）。

（4）检查其他节点的心跳（如果对方的心跳连续多次没有变化，则认为对方出现故障，如果本节点是主节点，则对故障节点进行故障恢复；如果对方在线，则检查 term，如果对方的 term 大于自己的 term，则自己转换为 SLAVE，投票给对方）。

（5）根据自己的状态分情况处理（如果自己正在选主，所有节点都离线或者投票给自己，则转换成 MASTER；如果自己是 SLAVE，存在 MASTER，自己能联通网关，则转换为 CANDIDATE；如果自己是 SLAVE，不存在 MASTER，也没有其他节点发起投票请求，则转换为 CANDIDATE；如果自己是 MASTER，资源检测失败，则转换为 SLAVE）。

（6）写磁盘心跳块（增加心跳计数、设置本节点当前状态、设置本节点网关连通状态、写入仲裁盘中属于自己的心跳块）。

（7）转回第（1）步，进入下一次循环。

4.4.5 并行实例恢复模块

单机环境下恢复 Redo 日志，只需要按照日志 LSN 从小到大的顺序依次恢复即可。集群是多个节点，有各自的 Redo 日志，且各个日志之间的 LSN 无法直接比较大小。

为了解决上述问题，需要一种基于页面更新序号的神通数据库共享存储集群多节点 Redo 日志恢复方案。

在页面的头部分配 8 个字节作为页面更新序号，代表了页面上的修改次序。每次更新数据页面后，会将页面的更新序号值加 1。新增 Redo 日志时，将页面当前的更新序号也记录到 Redo 日志中。实例恢复时，选择一个节点的 Redo 日志进行恢复，如果发现当前要恢复的页面不连续，则切换到下一个 Redo 日志进行恢复。重复上述过程，直到所有的 Redo 日志都恢复完毕。

通过遍历各个 Redo 日志，利用页面更新序号判断页面是否连续，可以将相同页面在不同节点之间的修改按序恢复，保证数据的一致性。

恢复流程如下。

步骤 1：为了能够标记页面的更新次序，需要为每个页面维护一个更新序号，并将更新序号保存在页面头部的 8 个字节中。当数据页面发生修改时，新增一条 Redo 日志，将修改的内容和当前的页面更新序号写入这条 Redo 日志当中，然后将页面更新序号值加 1。

步骤 2：集群中所有的节点在更新数据页面时，都要按照步骤 1 中描述的过程更新本节点的 Redo 日志和页面更新序号。

步骤 3：重新启动神通数据库共享存储集群，最先启动的节点成为主节点，由主节点进行实例恢复。

步骤 4：主节点从共享磁盘加载控制文件，并从中读取每一个节点的 Redo 日志信息作为扫描句柄，保存在扫描句柄数组中。

步骤 5：遍历所有的扫描句柄，恢复 Redo 日志。

1）如果已经扫描到 Redo 日志末尾，当前 Redo 日志恢复结束，标记当前扫描句柄扫描完毕，转到步骤 4，开始下一个 Redo 日志扫描。

2）从扫描句柄当前的扫描位置获取一条 Redo 日志，从 Redo 日志中获取页面更新序号，与当前页面的更新序号做对比，对比的情况如下。

若 Redo 日志中记录的序号小于当前页面的更新序号，说明 Redo 日志的内容已经回刷到了页面，忽略这条日志，继续下一条日志的扫描。

若 Redo 日志中记录的序号等于当前页面的更新序号，说明这条 Redo 日志还未回刷到页面，并且这条日志是按序更新的，此时将日志的修改应用到数据页面，然后将当前页面序号值加 1，用于推进 Redo 日志恢复，继续下一条日志的扫描。

若 Redo 日志中记录的序号大于当前页面的更新序号，页面不连续，说明这条 Redo 日志不是按序更新的，页面的顺序更新记录在其他节点的 Redo 日志当中，此时转到步骤 4，开始下一个 Redo 日志扫描。

此时，所有的扫描句柄都已经扫描完毕，所有的 Redo 日志恢复结束。

4.4.6 透明故障切换模块

本小节说明透明故障切换模块的功能实现。

1. 节点冻结

在神通数据库共享存储集群主节点检测到节点宕机之后，需要进行故障转移（Failover），重新调整集群资源的分配，维护新的一致性状态。在故障转移的过程中，集群处于不稳定和不一致的状态，因为这时候内存中的状态是不正确的，比如在重构完成之前，锁的分布可能不正确；在 Redo 日志完成之前，内存 / 磁盘中的数据不是最新的。所以，需要实现一种冻结机制，在集群故障转移期间，不允许用户线程执行。

具体设计上，节点冻结分为冻结消息、冻结机制、解冻消息三大部分。

（1）冻结消息。

在进行故障转移之前，主节点会向所有节点发送集群冻结消息，修改各个节点的状态，达到冻结目的。

（2）冻结机制。

在一些关键路径，比如加载数据页面、查询事务状态、申请 PCM 锁等涉及集群全局状态的代码中，增加冻结状态的检查。如果此时节点处于冻结状态，等待并定时检测状态的变更，直到节点恢复正常状态，再继续向下执行。

对于已经处于消息队列中等待的线程，将其唤醒。线程醒来之后会将自己的冻结序号和全局冻结序号做对比，若自己的冻结序号小于全局冻结序号，说明在自己等待期间发生了节点宕机事件，需要由上层模块重新发起申请。

（3）解冻消息。

神通数据库共享存储集群主节点故障转移处理完毕后，需要向所有的节点发送解冻消息，节点中所有的线程都可以继续执行。

2. 故障转移

故障转移分为重构 PCM 锁、重构分布式锁、重做日志。

（1）重构 PCM 锁。

主节点向所有节点发送 RAC_REMOVE_NODE_FOR_PCM_LOCK 消息，所有节点执行如下操作。

1）获取本节点所有 PCM 锁中最大的 MasterSequence（主序列号）。

2）遍历所有 PCM 锁，获取 PCM 锁所在 Bucket 的 SPIN（自旋线程，即尝试加锁进程），清理 PCM 锁的网络遗留信息。如果本节点有 Holder，但是没有 CUR 页面，则删除本 Holder；如果宕机节点是 Master Lock，则将本节点的 Holder 信息汇报给集群的主节点。如果本节点恰好是新的主节点，则需要设置本节点的 LatestSCUR 标志；如果本节点是 Master Lock，则删除宕机节点的 Waiter 和 Holder（如果删除宕机节点的 Holder 后，节点的锁模式为 N 锁，此时 Master Lock 需要将最大的 PI 页面提升为 XCUR 页面）。

3）主节点重构宕机节点之前持有的 PCM 锁的 Master Lock。如果主节点没有相应的 Lock，则新建 PCM Lock，该锁是 Master Lock；如果汇报的从节点的 flushedPageSequence（已回写页序列号）和 MasterSequence 比 PCM 锁的值大，则更新 PCM 锁的相应属性；如果汇报的从节点持有 Holder，则添加 PCM Lock 相应的 Holder 信息及 PCM 的锁模式；如果汇报的从节点没有 Holder，只有 PI 页面，则更新 PCM Lock 目前持有的最大 PI 页面的 PageSequence 和从节点 ID（后续主节点会将最大的 PI 页面提升为 CUR 页面）。

（2）重构分布式锁。

主节点向所有节点发送 RAC_REMOVE_NODE_FOR_NOPCM_LOCK 消息，所有节点执行如下操作（清理宕机节点在非 PCM 锁上的残留信息）。

1）遍历所有非 PCM 锁，获取非 PCM 锁所在 Bucket 的 SPIN。如果宕机节点在 Waiter 中，则删除该 Waiter；如果该锁是事务锁，无须处理；如果从节点宕机，并且本机是非 PCM 锁的 Master Lock，则唤醒 Waiter，并删除宕机节点的 Holder，删除 g_aRemoteLockList 中宕机节点的 LockList；如果主节点宕机，并且 Master Lock 是宕机节点，则将非 PCM 锁持有的 Holder 信息汇报给主节点，释放非 PCM 锁所在

Bucket 的 SPIN。

2）主节点重构宕机节点之前持有的非 PCM 锁的 Master Lock。如果主节点没有非 PCM 锁的 Lock，则根据从节点汇报的信息新建非 PCM 锁，该锁会被认为是非 PCM 锁的 Master Lock；如果神通数据库共享存储集群超过 2 个节点的话，就需要在主节点重建 Holder 和已授权锁模式标记掩码（maskGrant）。

（3）重做日志。

为保证数据库的一致性，需要重做宕机节点的 Redo 日志，完成数据页面的恢复，基本流程如下。

- 集群主节点收集各个节点持有 PCM 锁的情况。
- 开始重做日志，针对日志连续和日志不连续两种情况提升 PI 页面，重做日志将标记页面是否已经提升。
- 重做日志完毕，对于还未提升的页面，通知 PCM 锁的 Master 提升 PI 页面。

4.5 使用 / 操作说明

本节说明神通数据库共享存储集群的配置和启动。本节的前置条件是在神通数据库共享存储集群的各节点上已经成功安装了神通数据库软件，但尚未创建数据库（实例）。

4.5.1 裸设备配置

在集群的任意一个节点上，使用“fdisk”命令创建 9 个分区。例如，磁盘盘符为 /dev/sdb，则 9 个分区分别为 sdb1、sdb2、sdb3、sdb4、sdb5、sdb6、sdb7、sdb8、sdb9，对应关系如表 4-1 所示。

表 4-1　共享存储设备配置分区

磁盘盘符	目的	最小空间	对应裸盘文件
/dev/sdb1	仲裁盘	100MB	/dev/raw/raw1
/dev/sdb2	控制文件	100MB	/dev/raw/raw2
/dev/sdb3	数据文件	100MB	/dev/raw/raw3
/dev/sdb4	审计文件	100MB	/dev/raw/raw4
/dev/sdb5	临时文件	100MB	/dev/raw/raw5
/dev/sdb6	节点 1 Redo 日志文件	100MB	/dev/raw/raw6
/dev/sdb7	节点 2 Redo 日志文件	100MB	/dev/raw/raw7
/dev/sdb8	节点 1 Undo 日志文件	100MB	/dev/raw/raw8
/dev/sdb9	节点 2 Undo 日志文件	100MB	/dev/raw/raw9

可以通过建立规则文件，让操作系统能识别裸盘文件。在“/etc/udev/rules.d”目录下新建文件（oscar-rac-rules），内容如下。

```
ACTION=="add" KERNEL=="sdb1", SUBSYSTEM=="block",
PROGRAM=="/usr/lib/udev/scsi_id
--whitelisted --replace-whitespace --device=/dev/$parent", RESULT=="36001405fd2b
a2fe88b04374a997bc8d3", RUN+="/usr/bin/raw /dev/raw/raw1
%N"
ACTION=="add" KERNEL=="sdb2", SUBSYSTEM=="block",
PROGRAM=="/usr/lib/udev/scsi_id
--whitelisted --replace-whitespace --device=/dev/$parent", RESULT=="36001405fd2b
a2fe88b04374a997bc8d3", RUN+="/usr/bin/raw /dev/raw/raw2
%N"
ACTION=="add" KERNEL=="sdb3", SUBSYSTEM=="block",
PROGRAM=="/usr/lib/udev/scsi_id
--whitelisted --replace-whitespace --device=/dev/$parent", RESULT=="36001405fd2b
a2fe88b04374a997bc8d3", RUN+="/usr/bin/raw /dev/raw/raw3
%N"
ACTION=="add" KERNEL=="sdb4", SUBSYSTEM=="block",
PROGRAM=="/usr/lib/udev/scsi_id
--whitelisted --replace-whitespace --device=/dev/$parent", RESULT=="36001405fd2b
a2fe88b04374a997bc8d3", RUN+="/usr/bin/raw /dev/raw/raw4
%N"
ACTION=="add" KERNEL=="sdb5", SUBSYSTEM=="block",
PROGRAM=="/usr/lib/udev/scsi_id
--whitelisted --replace-whitespace --device=/dev/$parent", RESULT=="36001405fd2b
a2fe88b04374a997bc8d3", RUN+="/usr/bin/raw /dev/raw/raw5
%N"
ACTION=="add" KERNEL=="sdb6", SUBSYSTEM=="block",
PROGRAM=="/usr/lib/udev/scsi_id
--whitelisted --replace-whitespace --device=/dev/$parent", RESULT=="36001405fd2b
a2fe88b04374a997bc8d3", RUN+="/usr/bin/raw /dev/raw/raw6
%N"
ACTION=="add" KERNEL=="sdb7", SUBSYSTEM=="block",
PROGRAM=="/usr/lib/udev/scsi_id
--whitelisted --replace-whitespace --device=/dev/$parent", RESULT=="36001405fd2b
a2fe88b04374a997bc8d3", RUN+="/usr/bin/raw /dev/raw/raw7
%N"
ACTION=="add" KERNEL=="sdb8", SUBSYSTEM=="block",
PROGRAM=="/usr/lib/udev/scsi_id
--whitelisted --replace-whitespace -- device=/dev/$parent", RESULT=="36001405fd2
ba2fe88b04374a997bc8d3", RUN+="/usr/bin/raw /dev/raw/raw8 %N"
ACTION=="add" KERNEL=="sdb9", SUBSYSTEM=="block",
PROGRAM=="/usr/lib/udev/scsi_id
--whitelisted --replace-whitespace -- device=/dev/$parent", RESULT=="36001405fd2
ba2fe88b04374a997bc8d3", RUN+="/usr/bin/raw /dev/raw/raw9 %N"
```

以上内容也可通过以下程序实现。

```
for i in 1 2 3 4 5 6 7 8 9 do
echo "ACTION==\"add\" KERNEL==\"sdb$i\", SUBSYSTEM==\"block\",
PROGRAM==\"/usr/lib/udev/scsi_id
--whitelisted --replace-whitespace -- device=/dev/\$parent\", RESULT==\"`/usr/
lib/udev/scsi_id
--whitelisted --replace-whitespace--device=/dev/sdb${i:0:1}`\",
```

```
  RUN+=\"/usr/bin/raw /dev/raw/raw$i %N\""
done;
```

- 重新加载分区：partprobe /dev/sdb。
- 检查配置情况：ls /dev/raw。
- 初始化仲裁盘：oscar-m /dev/raw/raw1。

4.5.2 创建数据库

以创建数据库ractest为例，在集群任意一个节点执行如下命令创建数据库并启动数据库。

```
oscar -e "CREATE DATABASE ractest CONTROLFILE '/dev/raw/raw2' DATAFILE '/dev/raw/raw3' AUDITFILE '/dev/raw/raw4' TEMPFILE '/dev/raw/raw5' LOGFILE THREAD 0 '/dev/raw/raw6' LOGFILE THREAD 1 '/dev/raw/raw7' UNDO TABLESPACE UNDOTS01 DATAFILE '/dev/raw/raw8' UNDO TABLESPACE UNDOTS02 DATAFILE '/dev/raw/raw9'"
oscar -d ractest -o restrict
```

关闭数据库，将本节点上的/opt/ShenTong/admin/system.conf文件（该文件在安装神通数据库共享存储集群软件时已生成）复制到其他节点对应的位置。

4.5.3 配置数据库

修改节点1的/opt/ShenTong/admin/RACTEST.conf文件命令如下。

```
# 仲裁盘路径
VOTE_DISK_PATH='/dev/raw/raw1'
# 本节点的物理 NodeId 是 1 RAC_MY_NODE_ID=1
# 集群节点列表：格式是"物理 NodeId: ip"，不同节点间以逗号分隔。这里要建立 2 个节点，因此此处写了 2 个节点的 IP 和物理 NodeId。RAC_NODE_LIST='1:192.168.1.21,2:192.168.1.22'
# 本节点使用的 Redo 日志设置为 0，对应创建数据库时使用"LOGFILE THREAD 0 "创建的 Redo 日志
RAC_LOG_THREAD_ID=0
# 本节点使用的 undo 表空间的名字
UNDO_TABLESPACE=UNDOTS01
# 查询端口
PORT=2003
```

修改节点2的/opt/ShenTong/admin/RACTEST.conf文件命令如下。

```
# 仲裁盘路径
VOTE_DISK_PATH='/dev/raw/raw1'
# 本节点的物理 NodeId 是 2 RAC_MY_NODE_ID=2
# 集群节点列表：格式是"物理 NodeId: ip"，不同节点间以逗号分隔。这里要建立 2 个节点，因此此处写了 2 个节点的 IP 和物理 NodeId。RAC_NODE_LIST='1:192.168.1.21,2:192.168.1.22'
# 本节点使用的Redo 日志设置为 1，对应创建数据库时使用"LOGFILE THREAD 1"创建的Redo 日志
RAC_LOG_THREAD_ID=1
# 本节点使用的 undo 表空间的名字
UNDO_TABLESPACE=UNDOTS02
# 查询端口
PORT=2003
```

4.5.4 启动集群

在各节点上分别执行以下命令。

```
systemctl start oscardb_RACTESTd
```

或者

```
service oscardb_RACTESTd start
```

或者

```
oscar -o normal -d ractest
```

如果后台信息出现“Sent The Database Starting Message to Agent”字样，说明数据库启动成功，此时可以通过 isql 工具或 SQL 交互工具连接到任意一个节点，查看系统视图，验证集群状态：select * from v_sys_rac_node_info。

第 5 章

东方通中间件应用服务器集群

5.1 东方通中间件应用服务器集群概述

随着信息化的快速发展，复杂业务系统对服务器的可靠性和可维护性提出了新的要求，原有的国产中间件产品已不能满足党政办公业务系统和国民经济关键领域中不同系统的要求。

为了满足高并发性、高访问量、高使用频次等的应用需求，需要在原有国产中间件产品的基础上，进行中间件架构的重新规划和设计，构建新的应用服务器集群架构，提炼其中的关键技术和核心功能，进而构建统一的国产基础软件集群平台。

5.2 东方通中间件应用服务器集群核心技术介绍

本节详细介绍东方通中间件应用服务器（TongWeb）集群所涉及的核心技术，包括分布式内存网格、亲和与非亲和模式、集群失效管理，以及数据源性能优化 4 种技术。

5.2.1 分布式内存网格

分布式内存网格主要包括分布式备份、数据分区存储、内存网格集群节点选举与扩展、内存网格数据一致性系统 4 部分。

1. 分布式备份

分布式内存网格将应用实例的状态数据独立于应用实例而存储，以满足多个应用实例可以共享数据的需求，同时可对数据进行备份，以保证数据的安全性。分布式存储系统在逻辑概念和实际部署上由多个节点组成，一个节点的主数据被均匀地分到其他节点上进行备份存储，其原理是将一个节点的主数据拆分成差不多大小的备份数据块分布到集群中的其他节点上进行备份。例如，在一个 50 个节点的分布式存储系统集群中，每个节点要存储 20GB 的主数据和 20GB 的备份数据，此时，任何一个节点的主数据都会被分成 20GB/49 大小的 49 份，由剩余的 49 个节点来分别进行备份。

在此设计方案下，集群中的任意一个节点下线都无须重新配置集群就可以保持均衡，并且数据不会丢失。随着新节点加入集群中，分布式存储系统集群会慢慢地将数据迁移到新节点上来，以使集群中所有节点上的数据重新保持均衡，数据的分布式存储如图 5-1 所示（由于用图片形式将 50 个节点都画出难度较大，此处仅用 4 个节点做简单说明）。

分布式内存网格通过将企业应用运行时的数据存储到独立的外部空间，实现了不同企业应用共享数据的能力，进而有利于企业应用的横向扩展。同时，分布式存储系统可有效地提供数据的备份能力，增强企业应用中数据的安全性。

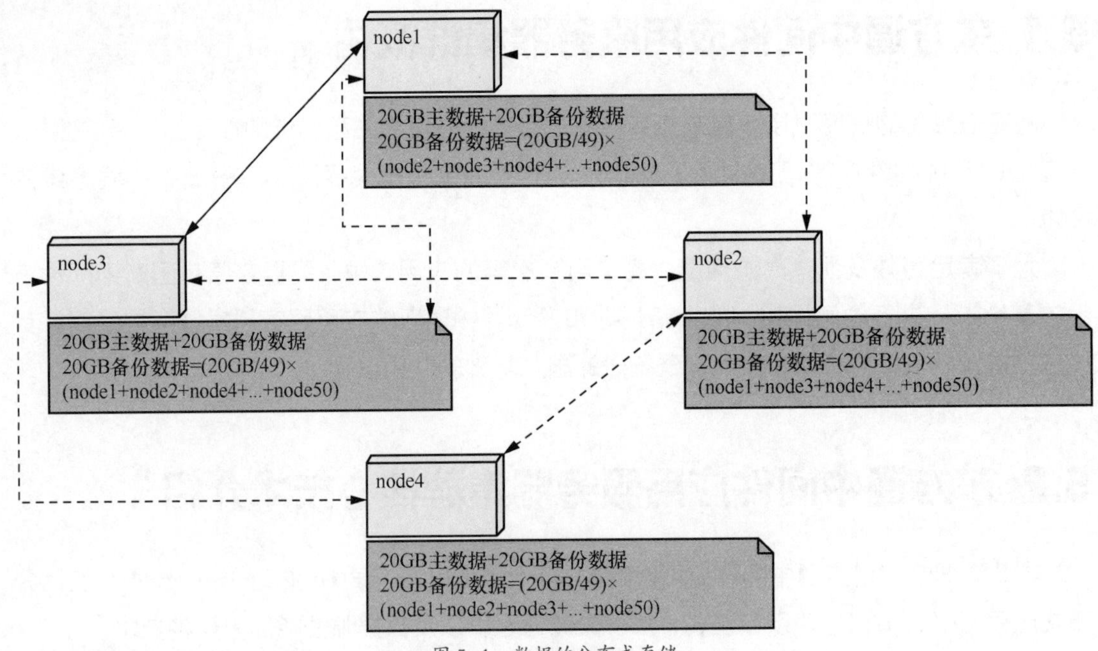

图 5-1 数据的分布式存储

2. 数据分区存储

分布式内存网格在网格内部采用分区存储模型。默认分为若干个分区，将分区副本分布到集群的不同节点上，通过数据冗余提高可靠性。假如给定一个 key，在分布式内存网格中查找 key 对应数据的过程如图 5-2 所示。

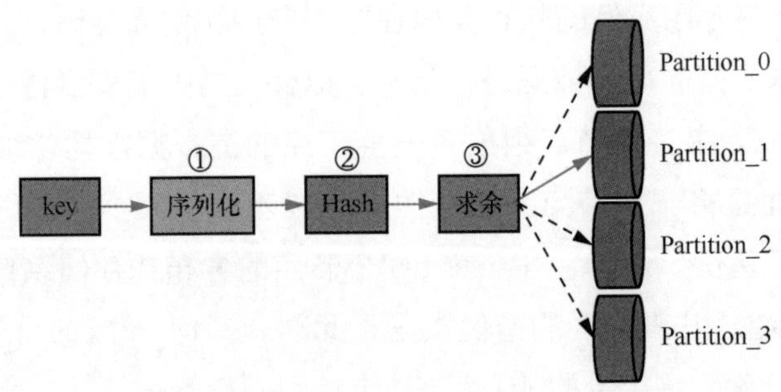

图 5-2 key 对应数据的查找过程

① 将 key 序列化为 byte 数组。

② 计算 byte 数组的哈希（Hash）值。

③ 哈希值与分区数求余，得到分区 ID。

在分布式内存网格中只有一个节点的条件下，分区分布如图 5-3 所示。

分布式内存网格新增加一个节点后，分区分布如图 5-4 所示。

分布式内存网格启动一个节点时，该节点会自动创建一个分区表。分区表存储分区 ID 和集群内其他节点的信息。分区表的主要目的是让集群内的所有节点（包括轻量节点）了解分区信息，确保每个节点都知道数据存储在哪个分区、哪个节点上。最早加入集群的节点周期性地向集群内其他节点发送分区表，这样当分区关系发生变化时，集群内的所有节点都可以感知该变化。当一个节点加入或离开集群时，分区关系就会发生变化。

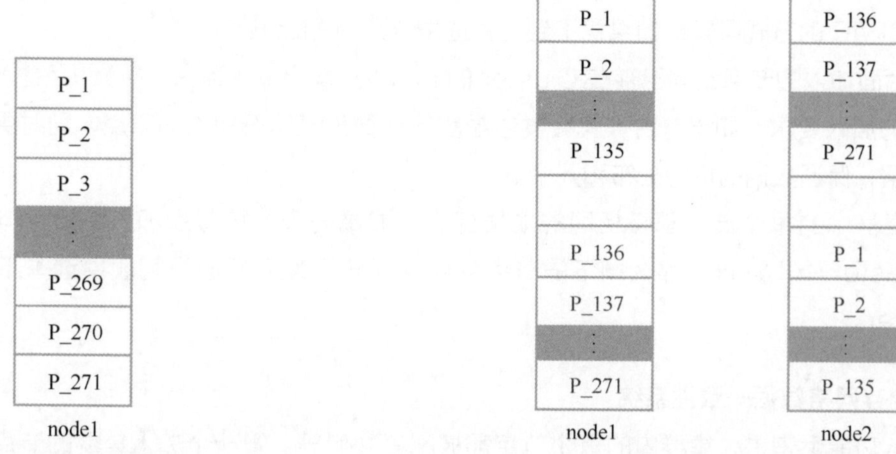

图 5-3 单节点分区分布

图 5-4 两节点分区分布

当集群内最早加入的节点出现了故障时，剩余节点中最早加入集群的节点负责周期性地向其他节点发送分区表。

当一个新的节点加入集群后，会重新进行分区。最早加入集群的节点会更新分区表，并将更新后的分区表发送给集群内其他节点。轻量节点加入集群不会触发重分区动作，因为轻量节点主要执行计算任务，本身不保存任何分区数据。

3. 内存网格集群节点选举与扩展

通常，架构的做法是在靠近数据库的地方保存一份数据的备份，大多时候采用外部 K-V 存储技术或二级缓存方案来降低数据库的访问压力。然而，当数据的性能达到极限或应用程序更多的请求是写请求时，这种方案对降低数据库的访问压力起不到作用，因为不管是 K-V 存储技术还是二级缓存方案都只能降低数据库的读压力。另外，即便应用程序的大多数请求是读请求，上述方案也有很多问题，比如数据变化对缓存的影响是什么、缓存如何处理数据变化，在这种条件下便出现了缓存存活时间（Time To Live,TTL）和直写（Write-through）缓存的概念。

一方面，如果访问的间隔比 TTL 的短（若 TTL 为 30s，每次请求间隔为 35s），则每次访问的数据都不在缓存中，都需要从数据库读取数据，因此，缓存每次都被穿透。另一方面，考虑直写缓存场景，如果集群中缓存的数据有多份，同样会面临数据不一致的问题。数据不一致的问题可以通过节点间的互相通信解决，当一个数据不可用时，该消息可以在集群内的节点之间传播。

基于 TTL 和直写缓存，目前已经有了缓存服务器和内存数据库等。理论上，可以基于 TTL 和直写缓存设计一个理想的缓存模型。然而，这些解决方案通过其他技术提供分布式机制的独立单机实例，本质不是分布式集群，只是通过其他技术附加了集群特性。如果产品是单节点，或者发行版没有提供一致性，总有一天会遇到容量问题。

一开始还没有节点，第一个启动的节点会先寻找其他节点，这里会根据配置的寻找机制进行寻找。如果是 MULTICAST，就用 MULTICAST 的方式寻找；如果是 TCP/IP，就用 TCP/IP 的方式寻找。如果找不到，就选举自己为 Master。

后面加入的节点会向已存在 Cluster 的 Master 发出加入请求，Master 检测是否符合集群的加入要求，如果符合，就会发送最新的成员列表给新加入的节点，同时更新集群中的数据，保证数据的均匀分布和冗余。

集群中的每个节点都有相同的成员列表，成员列表是按节点加入的顺序排好的。如果 Master 停止运行，那么剩下的节点会收到通知，然后从成员列表中选举下一个作为 Master。

4．内存网格数据一致性系统

从功能上来讲，集群内的每个节点都被配置为对等。第一个加入集群的节点负责管理集群内的其他节点，如数据自动平衡、分区表更新广播。如果第一个节点下线，那么，第二个加入集群的节点负责管理集群的其他节点。节点故障切换方式如图 5-5 所示。

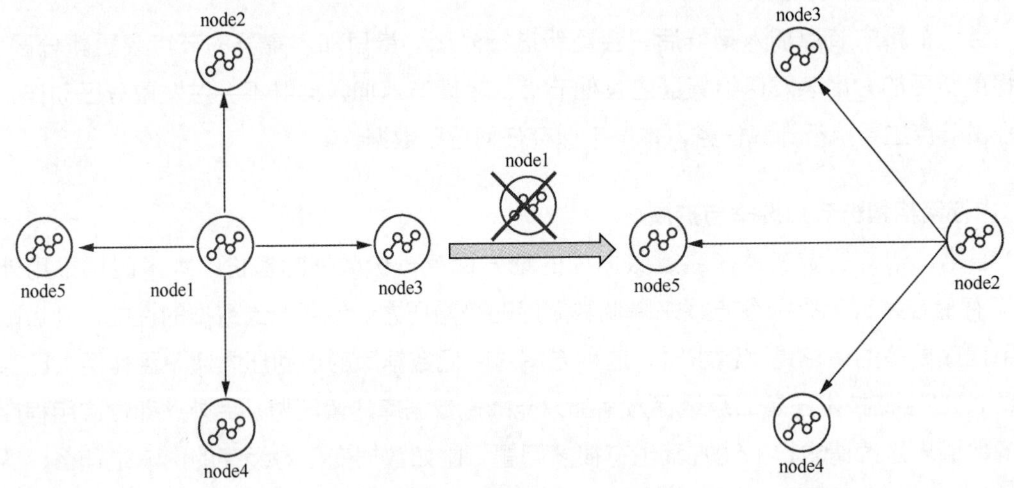

图 5-5　节点故障切换方式

数据完全基于内存进行存储，所以访问速度快。由于内存网格将数据的副本分布到集群中的其他节点上，所以在故障条件（节点宕机）下也不会有数据丢失。内存网格提供多种分布式数据结构和分布式计算工具增强集群内存的分布式访问能力，通过充分利用 CPU 运算能力使分布式计算的速度最大化。

5.2.2 亲和与非亲和模式

由于亲和模式下同一个会话数据总是发送到后端的同一个服务器节点上，这就避免了数据的状态检查、远程同步等性能消耗。服务器节点总是在当前内存中保持了最新状态的会话数据，因此可以在会话请求处理过程中快速地进行数据相关的处理，进而提升业务系统的整体性能。

服务器支持亲和模式可大幅提升企业应用的会话处理性能，同时在亲和模式的基础上具备了数据库事务处理的便捷性和高效性。整体上讲，亲和模式给企业应用提供了一个高效、简单、稳定的运行环境。

与亲和模式相对应的是非亲和模式，其特点是可能将同一个客户端的会话发送到不同的服务器节点上进行处理。该模式会按照某种策略进行请求的转发，这通常可以保持后端服务器节点的均衡处理，同时由于不需要维持客户端与后端服务器节点的关系，可以节省部分存储和计算的开销。

非亲和集群通常由 3 部分组成：负载均衡服务器、应用服务器节点和缓存节点。负载均衡服务器用于进行业务请求的转发，应用服务器节点用于进行业务计算，缓存节点用于共享业务数据存储。当负载均衡服务器将请求发送到应用服务器节点时，应用服务器节点并不能确定本地内存中的数据是否是最新状态的数据，因此需要通过数据版本号机制和缓存节点来获取最新状态的数据，同时在数据状态发生变化后主动更新缓存节点的数据。

为了保证非亲和模式下数据的强一致性，非亲和集群还提供了完全放弃本地内存的可选方案，通过直接读写缓存集群节点中的数据来最大程度地保护数据的一致性。更严格地讲，非亲和集群还提供了分布式锁机制，可以在极端 Ajax 并发下依然保证应用状态数据的强一致性。

5.2.3 集群失效管理

集群失效管理旨在解决集群中的服务器节点由于某些原因宕机后服务中断的问题。集群失效管理通过集群之间的状态同步或数据共享，确保集群中某一台服务器宕机之后，活跃的服务器节点依然可以使用到准确、一致的数据并继续对外提供服务，确保应用系统正常工作。

集群失效管理包括两方面的内容，一方面是服务节点失效后，请求可以发送到其他存活节点进行接替处理，另一方面是接替的服务节点可以准确地获悉数据的最新状态以继续之前的业务逻辑或事务逻辑处理过程，其中包括存活性检测、数据分布式存储与备份、一致性保证机制等技术。

5.2.4 数据源性能优化

应用服务器与数据库的通信点主要包括应用的业务操作和应用服务器的事务处理两部分，而应用的业务操作是由应用逻辑代码控制的，涉及具体的业务逻辑，不能进行优化调整，因此，只能在应用服务器的事务处理过程中进行优化。应用服务器的事务处理采用的是二阶段协议，处理过程中与数据库的通信点包括预提交、提交、回滚等，且每个事务分支都要进行同样的过程。可行的优化方案有两点要求，一是判断是否存在只读事务分支，如果存在，则不进行二阶段协议以降低应用服务器与数据库的通信频率，二是将同一个数据库下的多个事务分支进行分支合并，通过事务分支合并以进一步减少网络通信过程，以此达到优化数据源性能的目标。整体方案的设计如图 5-6 所示。

通过对只读事务的鉴别以省去不必要的二阶段处理过程，以及对同一个数据库下的事务分支进行合并，降低了进程间网络通信的频率，达到了预期的优化数据源性能的效果。由于数据源性能得到提升，企业应用的整体业务处理性能也会大幅提升。

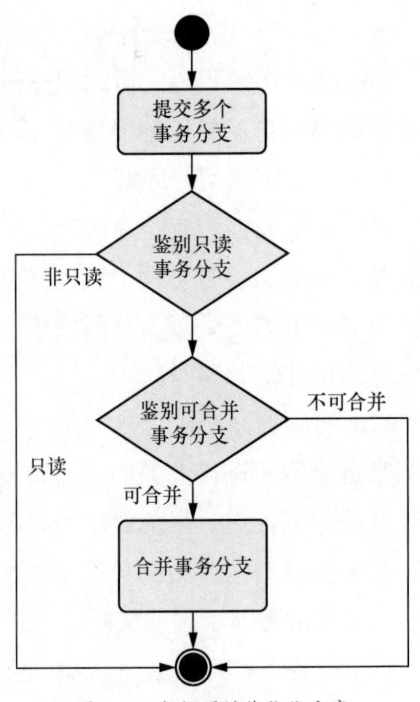

图 5-6　数据源性能优化方案

5.3 功能实现

本节详细介绍东方通中间件应用服务器集群的功能实现。

5.3.1 动态与静态数据分离部署系统

随着客户端并发压力的不断增大，单机系统已经无法满足需求，必须采用集群模式来应对更大的压力，但是即使使用集群模式来分担负载，在越来越大的压力下，请求响应时间还是会变得很慢，这是因为用户请求中包含了复杂的内容，既有静态资源，如图片、文本、CSS 等，也有动态资源，如 JSP。由于这些目标资源都要经过完整的请求处理流程，随着客户端并发压力的不断增大导致请求响应时间成倍增长。而本质上，静态资源是不变的，不需要根据运行时的参数进行计算，也就不需要走完整的请求处理流程才能得到结果。如果能将动态资源和静态资源分离部署，静态资源直接从静态资源系统中返回，那么系统的整体响应时间会大幅减少，从而提升系统整体的处理能力。因此需要开发集群动态数据和静态数据分离部署系统，来提升集群的处理能力。

集群动态数据和静态数据分离部署系统总体架构如图 5-7 所示。

当用户请求中既包含动态资源又包含静态资源时，可以大大降低系统的冗余调用，从而缩短整体的请求响应时间。

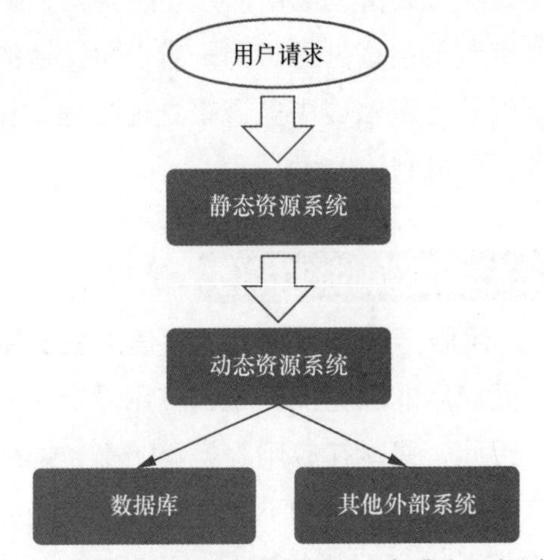

图 5-7　集群动态数据和静态数据分离部署系统总体架构

5.3.2 数据源客户端集群

在现代企业的应用系统中，高并发、大用户量场景下最大的瓶颈就是数据库的操作。如今已有非常多数据库优化的技术手段，如读写分离、搭建数据库集群、慢查询优化、调整业务逻辑、引入缓存等。其中，读写分离是相对最有效的优化手段。

读写分离技术的基本原理是让主数据库处理事务性操作，而从数据库处理查询操作。复制数据库把事务性操作导致的变更同步到集群中的从数据库，从而使从数据库和主数据库的数据保持一致。当然，主数据库也可以提供查询服务。因此，需要研制一套数据源集群，而为了不受限于数据库本身的集群实现机制，要基于中间件数据源客户端集群来实现。

数据源客户端集群的架构如图 5-8 所示。

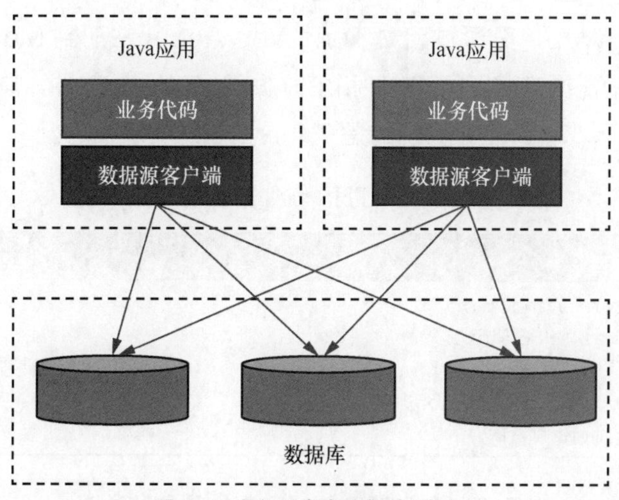

图 5-8 数据源客户端集群的架构

数据源客户端集群通过一个数据源客户端，将多个数据库引用绑定到一个路由表中，这里面每个数据库也可以是一个数据库集群，即该客户端集群可以同时绑定多个已购数据库集群，而不限定只能使用一种数据库来搭建集群。

5.3.3 集群通信框架

集群通信框架旨在实现一个通用的数据传输模型，以在集群中的各节点之间进行安全、可靠、高效的数据传输。集群通信框架可以将集群业务中的数据处理部分和数据传输部分进行分离，以降低它们之间的耦合性并提高集群整体的稳定性、可维护性和可扩展性。

集群通信框架工作在业务系统的下层，为业务系统提供透明、安全、可靠的通信机制，使业务系统聚焦业务逻辑处理而无须关心通信层面的细节。集群通信框架可加快业务系统的开发速度，提高业务系统的稳定性，便于提升负载均衡、集群消息、分布式处理、动态节点伸缩等企业应用能力。

5.4 使用 / 操作说明

本节介绍东方通中间件应用服务器集群的使用 / 操作说明。

5.4.1 基础环境搭建

本小节详细介绍 TongWeb 集群环境的搭建，包括 TongWeb 的安装、负载均衡服务器（THS）的安装和会话缓存服务器（TDG）的安装。

1. 组建 TongWeb 集群的前期准备

组建 TongWeb 集群需要用到 THS 和 TDG，如果 THS 和 TDG 安装在和 Master 主机不同的机器上，并且需要用 Master 管理，那么在安装 THS 和 TDG 的机器上需要同时安装企业版 TongWeb，再通过启动 TongWeb Agent 注册到 Master 上。因此，组建 TongWeb 集群前需要安装 THS 软件和企业版 TongWeb 软件，具体安装说明分别如表 5-1 和表 5-2 所示。表 5-2 中列出的是 7.0 企业版的安装说明。

表 5-1　THS 软件安装说明

软件包	说明
THS_win.rar（Windows） THS_x86.tar.gz（x86 Linux） THS_arm.tar.gz（飞腾、鲲鹏 ARM Linux） THS_longxin.tar.gz（龙芯 Linux） THS_aix.tar.gz（AIX）	THS 安装程序

表 5-2　企业版 TongWeb 软件安装说明

软件包	Java 环境	说明
Install_TW7.0.x.x_Enterprise_Windows.exe（Windows） Install_TW7.0.x.x_Enterprise_Linux.bin（Linux） TongWeb_7.0.x.x_Enterprise_Windows.tar.gz（免安装 Windows） TongWeb_7.0.x.x_Enterprise_Linux.tar.gz（免安装 Linux）	JDK1.7 以上	TongWeb 企业版安装程序包含自带的 TongDataGrid

2. THS 的安装及启动

THS 在 Linux 上安装及启动的过程如下。

（1）THS 在 Linux 上的安装。

以安装路径“/home/test/THS”为例，安装过程如下。

1）在目标安装路径“/home/test/”下直接通过命令行进行解压。

```
tar zxvf THS_xxx.tar.gz
```

2）将 THS 的 license.dat 放在 THS 根目录下：/home/test/THS。

3）切换到目标安装目录，增加可执行权限。

```
cd /home/test/THS/bin
chmod +x *.sh
```

（2）在 Linux 上启动 THS 各模块。

- 启动主程序：在 /home/test/THS/bin 目录下，运行 start.sh 脚本。

```
[root@Machine03 bin]#sh start.sh
Woftware version: TongHttpServer/6.0.0.1 Build at Dec 07 2022 13:46:57
Httpserver start success
```

- 启动 HA 程序：在 /home/test/THS/bin 目录下，运行 startHA.sh 脚本。

```
[root@Machine03 bin]#sh startHA.sh
```

- 启动 Web 控制台：在 /home/test/THS/Web 目录下，运行 startConsole.sh 脚本。

若 startConsole.sh 不带参数，则默认为 0.0.0.0：8000（表示监听本地所有 IP 的 8000 端口）。

```
[root@Machine03 web]#sh startConsole.sh -i127.0.0.1 -p8001（注：-i 指定需要监听的地址，-p 指定端口）
```

（3）在 Linux 上停止 THS 各模块。

- 停止主程序：在 /home/test/THS/bin 目录下，运行 start.sh 脚本（带 stop 参数）。

```
[root@Machine03 bin]#sh start.sh stop
```

- 停止 HA 程序：在 /home/test/THS/bin 目录下，运行 startHA.sh 脚本（带 stop 参数）。

```
[root@Machine03 bin]#sh startHA.sh stop
```

- 停止 Web 控制台：在 /home/test/THS/Web 目录下，运行 startConsole.sh 脚本（带 stop 参数）。

```
[root@Machine03 web]#sh startConsole.sh stop
```

（4）登录 THS Web 管理控制台。

THS 提供 Web 管理控制台对 THS 进行配置，启动 Web 管理控制台后，登录 THS Web 管理控制台。

http://<TongHttpServerIP>:8000，初始账户为 admin，密码为 ths#123.com。

3. 企业版 TongWeb 的安装及启动

企业版 TongWeb 包含自带的 TDG，其位于 /TongDataGrid 目录下。安装企业版 TongWeb 后，TDG 是默认安装的。

TongWeb 在 Linux 上的安装及启动过程如下。

（1）TongWeb 在 Linux 上的安装。

如果 Linux 操作系统上开启了图形界面功能，直接执行安装程序。

```
sh Install_TW7. *.*.*_Enterprise_Liunx.bin
```

如果没有开启图形界面功能，需要通过命令行安装。

```
[root@a4 TongWeb7]# sh Install_TW7.x.x.x_Enterprise_Liunx.bin -i console
正在准备进行安装
正在从安装程序档案中提取安装资源 ...
配置该系统环境的安装程序 ...

正在启动安装程序 ...
......
......
安装完成
----
恭喜! TongWeb7.0 Enterprise 已成功地安装到:
   /root/TongWeb7
按 <ENTER> 键以退出安装程序 :
```

（2）安装 License。

安装 License 时，将 TongWeb 产品光盘中的 license.dat 文件复制到安装完成的 TongWeb 根目录下即可。

（3）TongWeb 在 Linux 上的启动。

在 TW_HOME/bin 目录下，通过 sh startserver.sh 启动应用服务器，也可以通过 sh startservernohup.sh 以后台运行的方式启动应用服务器。执行启动命令后，日志输出如下。

```
[2020-12-15 11:06:17 585] [INFO] [main] [core] [TongWeb server startup complete in 65778 ms.]
[2020-12-15 11:06:17 585] [INFO] [main] [systemout] [System.out is closed!]
```

（4）登录 TongWeb 管理控制台。

TongWeb 管理控制台是应用服务器提供的图形管理工具，它允许系统管理员以 Web 方式管理系统服务、应用，监控系统信息等。登录 TongWeb 管理控制台 http://<TongWebServerIP>:9060/console，用户名为 thanos，密码为 thanos123.com。

（5）登录 TongWeb 集中管理工具控制台。

TongWeb 集中管理工具控制台是应用服务器提供的图形管理工具，它允许系统管理员以 Web 方式配置集群，管理系统服务、应用，监控系统信息等。登录 TongWeb 集中管理工具控制台 http://<TongWebServerIP>:9060/heimdall，用户名为 rig，密码为 rig123.com。

注意 首次登录两个控制台都需要更改默认密码。

4．快速搭建运行环境

TongWeb 提供集中管理工具对 THS 和 TDG 进行配置。集中管理工具是企业版 TongWeb 提供的一个 B/S 架构的管理工具，让用户在企业生产环境中可以方便地管理和配置多个 TongWeb 实例，以及方便地组建 TongWeb 集群。

按照以下步骤可快速搭建一个集中管理工具运行环境（以 Linux 操作系统为例）。

（1）启动集中管理工具 Master。

在 Master 所在机器的 TW_HOME/bin 目录下，执行 sh startservernohup.sh，启动 TongWeb。

（2）登录集中管理工具控制台。

1）打开浏览器（推荐使用 Firefox 或 IE8 及以上版本），访问 http://<localhost>:9060/heimdall/，默认用户名为 rig，默认密码为 rig123.com。

> **注意** 因为是在 Master 所在主机上的访问，所以是 localhost。如果从其他主机上访问，应该把 localhost 改为 Master 所在主机的 IP。

2）登录集中管理工具控制台后，浏览器默认显示集中管理工具的首页，如图 5-9 所示。首页以图表的形式显示了受管理的节点代理、集群、TongWeb、应用、JDBC 数据源的数量信息，并提供了相应的超链接。同时，以文字的形式显示了 Master 信息、JDK 信息及 License 信息。

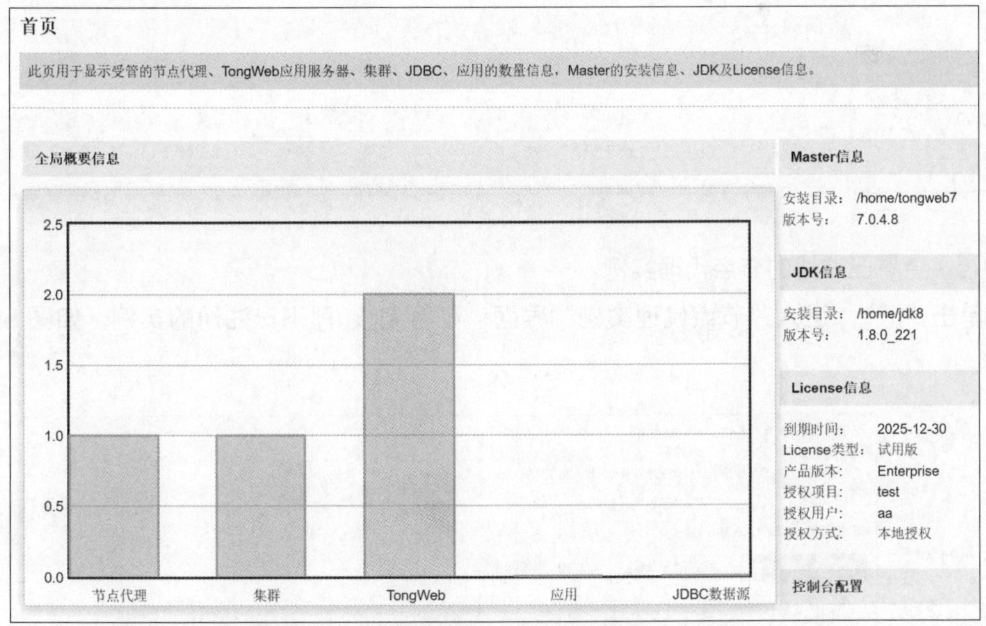

图 5-9 TongWeb 集中管理工具首页

（3）添加 TongWeb/THS/TDG 机器上的代理节点。

TongWeb 代理节点采用自动注册到 Master 的方式。

1）编辑 TW_HOME/Agent/config 目录下的 agent.xml 文件，修改 <masterIP>

和 <masterPort> 信息，其分别为 Master 主机所在的 IP 地址和端口（默认是注册到 Master 的 9060 端口）。

```
[root@a4 config]# more agent.xml
<?xml version="1.0" encoding="UTF-8" standalone="yes"?>
<configFile>
    <agentPort>7070</agentPort>
    <fileReceiverPort>19090</fileReceiverPort>
    <masterIp>172.17.0.1</masterIp>
    <masterPort>9060</masterPort>
</configFile>
```

2）启动 TongWeb/THS /TDG 机器上的代理节点，在 TW_HOME/Agent/bin 下执行启动脚本 sh start.sh，启动完成后，输出如下。

```
[root@Machine04 bin]# cd /root/TongWeb7.0/Agent/bin
[root@Machine04 bin]# sh start.sh
2020-12-14 16:51:50 INFO  Agent Server starts at port [7070]
2020-12-14 16:51:50 INFO  Agent Server startup in 1145 ms
```

（4）查看已注册的节点代理。

展开集中管理工具左侧导航栏中的“节点管理”，单击“节点代理”，进入“节点代理”界面，可在这里看到已注册的节点代理，如图 5-10 所示。

TongWeb 集中管理工具

首页
License信息
服务器管理
节点管理
节点代理
阈值设定
JDBC配置
应用管理

节点代理 节点代理管理

节点代理管理显示注册到管理服务器上的节点，可进行编辑、删除等操作。

删除 刷新 搜索

	IP	路径	状态	内存占用	CPU使用
☐	172.17.0.1	/home/tongweb7/Agent	超负荷	98.1%	2.0%

上一页 1

图 5-10　已注册的节点代理

（5）查看已注册的节点代理实例。

单击“IP”，进入“节点代理实例”界面，可看到该 IP 下已注册的实例，如图 5-11 所示。

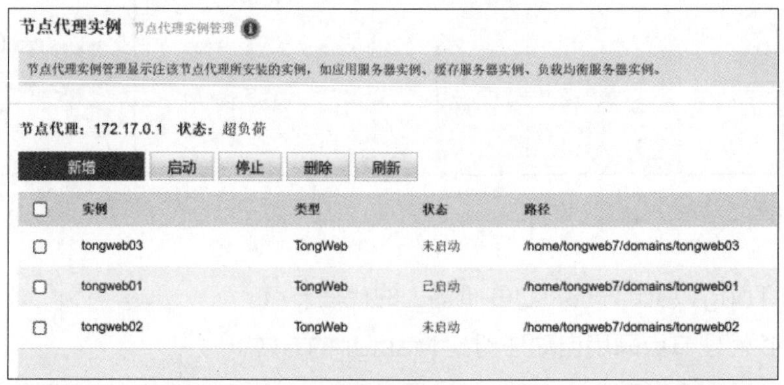

图 5-11　已注册的节点代理实例

（6）查看已注册的 TongWeb 实例。

TongWeb 实例注册可采用自动注册和手动注册的方式，如果该计算机上已经启动代理节点，在该计算机上启动 TongWeb 实例以后，会自动注册到集中管理工具上。展开集中管理工具中的“服务器管理”，进入“服务器管理”界面，可看到已注册的 TongWeb 实例，如图 5-12 所示。

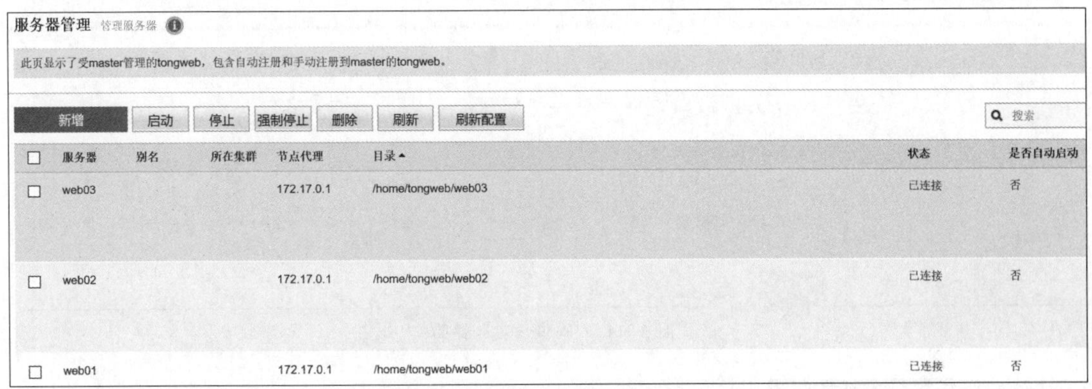

图 5-12 已注册的 TongWeb 实例

5. License 信息

从集中管理工具左侧的导航栏中选择“License 信息”，进入“License 信息”界面，界面将统一展示 Master 及受管理的 TongWeb 的 License 信息，内容包括服务器、License 类型、产品版本、授权项目、到期时间，如图 5-13 所示。

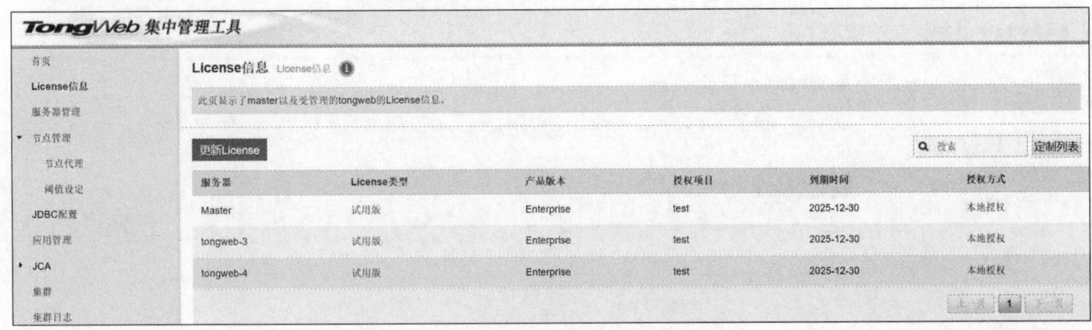

图 5-13 “License 信息”界面

6. 节点管理

节点管理包括节点代理和阈值设定。

（1）节点代理。

展开集中管理工具左侧导航栏中的“节点管理”，单击“节点代理”，进入“节点代理”界面，在该界面可以查看已注册到此的所有节点代理，并显示各节点代理所在计算机的 IP、路径、状态、内存占用、CPU 使用等信息。

在“节点代理”界面，单击具体的节点代理可进入“节点代理实例”界面，该界面显示了节点代理所管理的所有实例，可以查看具体实例的类型、状态、路径和所属集群信息，并对具体实例进行启动、停止和删除操作。

（2）阈值设定。

展开集中管理工具左侧导航栏中的“节点管理”，单击“阈值设定”，进入“阈值设定”界面，该界面用于设定节点代理所在计算机的内存和CPU占用预警阈值，如图5-14所示。

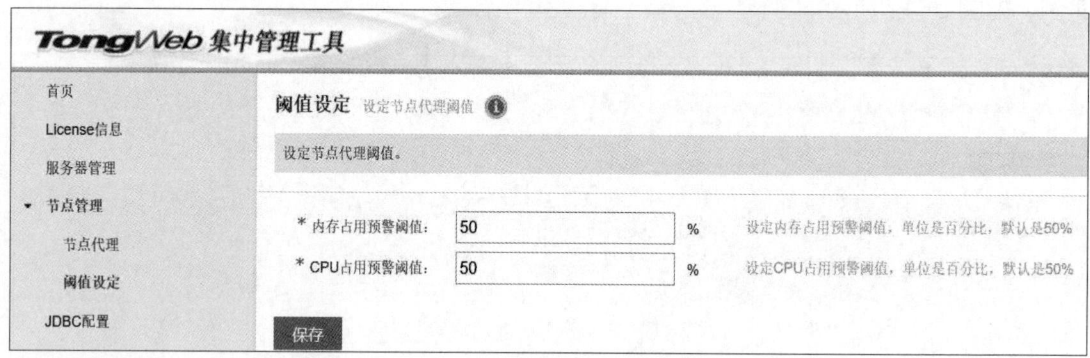

图5-14 “阈值设定”界面

5.4.2 集群管理与配置

1. 创建集群

使用集中管理工具创建一个TongWeb集群的步骤如下。

（1）从集中管理工具左侧的导航栏中选择“集群”，进入“集群管理”界面，如图5-15所示。

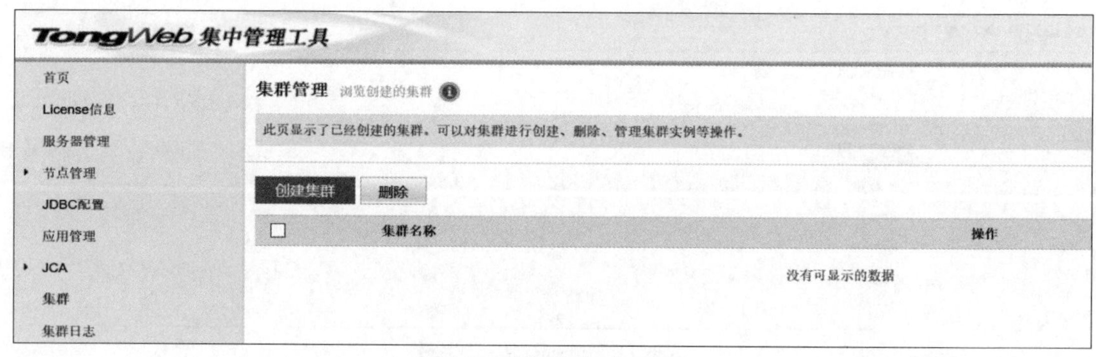

图5-15 “集群管理”界面

（2）单击“创建集群”按钮，进入“集群及session复制”界面，在其中对各项进行设置，如图5-16所示。

1）集群名称：集群的唯一标识，新建的集群名称不能与已创建的集群名称相同。名称可由数字、字母、下划线和“-”组成，首字符为英文。

2）是否开启session复制：默认不开启，开启后可以继续进行会话服务器配置，这里选择开启。

3）选择节点及创建份数（创建会话服务器配置）：可以通过复选框选择需要创建会话服务器的目标节点，同时可以设置创建的份数。选择节点并设置份数后，创建集群时集中管理工具会自动在指定的节点上创建好会话服务器。

创建集群页面。
返回 集群创建
1 集群及session复制 2 负载均衡服务器设置 3 静态服务器设置
* 集群名称 Cluster1
是否开启session复制 开启 开启session复制并可以设置会话服务器在节点上的份数
选择节点及创建份数 选择类型 TDG

	节点	状态	增加份数
☑	172.17.0.1	超负荷	2

上一步 下一步 取消

图 5-16 “集群及 session 复制”界面

（3）单击“下一步”按钮，进入“负载均衡服务器设置”界面，在其中对各项进行设置，如图 5-17 所示，这里选择一个已安装的负载均衡服务器。

1）是否使用负载均衡器：开启使用负载均衡服务器。最多能选择两个节点（作为高可用主备节点），负载均衡服务器仅支持 THS。

2）是否开启智能路由：开启集群智能路由功能。

3）智能路由策略：一种是自动策略，由智能组件完成决策后自动执行；另一种是手动策略，智能组件完成决策后需要人工执行。

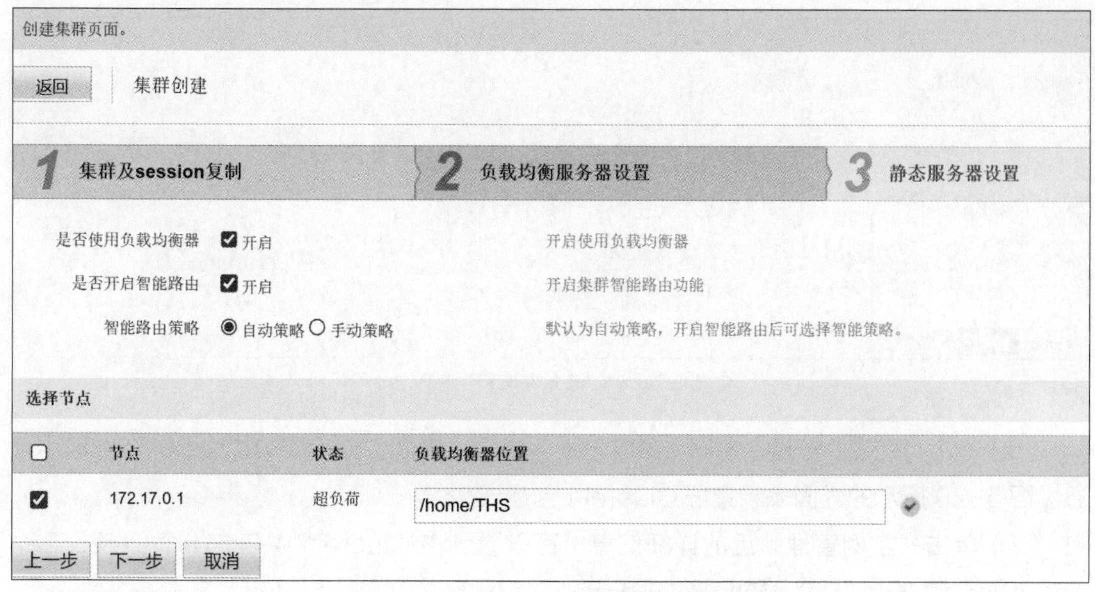

图 5-17 “负载均衡服务器设置”界面

（4）单击“下一步”按钮，进入“静态服务器设置”界面，如图 5-18 所示。

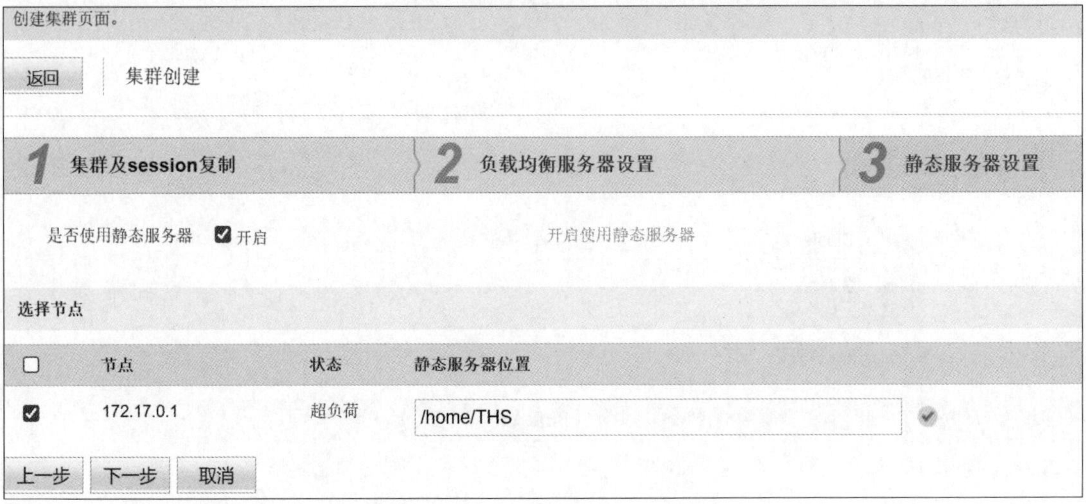

图 5-18 “静态服务器设置”界面

静态服务器用于动静分离部署场景，也就是当部署一个应用时选择动静分离部署，则会将静态资源部署到静态服务器上，使静态资源请求处理性能明显提升。静态服务器仅支持 THS。

（5）单击“下一步”按钮，进入“服务器设置”界面，如图 5-19 所示。

选择节点及创建份数：通过勾选复选框选择需要创建服务器的目标节点（指注册到 Master 且是已连接状态的节点），并设置创建的份数。选择了节点并设置份数后，创建集群时集中管理工具会自动在指定的节点上创建好服务器。图 5-19 所示的服务器在 1 个节点上的份数为 2。

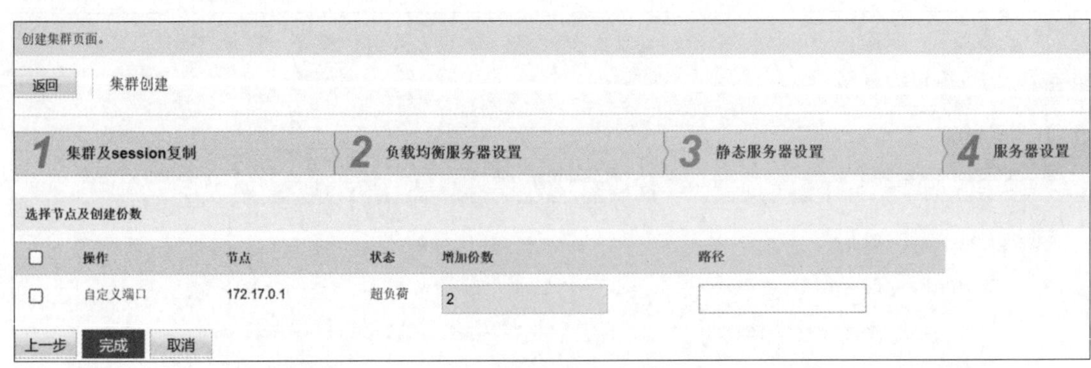

图 5-19 “服务器设置”界面

（6）单击“完成”按钮，返回“集群管理”界面，界面会显示成功或失败的详细提示信息。图 5-20 所示的界面表示集群 Cluster1 创建成功。

（7）单击“实例管理”后的详细信息，可以看到该 Cluster1 中包含 1 个 THS、2 个 TongWeb 和 2 个 TDG，如图 5-21 所示。

图 5-20　集群 Cluster1 创建成功

（1）集群 Cluster1 中会话服务器管理

（2）集群 Cluster1 中负载均衡服务器管理

图 5-21　集群 Cluster1 实例管理

2. 验证集群功能

（1）验证集群 Session 亲和。

验证集群 Session 亲和的具体操作步骤如下。

1）在 THS 上默认配置为基于客户端 IP 的集群 Session 亲和。

2）创建集群 Cluster1 时，会话服务器集群配置里不勾选“是否开启 session 复制”。

3）启动集群 Cluster1 下的 TongWeb、会话服务器、负载均衡服务器，无先后顺序要求。

4）部署一个带 Session 操作的应用到集群 Cluster1 上，例如：

```
TW_HOME/samples/servletjsp-samples/servletjsp-tomcatexamples/TC_examples.war
```

5）通过 THS 访问应用，例如：

```
http://<THServerIP>:<THServerPort>/TC_examples/servlets/servlet/SessionExample
```

6）输入 SessionNAME 和值，查看该次请求被转发到了哪个 TongWeb 上。

7）停止此 TongWeb，再访问应用。请求应该被转发到了另一个 TongWeb 上，但 SessionID 会变化，并且无法获取之前输入的 SessionNAME 和值。

（2）验证集群 Session 复制。

验证集群 Session 复制的具体操作步骤如下。

1）在 THS 上默认配置为基于客户端 IP 的集群 Session 亲和。

2）创建集群 Cluster1 时，会话服务器集群配置里勾选“是否开启 session 复制”。

3）启动集群 Cluster1 下的 TongWeb、会话服务器、负载均衡服务器，无先后顺序要求。

4）部署一个带 Session 操作的应用到集群 Cluster1 上，例如：

```
TW_HOME/samples/servletjsp-samples/servletjsp-tomcatexamples/TC_examples.war
```

5）通过 THS 访问应用，例如：

```
http://<THServerIP>:<THServerPort>/TC_examples/servlets/servlet/SessionExample
```

6）输入 SessionNAME 和值，查看该次请求被转发到了哪个 TongWeb 上。

7）停止此 TongWeb，再访问应用。请求应该被转发到了另一个 TongWeb 上，SessionID 保持不变，并且 SessionNAME 和值也不会丢失。

8）如果此时 Session 信息丢失，说明 Session 复制不成功，需要重新检查配置。

3. 服务器管理

“服务器管理”界面显示受 Master 管理的 TongWeb，包含自动注册和手动注册到 Master 的 TongWeb。

（1）查看服务器管理实例。

从集中管理工具左侧的导航栏中选择“服务器管理”，进入“服务器管理”界面，这里显示 TongWeb 实例列表，该列表列出系统中所有的 TongWeb 实例，包括服务器、所在集群、节点代理、目录、状态和操作，如图 5-22 所示。

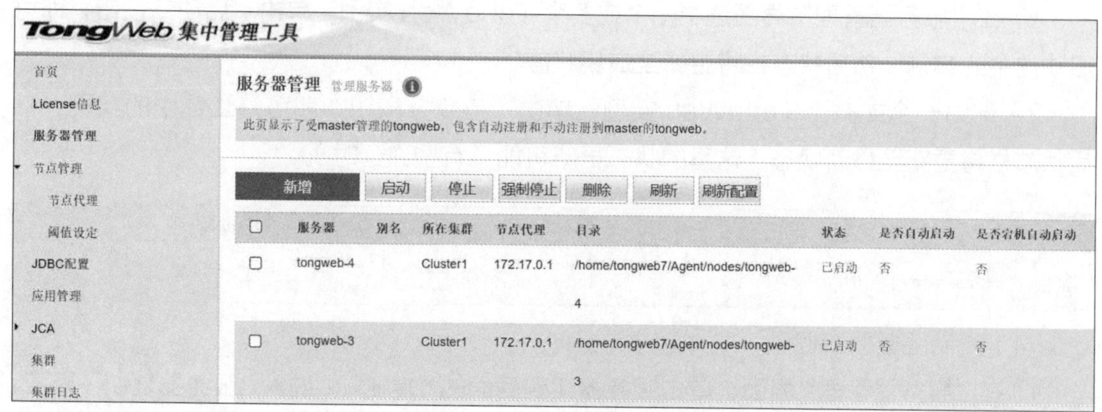

图 5-22 查看服务器管理实例

（2）添加 / 删除服务器实例。

1）在“服务器管理”界面，单击“新增”按钮，进入“服务器”界面，选择节点代理和安装目录，如图 5-23 所示。

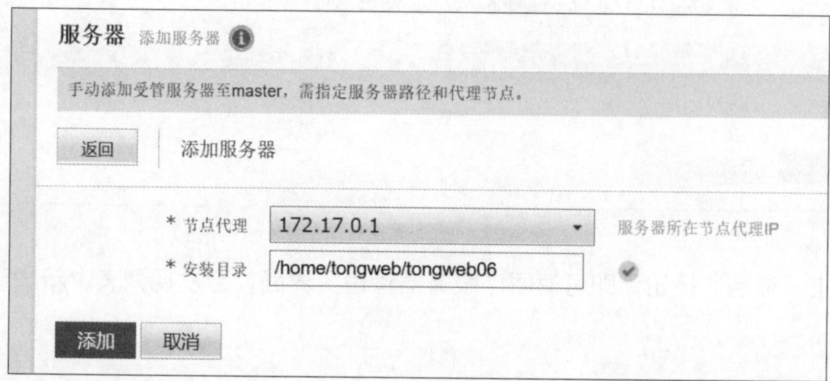

图 5-23 添加服务器实例

2）单击“添加”按钮，即可返回“服务器管理”界面，会发现该界面的列表中新增了刚添加的实例。

3）在服务器实例列表中选中一个或多个实例，单击“删除”按钮，即可删除选中的已停止的 TongWeb 实例，默认为逻辑删除，如图 5-24 所示。如果想从物理机上把具体的 TongWeb 实例删除，需要在弹出的对话框中勾选“物理删除”复选框。

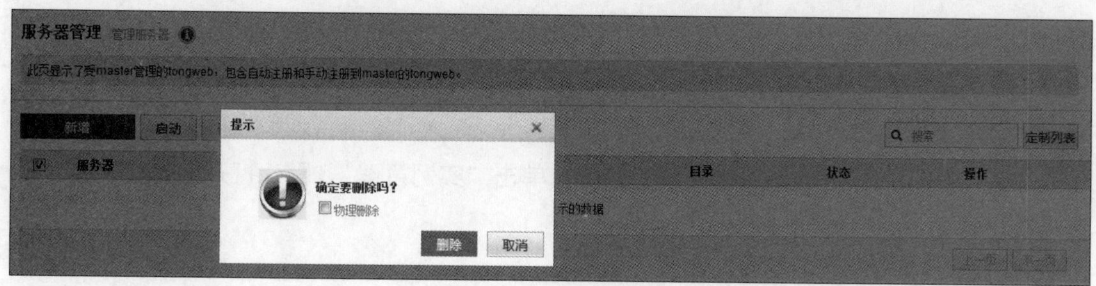

图 5-24 删除服务器实例

（3）启动 / 停止服务器实例。

1）在“服务器管理”界面选中一个或多个 TongWeb 实例，单击“启动”按钮，即可启动选中的实例，然后状态栏将更新至最新状态。

2）选中一个或多个 TongWeb 实例，单击“停止”按钮，即可停止选中的实例，然后状态栏将更新至最新状态（这里的状态更新可能会有些许延时）。

注意 TongWeb实例是在集中管理工具上启动的，当TongWeb实例所在节点停止时，TongWeb实例会一起停止。

（4）复制服务器实例。

1）在“服务器管理”界面，单击服务器实例后面的“复制”，进入“服务器复制”界面，选择要复制的服务器实例的节点和增加份数，如图 5-25 所示。

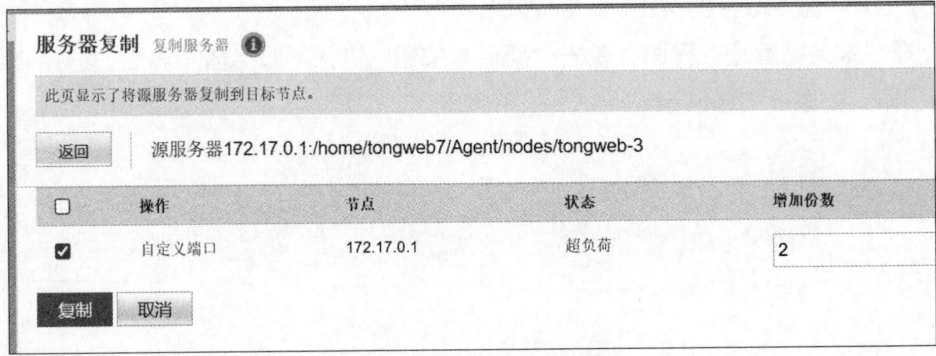

图 5-25 “服务器复制”界面

2）单击“复制”按钮，即可返回“服务器管理”界面，会发现列表中新增了刚复制成功的实例。

4. 管理配置单个服务器实例

在“服务器管理”界面，单击启动后的服务器实例，进入“服务器实例具体配置”界面，该界面标签页包括服务器信息、Web 容器配置、EJB 配置、JDBC 配置、应用管理、服务、安全服务、日志服务、启动参数配置。

5. 集群实例管理

TongWeb 的集中管理工具提供集群实例管理，便于用户进行集群创建、集群实例的查询和管理、集群的浏览等。管理的集群实例包括 TongWeb、会话服务器、负载均衡服务器、静态服务器、集群配置服务。

从集中管理工具左侧的导航栏中选择“集群”，进入“集群管理”界面，如图 5-26 所示。在集群管理列表中选择希望查看的集群，单击“实例管理”，默认打开的是 TongWeb 实例管理界面。

（1）TongWeb 实例管理。

1）进入“集群 Cluster1 中 tongweb 管理”界面，如图 5-27 所示，在该界面中，可以对集群中的 TongWeb 实例进行新增、启动、停止、删除、刷新等操作。

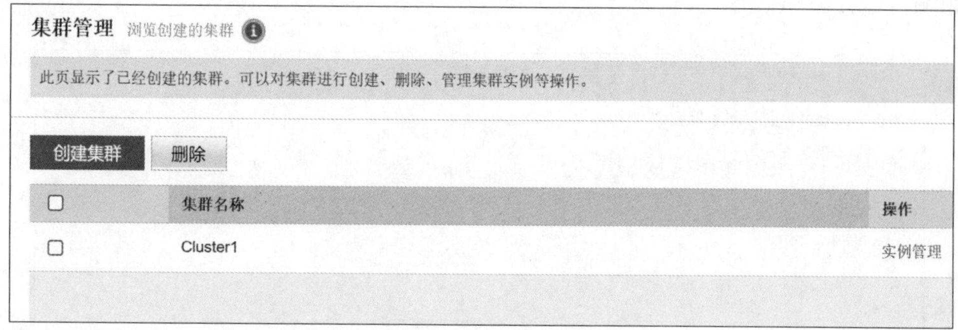

图 5-26 TongWeb 实例管理界面

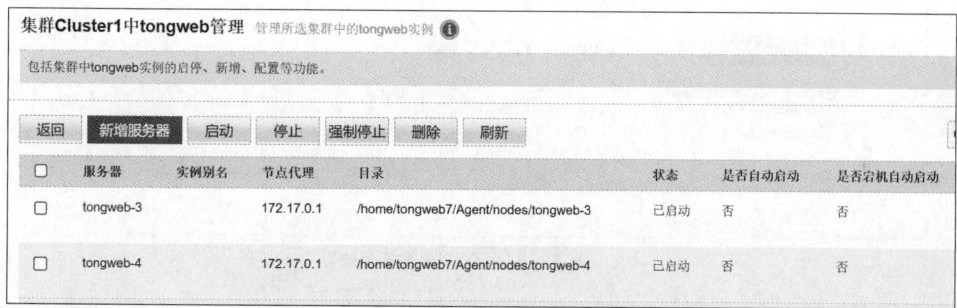

图 5-27 “集群 cluster1 中 tongweb 管理”界面

2）选择一个或多个服务器，单击“启动”“停止”“删除”按钮，则同时启动、停止或删除服务器。其中，删除 TongWeb 实例过程中需要注意，集群中至少需要保留一个服务器。

3）单击“新增服务器”按钮，进入“服务器新增”界面。在此界面可以选择节点（指注册到 Master 且是已连接状态的节点）和增加服务器实例的份数，如图 5-28 所示。

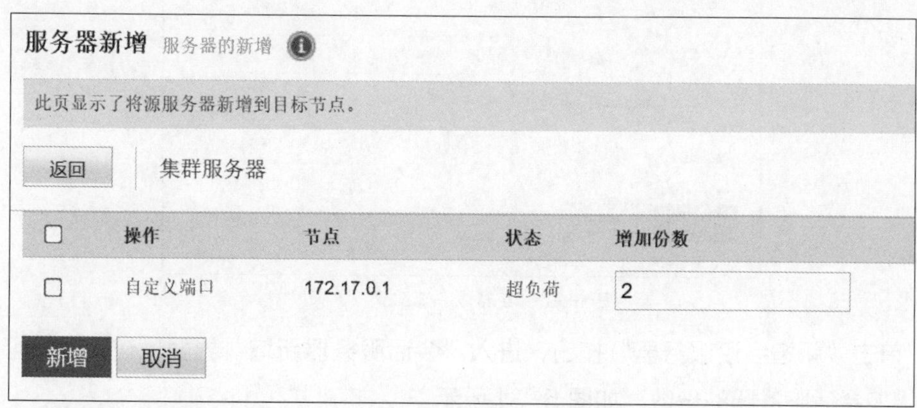

图 5-28 “服务器新增”界面

（2）会话服务器实例管理。

1）单击图 5-26 所示界面上的会话服务器，进入“集群 test 中会话服务器管理”界面，在该界面中可以对集群中的会话实例进行新增会话服务器、启动、停止、删除、刷新等操作，如图 5-29 所示。

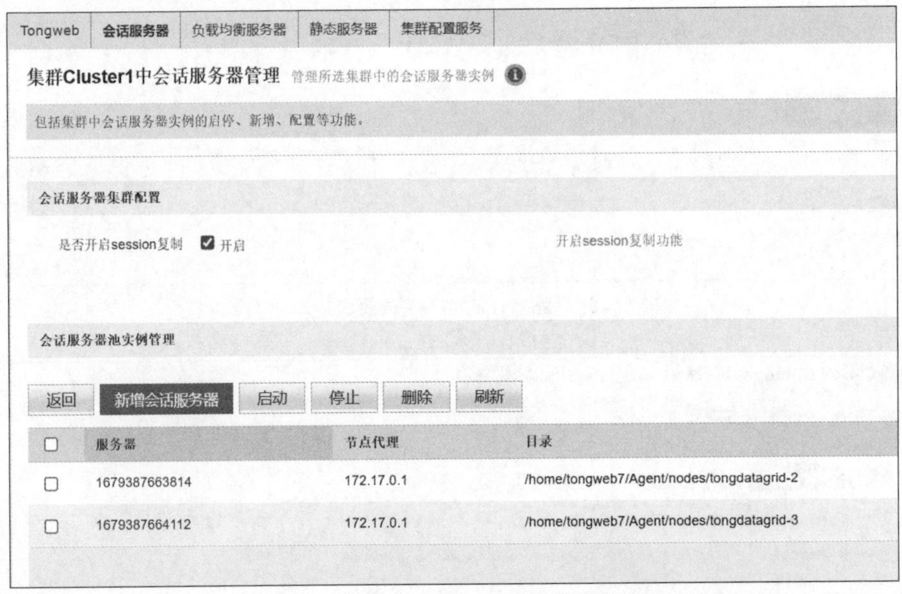

图 5-29 “集群 test 中会话服务器管理”界面

注意 如果不勾选“是否开启 session 复制”复选框，会弹出“关闭将会删除该集群下所有的会话服务器，请确认！”的提示。

2）单击列表中的服务器，进入“会话服务器配置”界面，在这里可对监听端口进行修改，如图 5-30 所示。

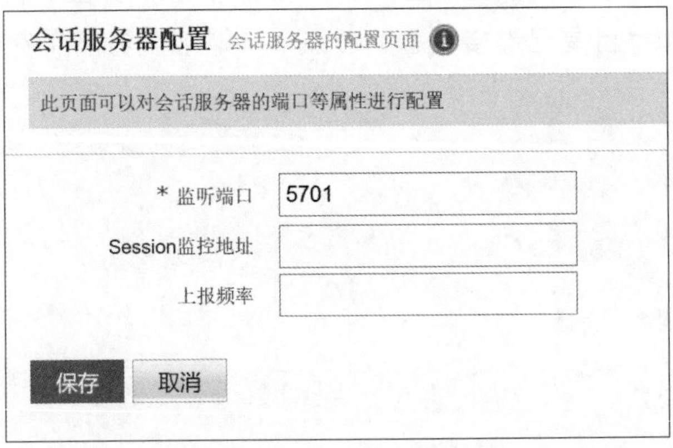

图 5-30 “会话服务器配置”界面

3）单击“新增会话服务器”按钮，进入“会话服务器新增”界面，在此界面可以选择节点和增加会话服务器的份数，如图 5-31 所示。

（3）负载均衡服务器实例管理。

集中管理工具中的负载均衡服务器通过集成公司产品 THS 来搭建。

集中管理工具可以对集群中的负载均衡服务器 THS 进行配置及查看运行状态，比如启动或停止负载均衡服务器主进程、启动或关闭负载均衡服务器高可用进程。重新选择负载均衡服务器节点，对单个 THS 负载均衡服务器实例参数可以进行配置。

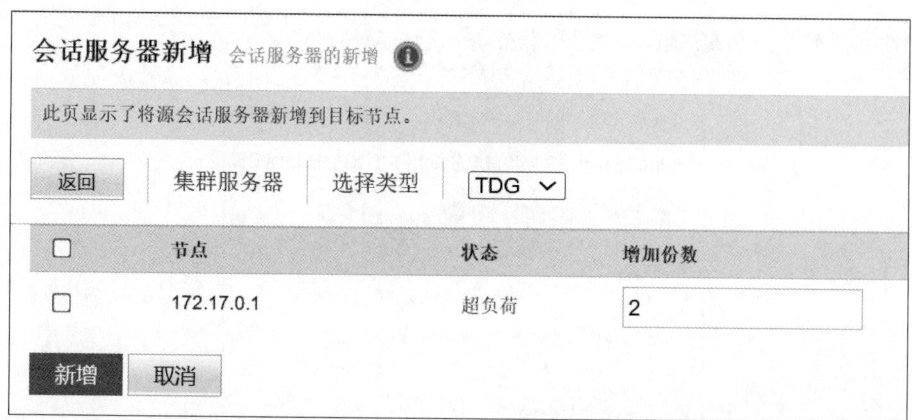

图 5-31 “会话服务器新增”界面

1）在“负载均衡器实例管理”界面的实例列表下，可对负载均衡服务器实例进行管理，如图 5-32 所示。

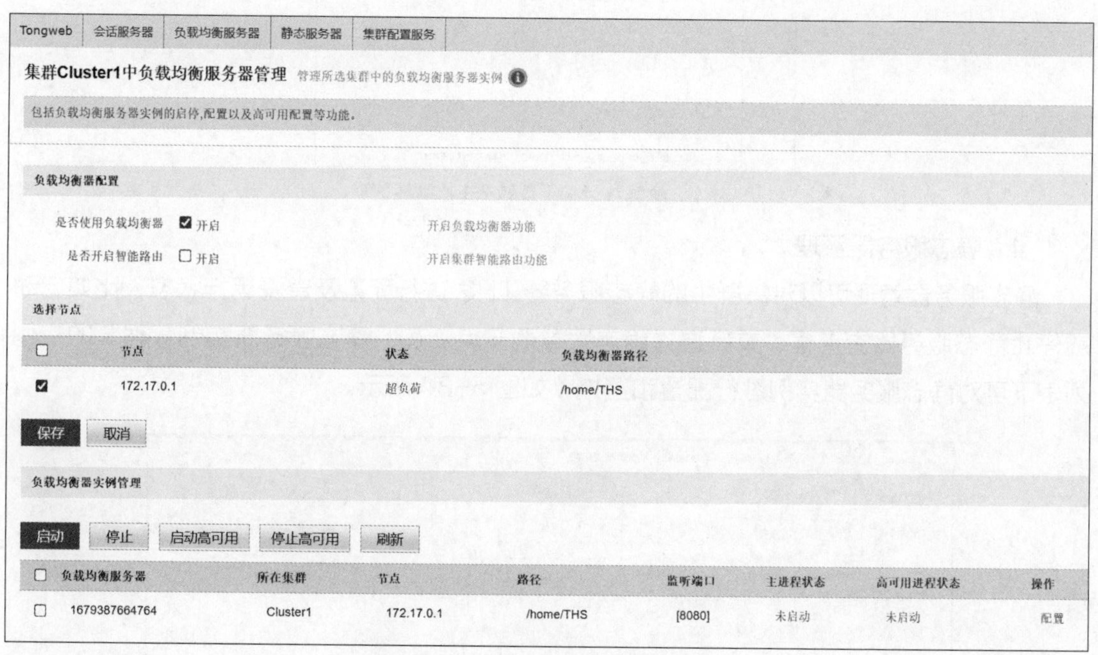

图 5-32 “负载均衡器实例管理”界面

- 启动 / 停止：选择一个或多个负载均衡服务器实例，单击“启动”或“停止”按钮，将会启动或停止负载均衡服务器主进程。
- 启动高可用 / 停止高可用：选择一个或多个负载均衡器服务实例，单击“启动高可用”或“停止高可用”按钮，将会启动或停止负载均衡服务器高可用进程。

2）在图 5-32 所示的负载均衡服务器实例列表中，单击“负载均衡服务器”栏的链接或单击“操作”栏的“配置”，可进入负载均衡服务器配置文件编辑界面，如图 5-33 所示。

如果该实例对应的节点状态为未连接，则无法进入参数配置界面，界面出现“无法对未连接的节点进行操作”的提示。

> **注意** 如果 THS 版本无 Web 管理控制台，将无 HA 配置项。

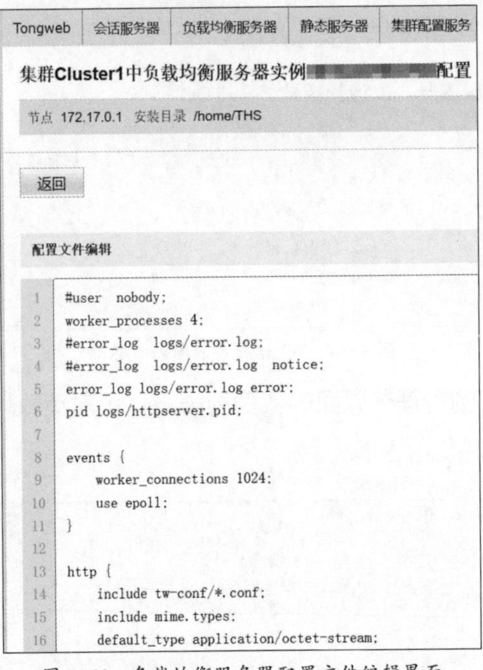

图 5-33 负载均衡服务器配置文件编辑界面

（4）静态服务器管理。

静态服务器管理可以对集群中的静态服务器 THS 进行配置及查看运行状态，比如启动或停止静态服务器主进程、重新选择静态服务器节点。在“静态服务器实例管理”的实例列表下可对静态服务器实例进行配置和监控，如图 5-34 所示。

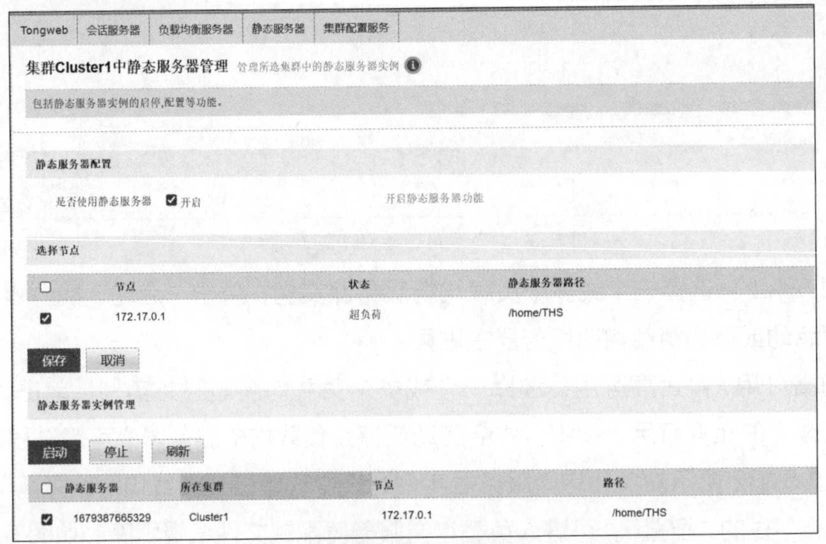

图 5-34 静态服务器实例配置和监控

（5）集群配置服务。

集群配置服务为集群节点的公共类路径提供了推送 jar 包或者 classes 文件的服务，属于文件推送工具，如图 5-35 所示。

默认推送文件的源路径为 Master 根目录下的 lib/common 和 lib/classes，单击“保存”按钮会将 common 和 classes 文件夹下的文件推送到集群的节点中，也可以更改为其他存放有要推送文件的目录。如果要推送的目的文件夹（即节点的公共类路径）已存在该文件，则会将其覆盖（如果节点处于启动状态则给出提示，待节点停止后再覆盖）。重启集群中的节点使公共类路径下的文件生效。

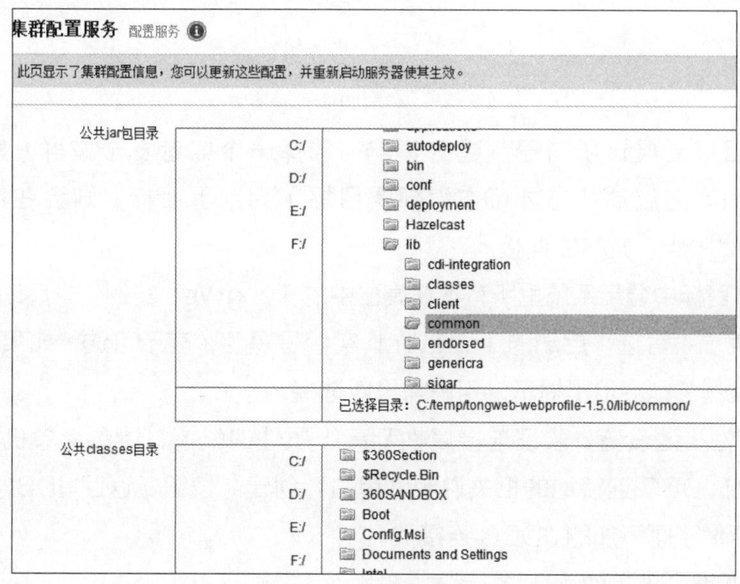

图 5-35 公共类路径配置

6. JDBC 配置

（1）创建 JDBC 连接池。

1）从集中管理工具左侧的导航栏中选择“JDBC 配置”，进入“连接池管理”界面，如图 5-36 所示。

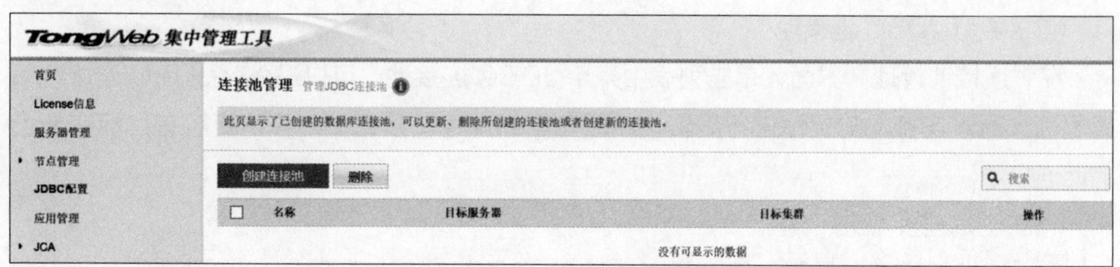

图 5-36 “连接池管理”界面

2）单击“创建连接池”按钮，进入图 5-37 所示的创建 JDBC 连接池部署目标的界面。

在此界面中添加 JDBC 连接池，与在单机版 TongWeb 管理控制台添加 JDBC 连接池类似，只多出一个选择部署目标的过程，这里可以选择将添加的 JDBC 连接池同时部署到集群和单个服务器上。

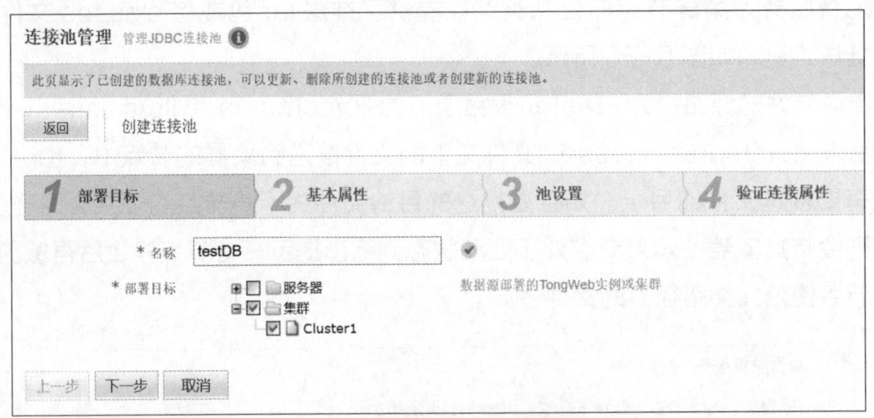

图 5-37 创建 JDBC 连接池

集群部署目标会展示所有已创建的集群，选择一个或者多个集群（集群中的所有 TongWeb 实例均为启动状态才可作为部署目标）为部署目标，则会在集群下的所有 TongWeb 实例中创建 JDBC 连接池。

服务器部署目标中显示系统里所有不在集群中的 TongWeb 实例：未启动的 TongWeb 实例是灰色，表示不可选；启动的 TongWeb 实例是黑色，表示可选。如果选中的集群中存在未启动的实例，则会给出提示，用户需重新选择。

3）基本属性、池设置、验证连接属性及高级属性的配置，请参考单机版 TongWeb 管理控制台添加 JDBC 连接池的相关说明。单击“创建”按钮，返回 JDBC 连接池列表，会发现列表中新增了刚添加的 JDBC 连接池。

（2）删除 JDBC 连接池。

在“连接池管理”界面，选中一个或多个 JDBC 连接池，单击“删除”按钮，如果所选中的 JDBC 连接池的部署目标 TongWeb 实例的 NodeAgent 已连接，则删除成功。如果这些 TongWeb 实例的 NodeAgent 未连接，则只删除了 Master 本地的 JDBC 连接池，并未删除具体实例上的相应 JDBC 连接池。如果数据源不存在任何目标实例，则该数据源记录也会被删除。

（3）更新 JDBC 连接池。

在“连接池管理”界面，单击列表中某个 JDBC 连接池，可以进入此 JDBC 连接池编辑界面，对该连接池的属性进行编辑，然后单击“保存”按钮，则会更新所有目标实例上的此连接池。

（4）测试连接 JDBC 连接池。

在“连接池管理”界面，单击列表中某个 JDBC 连接池后面的“测试连接”，可以测试所有目标实例上的连接池。

（5）连接池目标调整。

在“连接池管理”界面，单击列表中某个 JDBC 连接池后面的“目标调整”，可以调整连接池的目标。

7. 应用管理

从集中管理工具左侧的导航栏中选择“应用管理”，进入“应用管理”界面，如图 5-38 所示。该界面的列表字段包括名称、前缀、应用类型、部署源类型、目标服务器、目标集群和操作。

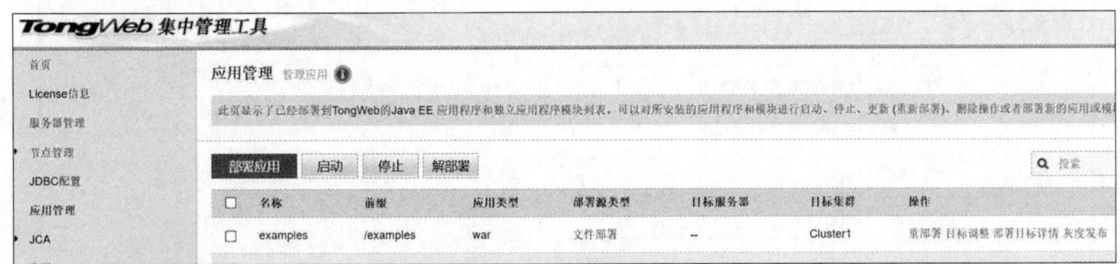

图 5-38 “应用管理”界面

（1）部署应用。

1）单击“部署应用”，进入选择部署文件界面，如图 5-39 所示。

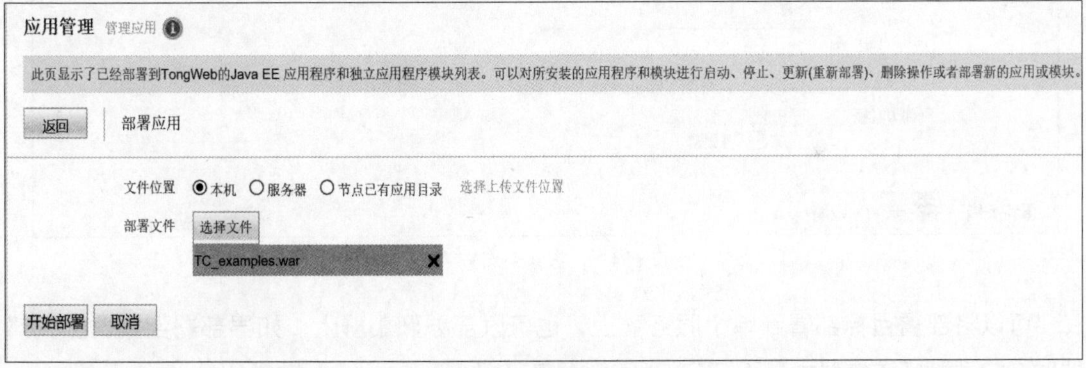

图 5-39 选择部署文件界面

2）文件位置可以选择从 Master 上选取的“本机”或“服务器”，也可以选择“节点已有应用目录”。这里选择了“节点已有应用目录”，如图 5-40 所示。

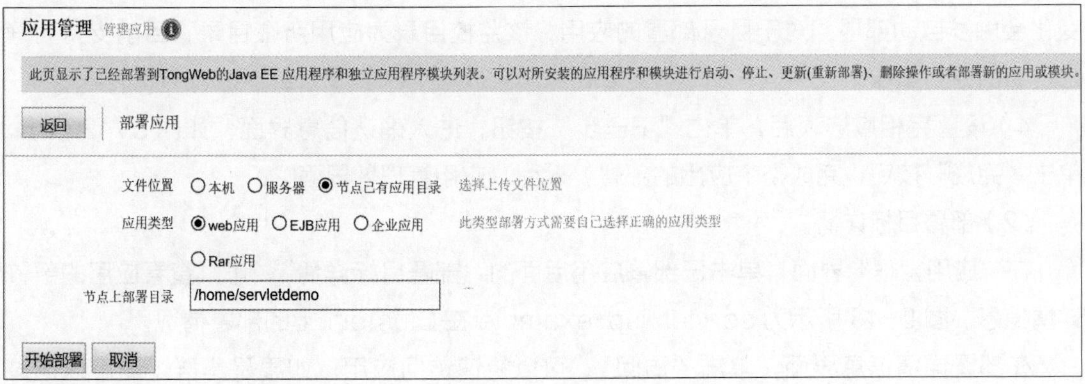

图 5-40 选择文件位置

此外，图 5-40 中，“应用类型”是必须选择的，而节点上部署目录要先保证节点上有此目录（节点需要同一类型的平台），并且后续选择添加的集群或服务器、对集群添加新的服务器、调整目标、重部署等时一定要保证操作节点上有配置的目录。

3）选择部署文件，单击“开始部署”按钮，进入“基本属性”界面，如图 5-41 所示，在此界面选择部署目标。

1 基本属性		2 完成部署！
* 应用名称	servlets_examples	
* 应用前缀	/servlets_examples	
部署顺序	100	默认的部署顺序是100，如果需要调整部署顺序的话，可以指定
部署超时	600	部署超时时间。合法值：1-3600，默认值：600，单位：秒。
类热加载	□开启	是否开启类热加载
JSP预编译	□支持	JSP预编译
请求参数丢失校验	□支持	请求参数丢失校验
类加载顺序	○父优先 ◉子优先	类加载顺序，默认为子优先，可调整
动静分离部署	□支持	动态静态资源分别部署在不同静态服务器及动态服务器上
描述		该应用的描述信息
* 部署目标	⊞□ 服务器 ⊞□ 集群	选择应用部署的TongWeb实例或集群
重新上传　下一步　取消		

图 5-41 “基本属性”界面

可以将部署目标部署到单个服务器上，也可以部署到集群上。如果部署到集群上，部署时会自动判断该集群中是否开启 Session 高可用。

部署时可以选择“动静分离部署”，这种方式只支持部署目标在集群上。选择分离部署后，可以指定是否开启监控。如果开启，war 类型的应用会自动监控目录 TW_HOME/applications/heimdall/tongweb-deploy/App_Name，如果该目录下的静态文件发生变化会触发自动部署。对于目录部署的应用，该监控目录为应用所在目录，目前支持对静态资源的更新操作。

4）设置完相应选项后，单击“下一步”按钮，进入确认信息界面，如图 5-42 所示，单击“完成”按钮，完成整个应用的部署，返回“应用管理”界面。

（2）部署目标详情。

在“应用管理”界面，单击已部署应用后面的“部署目标详情”，可以查看应用的部署详情信息。图 5-43 所示为 servlet-jsp-example 在 Cluster1 上的部署情况。

在部署详情信息界面，单击“访问”，可以快速访问应用。如果是集群，还可以通过 Apache 进行访问。

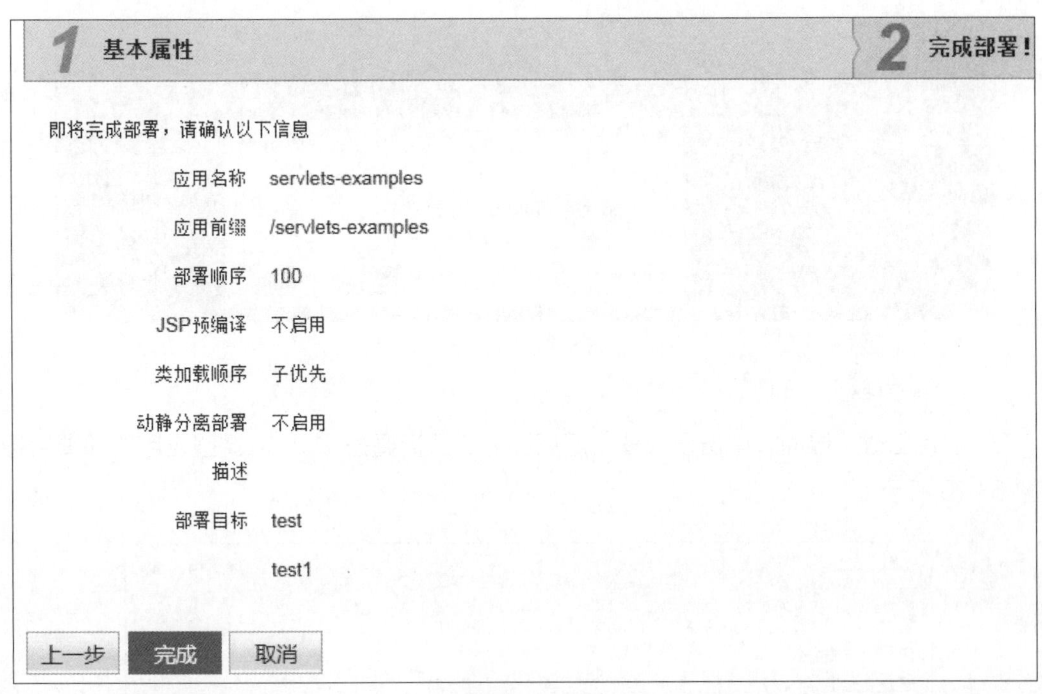

图 5-42　确认信息

选择部署目标	Cluster1 集群服务器实例				THS访问
Cluster1	节点代理	安装目录	服务器状态	应用状态	操作
	172.17.0.1	/home/tongweb7/Agent/nodes/tongweb-3	启动	已启动	http访问https访问
	172.17.0.1	/home/tongweb7/Agent/nodes/tongweb-4	启动	已启动	http访问https访问

图 5-43　部署详情信息

（3）启动 / 停止应用。

在“应用管理”界面，选中一个或多个已部署应用，单击“启动”按钮，便可启动选中的应用；单击“停止”按钮，便可停止选中的应用（这里的状态更新可能会有延迟）。应用状态可以通过单击“部署目标详情”查看。

注意 这里的启动 / 停止功能是统一对部署目标进行启动 / 停止。

（4）解部署。

“应用管理”界面显示的是已经部署完成的应用，选中想要进行解部署的应用，单击列表最上方的“解部署”按钮，弹出“提示”对话框，如图 5-44 所示，单击“删除”按钮，则解部署所有部署目标上的应用。

对于开启动静态资源部署的应用，解部署时，会删除部署到静态服务器上的静态资源和部署目标上的应用。对于开启监控的应用，会删除 TongWeb 监控目录下的应用。

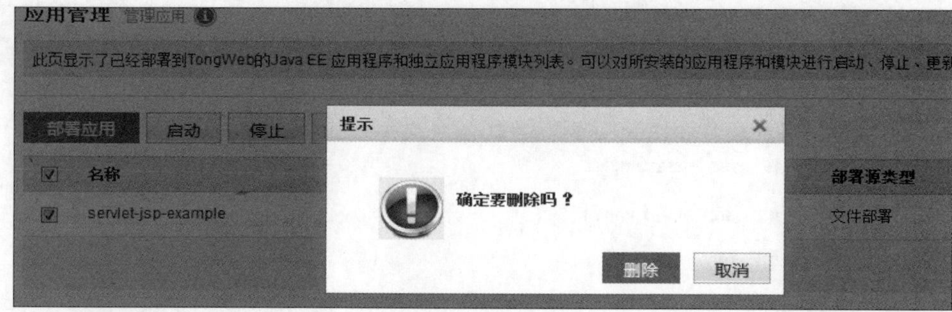

图 5-44 解部署

（5）目标调整。

在“应用管理”界面，单击已部署应用后面的“目标调整”，可以调整应用的部署目标，如图 5-45 所示。

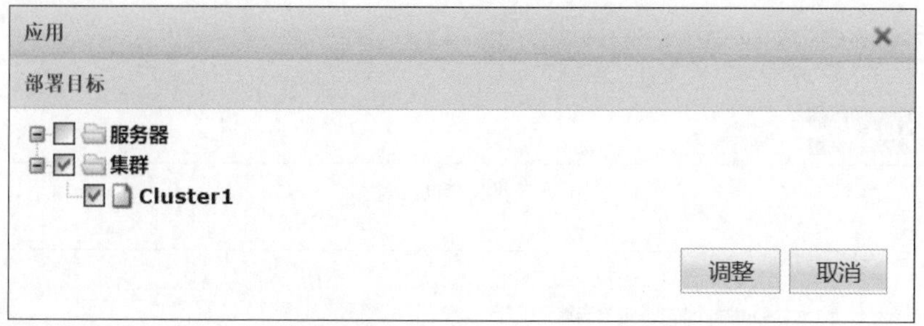

图 5-45 部署目标调整

注意 通过动静分离部署的应用不提供目标调整，但可以通过重部署来实现。

（6）重部署。

在“应用管理”界面，单击已部署应用后面的“重部署”，进入“重部署应用”界面，如图 5-46 所示，可以使用原来的部署文件，也可以使用新的部署文件。

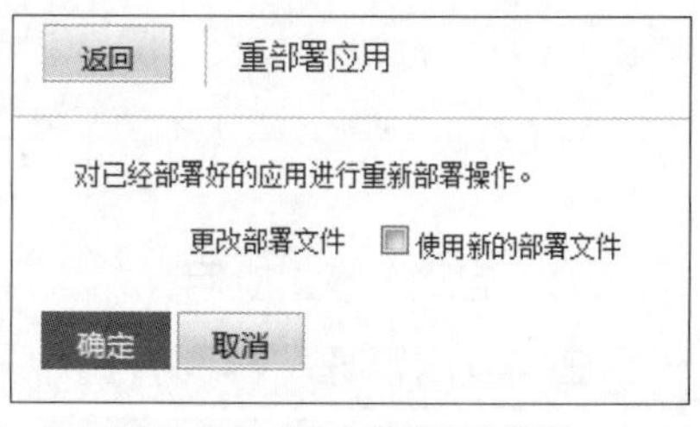

图 5-46 “重部署应用”界面

注意 使用原来的部署文件部署，类加载顺序与原来的类加载顺序保持一致；使用新的部署文件部署，类加载顺序与新部署文件的自定义部署描述文件中配置的一致。如果部署文件中无自定义部署描述文件或该文件未指定类加载顺序，默认使用子优先。

8. 监视

TongWeb 的集中管理工具提供对所管理集群内实例的监视功能。通过监视功能，可以查看集群下实例的启动、停止状态，以及 TongWeb 实例的监视量和过载情况，同时也可以对具体的监视项目进行配置，包括数据收集频率、持久化、开启、关闭等。当对集群中的一个 TongWeb 实例进行监视配置的时候，集群中所有的 TongWeb 实例会全部生效，未启动的 TongWeb 实例将在启动后生效。

（1）监视主页面。

展开集中管理工具左侧导航栏中的“监视”选项，单击“监控概览”后选择监控目标，进入图 5-47 所示的监视主界面。

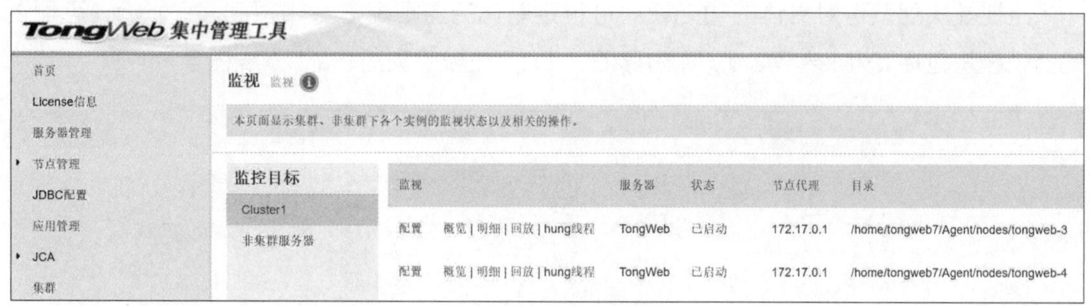

图 5-47 监视主界面

界面左侧为集群和非集群导航，单击想要查看的集群，即可看到该集群下所有的实例列表，包括 TongWeb、TDG 等，目前只支持对 TongWeb 实例的监视。

（2）监视配置。

监视配置可以定制具体监视目标的细节，包括监视功能的总开关、监视收集到的数据在内存中的存活时间、存活时间检测周期，以及超出存活时间后的数据是否需要进行持久化等，监视配置中所有的配置项均是保存后即时生效，无须重启服务器。

在图 5-47 所示的监视列表中，单击“配置”，进入图 5-48 所示的界面，可在此界面对当前系统和应用的监视信息进行配置。

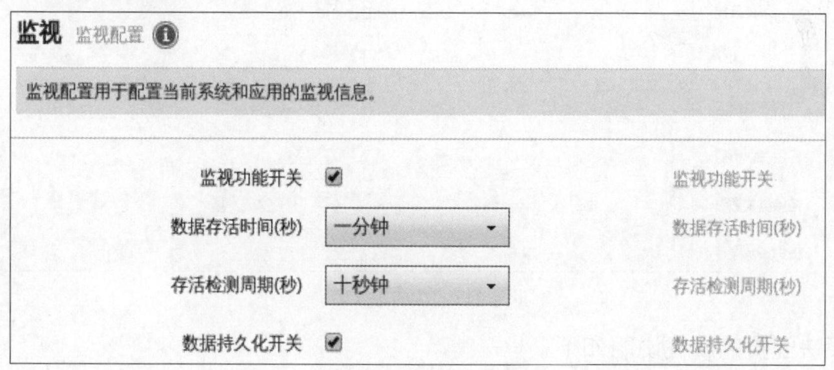

图 5-48 监视信息配置

监视信息配置的属性说明如下。

1）监视功能开关：TongWeb 监视服务的总开关，勾选后即可开启，只有当该开关开启后，监视服务和持久化服务才可生效。默认不开启。

2）数据存活时间（秒）：该配置表示在监视明细界面中可即时追溯到的监视数据保存时长，超过该配置时间的监视数据将会被持久化到硬盘文件，持久化的监视数据将不能在监视明细界面中即时查看，需要通过“监视回放”功能进行回放式查看。

3）存活检测周期（秒）：检测监视数据是否需要进行持久化的时间周期。

4）数据持久化开关：开启后，超过“数据存活时间（秒）”和“存活检测周期（秒）”配置时间之和的监视数据将会被持久化到硬盘文件，持久化的监视数据将不能在监视明细界面中即时查看，需要通过“监视回放”功能进行回放式查看。默认不开启。

监视模块配置可对具体的功能模块进行定制化的监视配置，如图 5-49 所示，可配置的监视模块包括 JVM 内存、JVM 内存池、JVM 垃圾收集器、JVM 线程等。

监控目标	监视功能开关	数据持久化开关	采集周期(秒)	指示器
JVM 内存			十秒钟	
JVM 内存池			十秒钟	
JVM 垃圾收集器			十秒钟	
JVM 线程			十秒钟	
JVM 编译器信息			十秒钟	
JVM 类加载信息			十秒钟	
JVM 运行时信息			十秒钟	
操作系统			十秒钟	
TongWeb 信息			十秒钟	
通道信息			十秒钟	
XA 数据源信息			十秒钟	
数据源信息			十秒钟	
事务信息			十秒钟	
JCA			十秒钟	
应用细节信息			十秒钟	
应用会话信息			十秒钟	
应用类加载器			十秒钟	
应用资源缓存			十秒钟	

图 5-49　监视模块配置

监视模块配置的属性说明如下。

1）监视功能开关：该模块的监视开关，开启后可在监视明细界面查看该模块实时的监视数据，只有当模块的监视功能开启后，模块的数据持久化开关才能生效。

2）数据持久化开关：该模块监视数据持久化的开关，开启后超过“数据存活时间（秒）”配置时间的数据将会被持久化到硬盘文件，否则这些数据将会被丢弃。

3）采集周期（秒）：该模块的监视数据采集周期，周期越短，采集的数据精确度越高，同时也意味着消耗更多的系统资源。

4）指示器：用于直观地显示“采集周期（秒）”的时间长短，便于对比各个模块“采集周期（秒）”的时间长短。

（3）监视概览。

监视概览界面集中展示了主要的监视量信息，包括内存、CPU、通道、数据源等，通过这些信息可以了解 TongWeb 的整体运行状态。

在监视列表里单击“概览”，进入图 5-50 ～图 5-52 所示的监视概览界面。

监视概览中的操作系统信息展示了实时的内存使用率和 CPU 使用率，如图 5-50 所示。

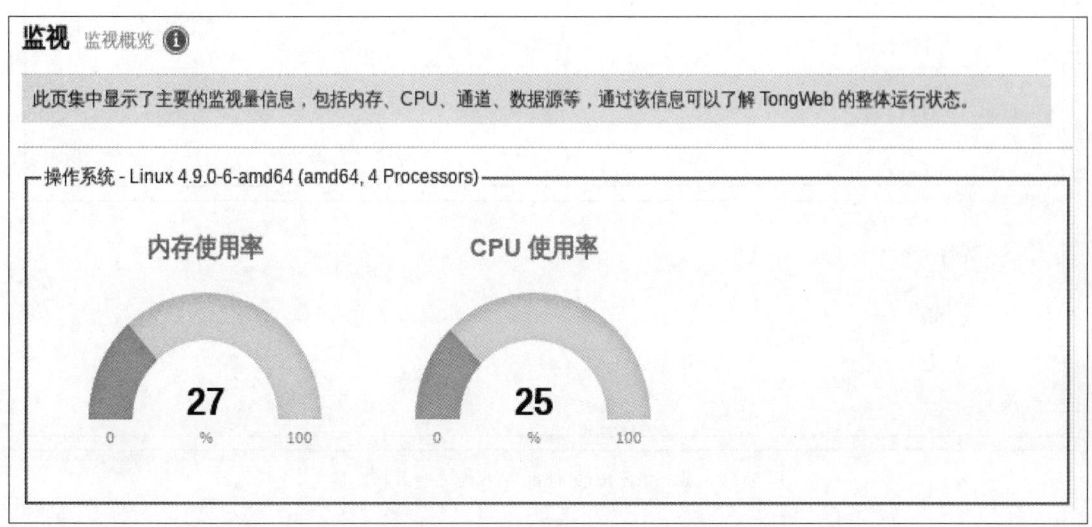

图 5-50　监视概览中的操作系统信息

图 5-51 显示了监视概览中的 JVM 信息，其中“使用中堆内存”展示了当前虚拟机使用中堆内存与总的堆内存的比例关系，显示的数字是以 MB 为单位的内存大小。“使用中非堆内存”展示了当前虚拟机使用中非堆内存与总的非堆内存的比例关系，显示的数字是以 MB 为单位的内存大小。“当前所有线程数量”展示了当前所有线程数量与历史的线程数峰值的比例。

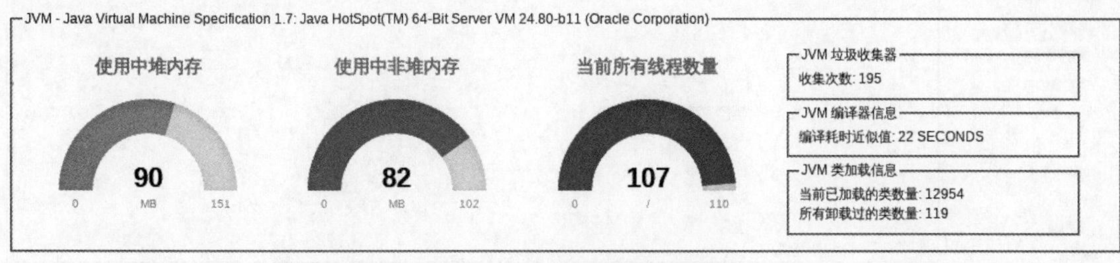

图 5-51　监视概览中的 JVM 信息

监视概览中的 TongWeb 通道和数据源信息如图 5-52 所示，其中，“正在执行任务的线程数”展示的是正在执行任务的线程数与当前通道关联的线程池中的总线程数的比例。“数据源信息：当前正在使用的连接数”展示的是当前数据源中正在使用的连接数与总连接数的比例。

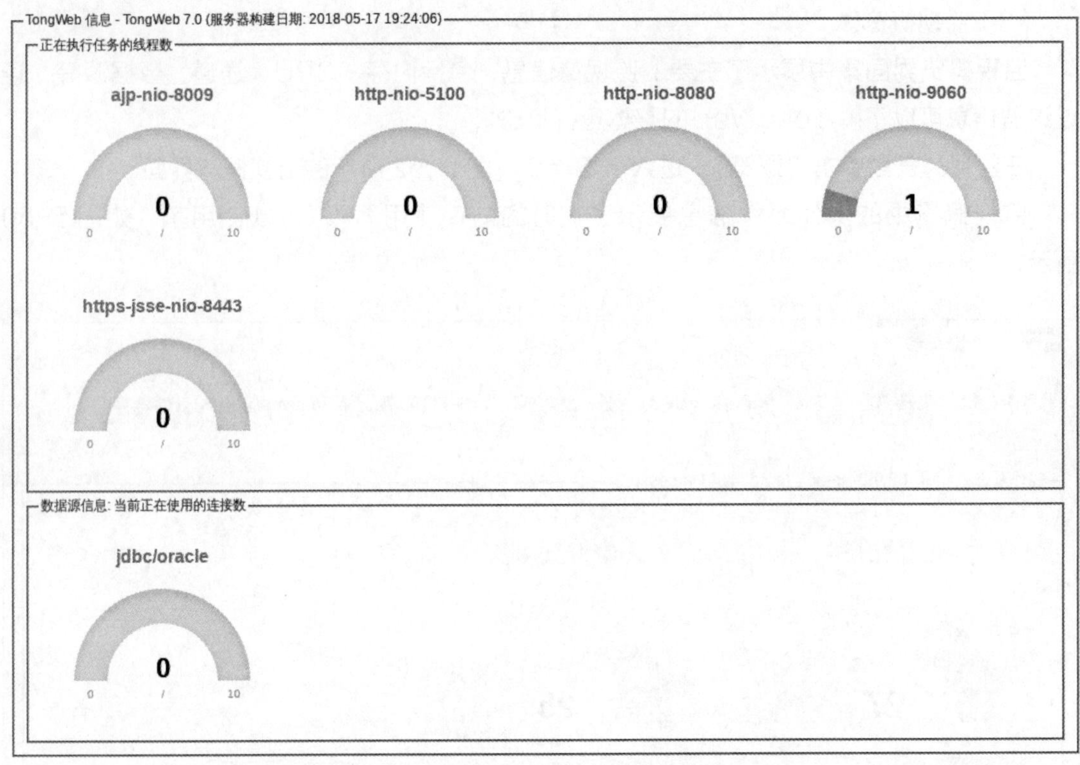

图 5-52　监视概览中的 TongWeb 通道和数据源信息

（4）监视明细。

监视明细界面列出了可以监控的具体模块，单击某个具体模块后，可查看该模块详细的监视数据等。不同的监视模块显示的监视属性也不同。

在监视列表里单击“明细”，进入图 5-53 所示的界面。

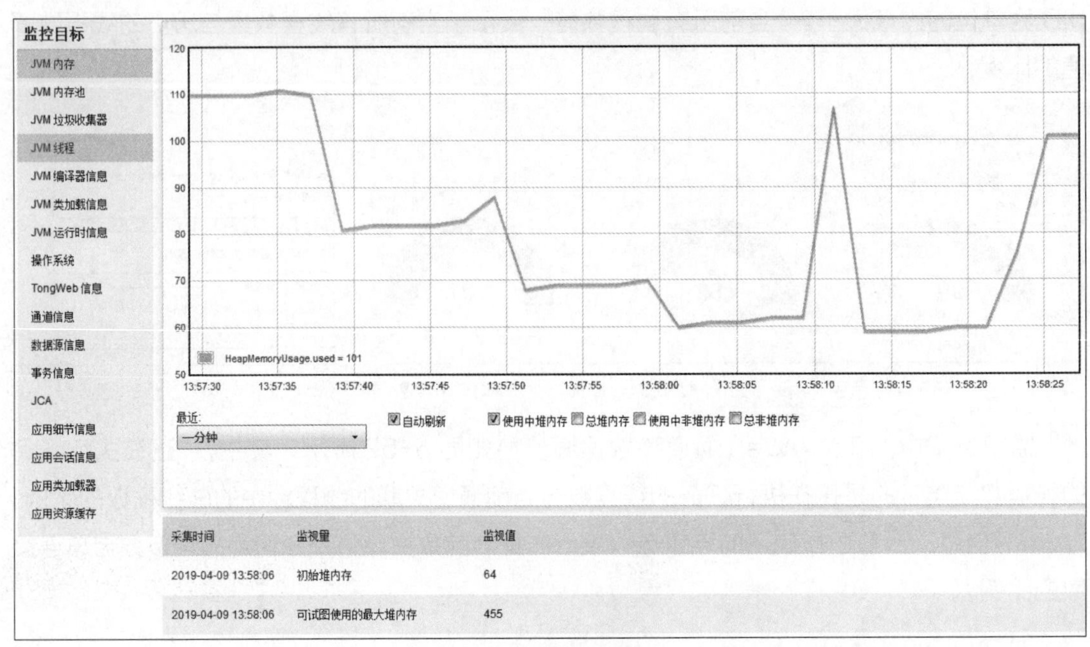

图 5-53　监视明细界面

单击监视明细界面左侧的某个具体的模块，右侧界面可显示此具体模块的监视信息。这里以“操作系统”模块为例说明界面功能，单击“监控目标”导航栏中的“操作系统”，显示的操作系统模块的监视数据如图 5-54 所示。

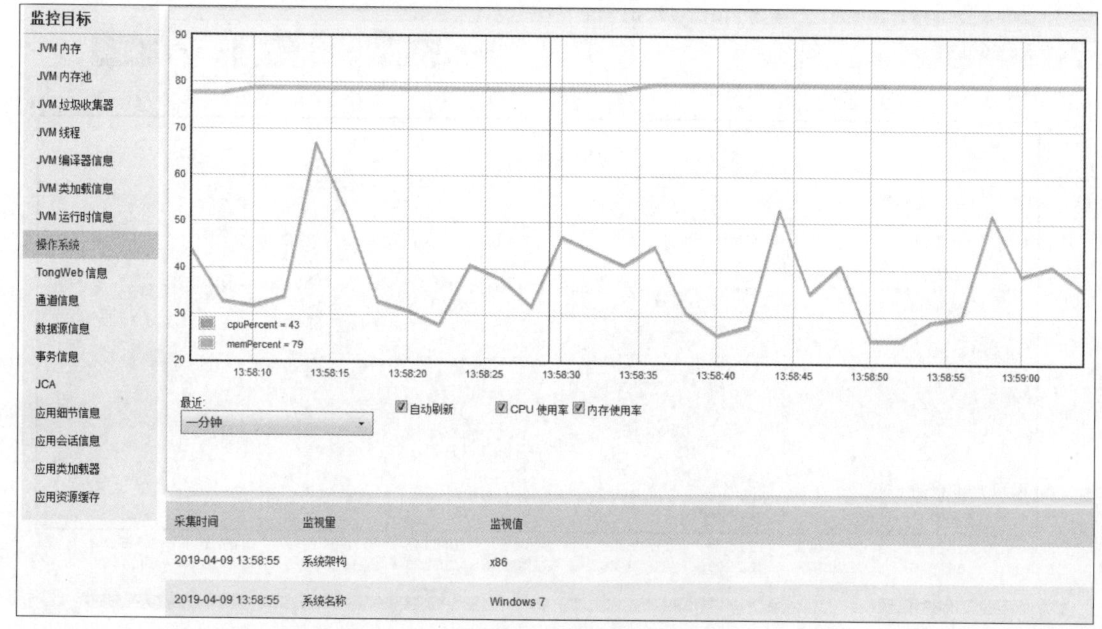

图 5-54　操作系统模块的监视数据

模块监视界面的结构分为上、下两部分。模块监视界面的上半部分显示了图表化的监视数据，可通过下拉列表选择数据显示的时长，如一分钟，可通过勾选具体的数据项以在图表上进行绘图展示，界面默认勾选的是第一个数据项，即“CPU 使用率”，同时勾选“内存使用率”数据项后，CPU 和内存的监视数据将会同时显示到图表上，图表上各个数据项的绘图颜色会自动进行变化以便于区分。模块监视界面的下半部分展示的是该模块的配置或当前的状态信息，这部分数据仅显示最后一次收集的数据，不记录历史数据，同时也不会进行持久化监视，可用于检测内存对象的实时状态。

（5）监视回放。

监视回放界面用于展示过去一段时间系统和应用的监视信息。

在监视列表里单击“回放”，进入图 5-55 所示的界面。

只有支持持久化并且存在持久化文件的模块才能进行持久化回放，支持持久化的模块包括 JVM 内存、JVM 内存池、JVM 线程、操作系统、通道信息、数据源信息、事务信息、应用会话信息。当存在持久化文件时，可单击模块链接进行持久化监视数据回放，回放的属性说明如下。

1）回放时间段：单次回放的持续时间段。

2）视屏宽度：界面上显示的最大的时间宽度，每次刷新当前视屏宽度 1/10 的数据，视屏宽度越大也就意味着回放的速度越快。

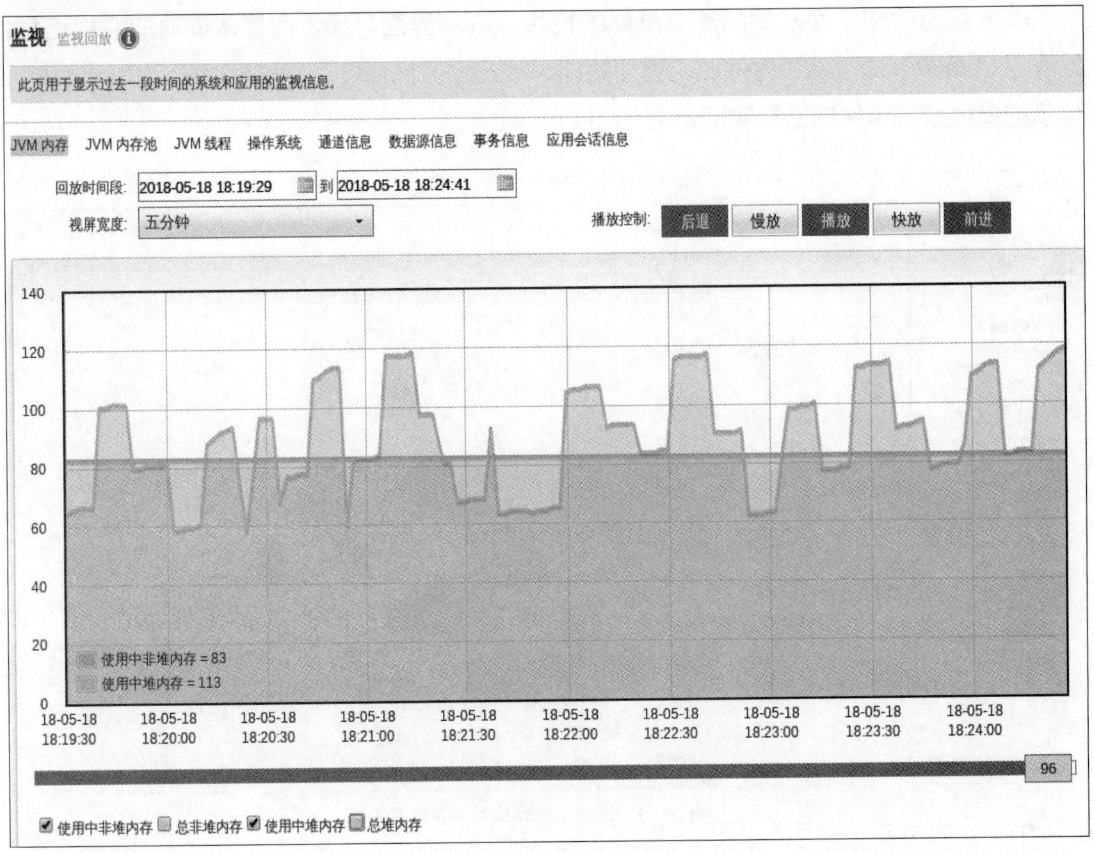

图 5-55　监视回放界面

3）播放控制：可对回放过程进行控制，包括前进、后退、快放、慢放、播放。

“监视回放”的展示形式和“监视明细”的类似，都是通过勾选底部不同的数据项，在图表上同时展示不同的监视数据，以便于对比数据的变化和走势。

（6）超时线程。

TongWeb 提供针对超时 hung 线程的杀线程工具，该工具中会提示用户当前的 hung 线程，由用户手动选择杀线程操作。

在监视列表里单击“hung 线程”，进入图 5-56 所示的“hung 线程”界面，该界面可以监控该线程，对其进行停止线程、刷新和查看等操作。

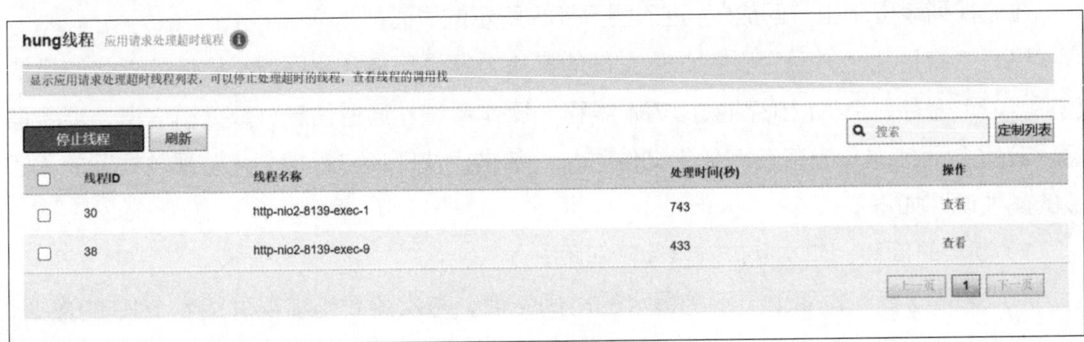

图 5-56　“hung 线程”界面

9. 监控配置

监控配置提供监控域、预警策略、预警行为模板，并且可以将这些配置策略模板应用到单个服务器或者集群中所有服务器的监控配置和阈值配置上。

（1）监控域。

“监控域”界面展示集中管理工具管理的所有服务器，可以在此界面查看服务器的策略信息和调整策略域。

1）依次选择集中管理工具左侧导航栏中的“监视”-“监控配置”-“监控域”，进入“监控域配置”界面，可在此界面查看已经应用监视策略的服务器列表，如图 5-57 所示。

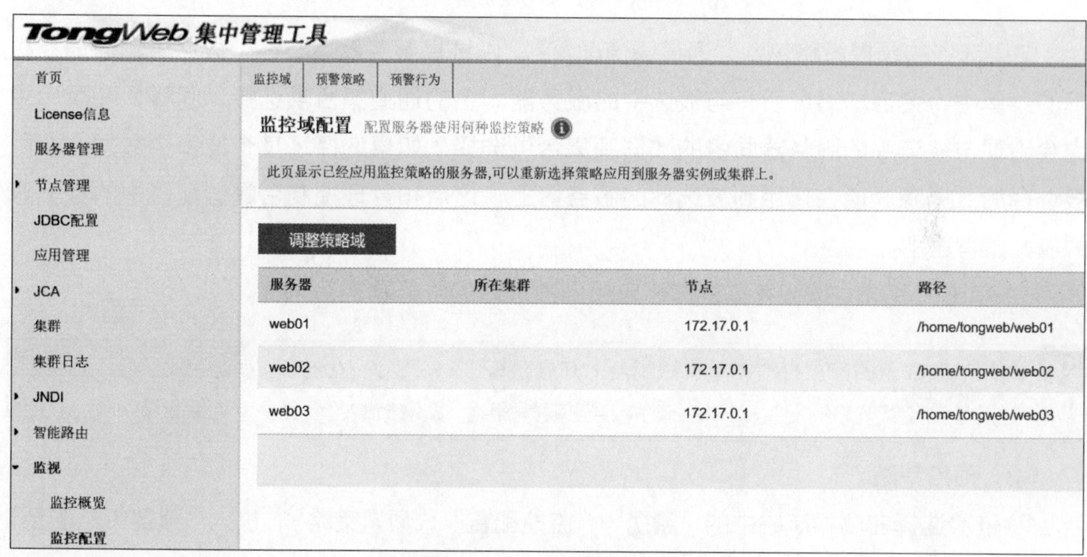

图 5-57 “监控域配置”界面

2）单击服务器列表“当前策略”栏的“查看”，可查看对应服务器当前的预警策略和预警行为配置，如图 5-58 所示。

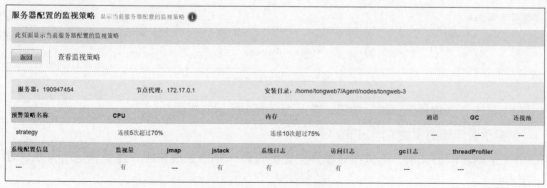

服务器配置的监视策略 显示当前服务器配置的监视策略

此页面显示当前服务器配置的监视策略

返回 | 查看监视策略

服务器：190947454　节点代理：172.17.0.1　安装目录：/home/tongweb7/Agent/nodes/tongweb-3

预警策略名称	CPU	内存	通道	GC	连接池
strategy	连续5次超过70%	连续10次超过75%	—	—	—

系统配置信息	监视量	jmap	jstack	系统日志	访问日志	gc日志	threadProfiler
—	有	—	有	有	有	—	—

图 5-58 查看监视策略

3）“调整策略域”功能是将选择的预警策略、预警行为批量应用到多个服务器和集群中的所有服务器中。在图 5-57 所示的界面中单击“调整策略域”按钮后，首先选择“预警策略”，然后选择“预警行为”，最后选择“作用域”，作用域即使用监视配置的服务器或集群，如图 5-59 所示。

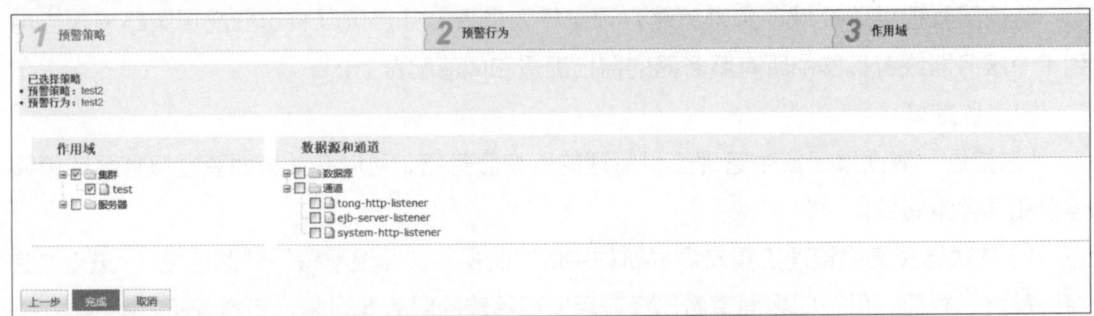

图 5-59 调整策略域

如果选择的预警策略包含“通道阈值配置”，则选择服务器后，在“数据源和通道”栏下的菜单中，会自动出现所有与被选中的服务器同名的通道集合供选择，同样，在菜单中也会出现与被选中的服务器同名的数据源集合供选择。如果选择了某个或多个数据源，则被选择的数据源阈值会作用到被选择的服务器上，这点和管理控制台阈值配置中的数据源阈值配置有差别。

4）单击“完成”按钮将监视策略应用到被选择的服务器上。

注意 作用域集群下的节点提前在单机控制台上开启预警策略后，设置的策略才能生效。

这里是将预警策略的配置和预警行为应用到服务器中，预警策略的名称一直为默认的 default1。

（2）预警策略。

1）依次选择左侧导航栏中的“监视”-“监控配置”-“预警策略”，进入“预警策略配置”界面，在此界面可以创建或删除预警策略，如图 5-60 所示。

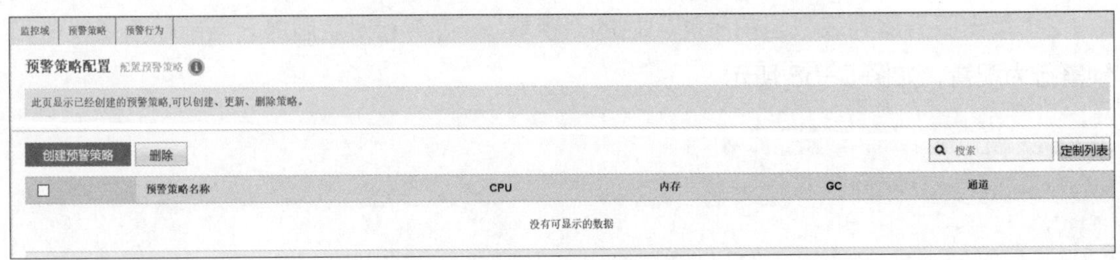

图 5-60 预警策略配置

2）单击“创建预警策略”按钮，进入图 5-61 所示的界面。

创建预警策略的属性说明如下。

1）策略之间的关系：选择策略条件中达到任意一条就生成快照，还是满足所有条件才生成快照。

2）包含匹配下列：策略条件，可配置 cpu、内存、gc、通道，连接池状态达到某种条件作为一条策略。

当 TongWeb 一直满足预警策略中的条件时，为避免不断生成快照影响服务器性能，规定在一小时内只能自动生成一定数量的快照，即使满足预警策略的条件，也不再生成新的快照。自动生成快照一小时内可生成的快照数，可在启动脚本中通过 -D tongweb.snapshotinhour 配置，默认值是 5。

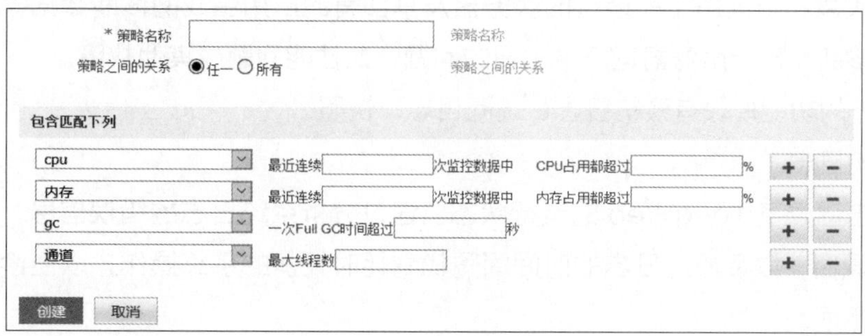

图 5-61 创建预警策略

（3）预警行为。

目前预警行为仅可以配置生成快照功能，对应服务器管理控制台预警策略中的“快照内容”功能。

1）依次选择左侧导航栏中的“监视”-“监控配置”-“预警行为”，进入“预警行为配置”界面，在此界面可以创建、更新、删除预警行为，如图 5-62 所示。

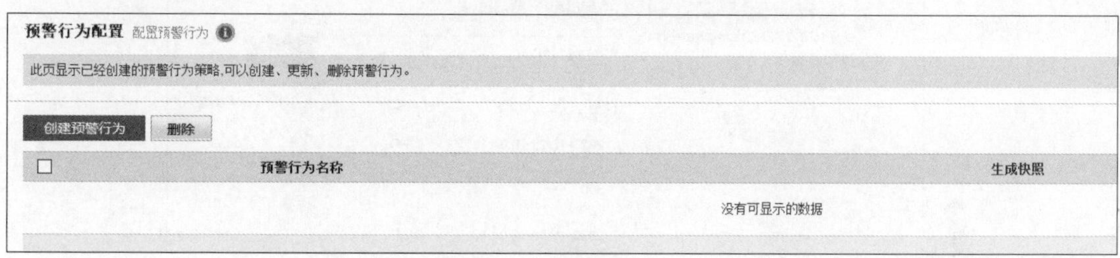

图 5-62 预警行为配置

2）单击“创建预警行为”按钮，进入图 5-63 所示的界面。在“生成快照”下可设置生成的快照包含的内容，可选的有系统配置信息、访问日志、gc 日志、jmap、jstack、监视量、系统日志。

返回 创建预警行为
预警行为名称
* 名称 名称唯一
生成快照
系统配置信息 访问日志 gc日志
jmap jstack 监视量
系统日志
保存 取消

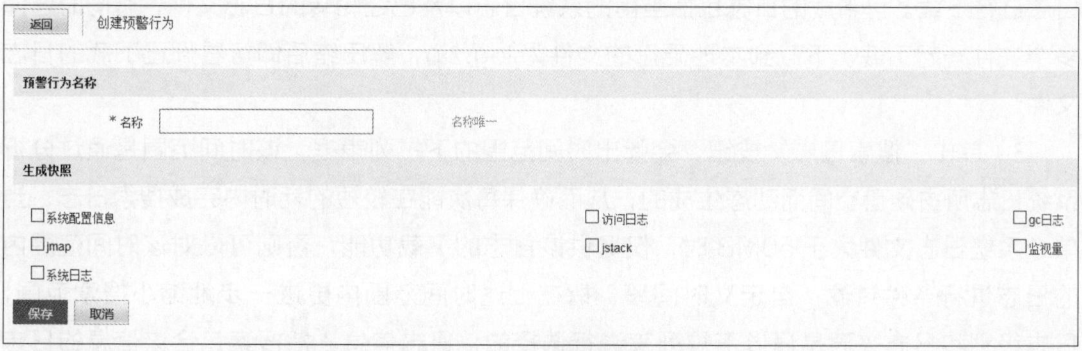

图 5-63 创建预警行为

注意 在单机控制台上，可以对 coredump 进行配置（只针对 Linux 环境的 TongWeb），集群上的配置不影响 TongWeb 的 coredump 配置。

10. 诊断

TongWeb 的集中管理工具提供对所管理服务器的诊断功能，通过诊断服务，可以定义、创建、收集和访问由正在运行的服务器及其部署的应用生成的诊断数据。通过访问这些数据可以诊断和剖析服务器运行中出现的问题，如性能问题或其他故障。

诊断服务的功能模块有系统日志、访问日志、快照。

（1）系统日志。

系统日志记录了 TongWeb 的运行状态。通过分析系统日志的错误信息，可帮助查找系统出错的原因，以及通过日志的时间间隔找到耗时较多的系统操作，以便诊断系统故障原因和性能瓶颈。

1）在左侧导航栏依次选择“诊断”-“系统日志”，进入“系统日志”界面，在此界面选择要查看的服务器，如图 5-64 所示。

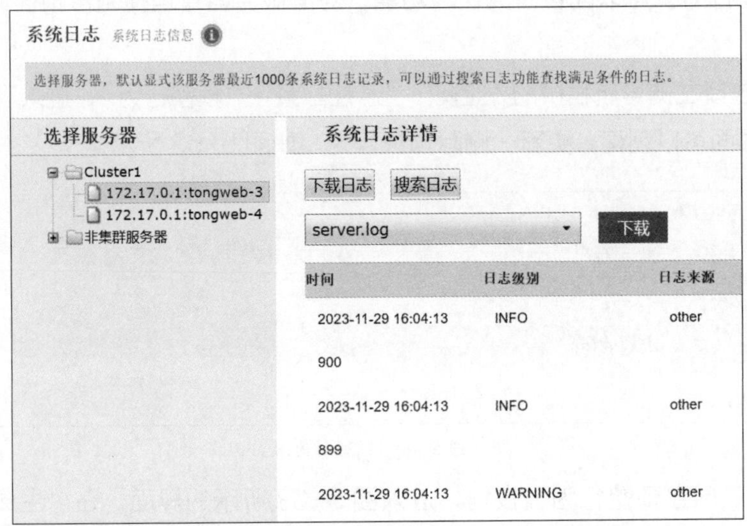

图 5-64　查看系统日志

2）单击界面中的“下载日志”按钮，进入图 5-65 所示的界面，可以在此界面选择日志进行下载。可下载的日志包括当前的系统日志以及已经轮转的日志文件，可同时选择多个文件一起下载。下载到本地硬盘的文件为 log.zip，解压缩后即可看到已下载的日志文件。

3）单击“搜索日志”按钮，会弹出时间范围的下拉列表框，该时间范围是通过分析系统日志所占硬盘空间而动态生成的，从而确保每次能在较短的耗时内完成搜索日志。当单个系统日志文件大于 50MB 时，仅提供该日志的下载功能，否则可以对该时间范围内的日志进行条件过滤：自定义时间段，指在上述时间范围内更进一步地缩小搜索范围；日志级别和日志来源是通过下拉列表进行选择的；日志信息，指搜索包含该信息的日志记录。

（2）访问日志。

访问日志记录的是访问 Web 应用时 http 请求的相关信息，包括访问处理时长、访问链接、访问 IP、请求方式等。通过分析访问日志，可以找出处理耗时多的请求，以便诊断系统性能瓶颈。

图 5-65 下载系统日志

在左侧导航栏依次选择“诊断”-“访问日志”，进入图 5-66 所示的界面。在此界面选择要查看的服务器。

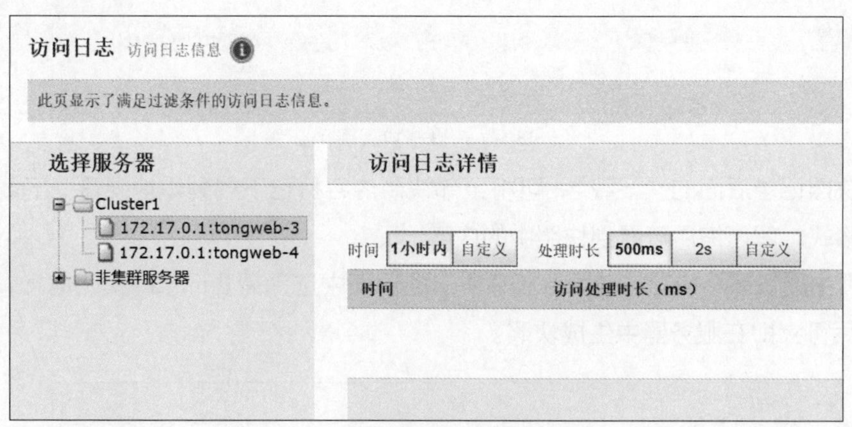

图 5-66 查看访问日志

在“访问日志详情”界面中，可以查看某一段时间内的访问日志信息，可以通过“处理时长”筛选访问日志信息，右上角的“搜索”可以过滤含有某些关键字的访问请求。

（3）快照。

快照记录了某一时刻 TongWeb 的整体信息，记录的内容可包括系统配置信息、系统日志、监视量、访问日志、jstack、jmap、coredump、GC 日志。即使系统出现故障或者出现性能瓶颈的时候没来得及获取需要的信息，过后根据快照记录的全面内容依然可以分析故障、性能瓶颈的原因。

在左侧导航栏依次选择“诊断”-“快照”，进入“快照详情”界面，在此界面选择要查看的服务器，如图 5-67 所示，可以看到服务器已经生成的一个快照记录，生成的内容包括除 coredump 和 GC 日志以外的其他所有信息。单击快照记录后面的“回放”，可图形化展示快照中的 JVM、通道、数据源等相关信息，如图 5-68 所示。

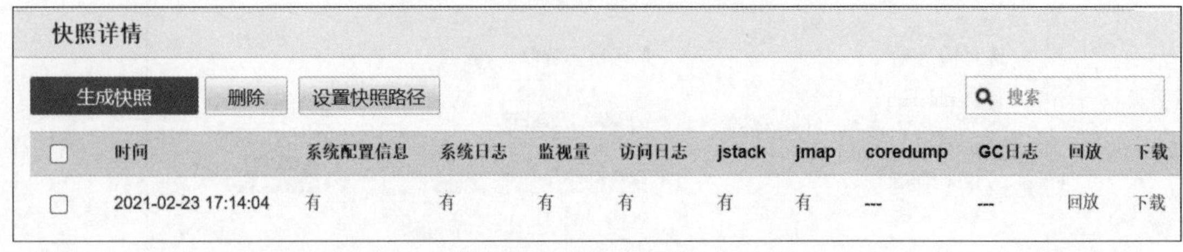

图 5-67　快照详情

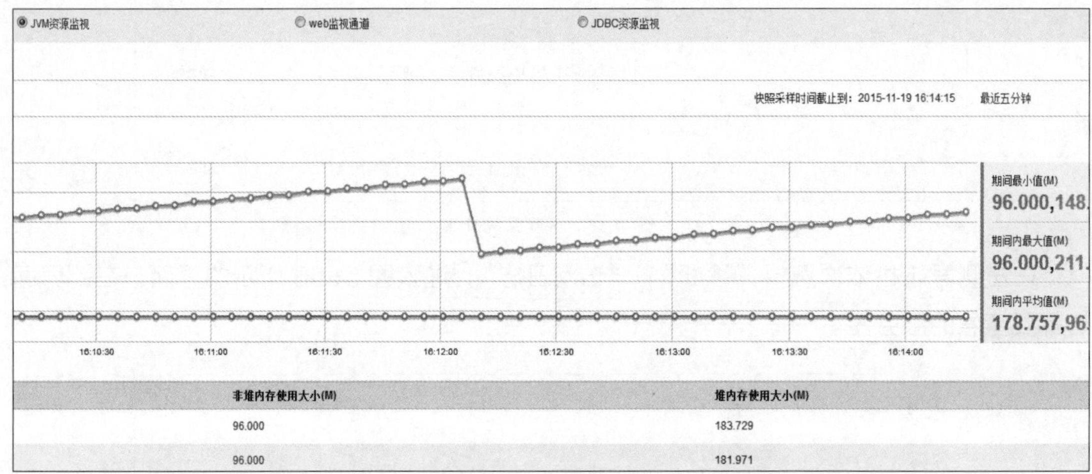

图 5-68　快照回放界面

单击快照记录后面的“下载”，可将全部快照内容打包下载到本地硬盘。下载的快照文件为 zip 格式，解压缩后可看到快照中的内容。

单击“生成快照”按钮，在图 5-69 所示的界面中选择需要记录的快照信息，单击“创建”按钮后可立即在服务器中生成快照。

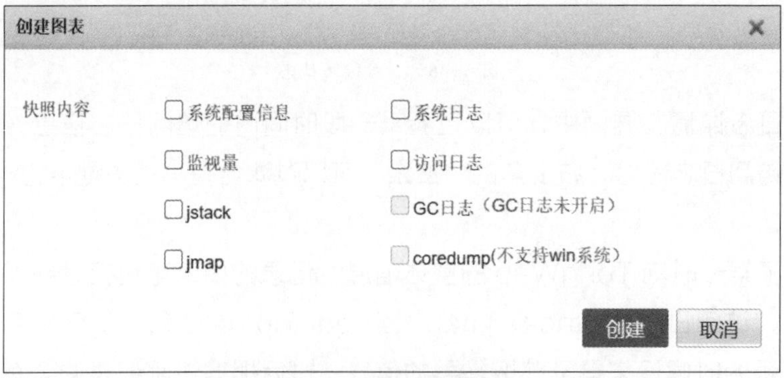

创建图表

快照内容　□系统配置信息　□系统日志

□监视量　□访问日志

□jstack　□GC日志（GC日志未开启）

□jmap　□coredump(不支持win系统)

创建　取消

图 5-69　创建快照选项

单击“设置快照路径”按钮，弹出可以设置快照目录的界面，设置成功后快照都会在新的目录中。同时，读取的快照也为新目录下面的快照内容。设置新的快照路径之后，原目录下的快照信息将会被删除。快照目录支持配置共享磁盘，需要将共享目录映射成磁盘才可使用。快照路径的设置如图 5-70 所示。

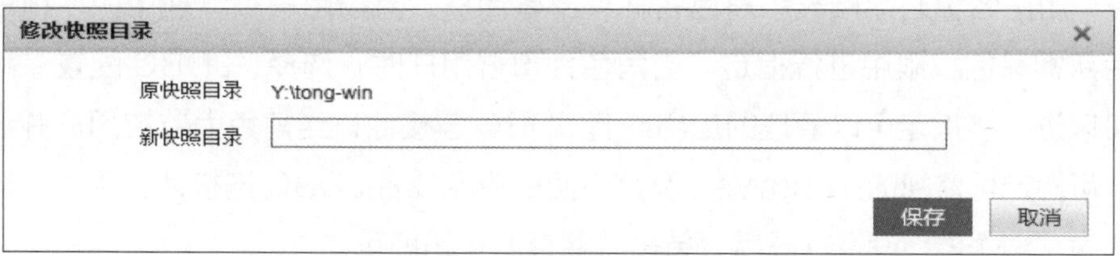

图 5-70 修改快照目录

11. 用户管理

集中管理工具提供用户管理，其中用户分为 4 种角色：超级用户、部署用户、监控用户、管理用户。

1）超级用户：具有全部权限，是不可创建的，系统默认 rig/rig123.com 为超级用户。

2）部署用户：具有所有的配置权限，如服务器管理、节点管理、JDBC 配置、应用管理、JCA、集群、JNDI。部署用户是可创建的。

3）监控用户：具有所有的监控权限，如监视、诊断。监控用户是可创建的。

4）管理用户：具有用户管理的权限。管理用户是可创建的。

以上不同角色的用户登录后根据各自的角色权限可以看到不同的左侧导航栏。

（1）用户管理列表。

从集中管理工具左侧的导航栏中选择“用户管理”，进入“用户管理”界面，在此界面可以看到当前所有用户，列表展示的内容包括用户名称、角色名称、用户权限，如图 5-71 所示。

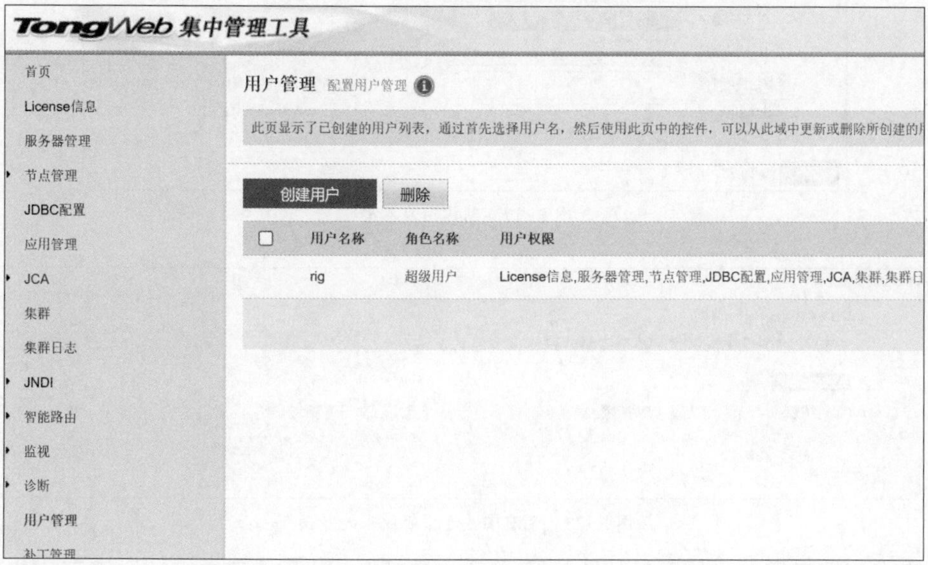

图 5-71 用户列表

（2）创建 / 删除用户。

从集中管理工具左侧的导航栏中选择“用户管理”，进入“用户管理”界面，单击“创建用户”按钮，进入图 5-72 所示的创建用户界面。

其中，用户名称必须唯一；角色名称有部署用户、监控用户和管理用户；用户权限在当前角色所拥有的权限中进行指定。当角色为部署用户时，选择“JDBC 配置”和“应用管理”可以进一步指定可以管理的应用或者 JDBC 连接池。当角色为监控用户并选择监视权限时，可指定可监视的 TongWeb 及其下面的应用或者 JDBC 连接池。用户密码的加密方式默认为“SM3”，设置密码后，单击“保存”按钮即可。

创建成功并使用该用户登录后，根据用户权限可以看到左侧导航栏发生了变化，同时如果没有为该用户赋予相应 JDBC 连接池（或应用）的权限，则无法管理或监控该连接池（或应用），如图 5-73 所示。

返回　用户创建

* 用户名称　user1

* 角色名称　部署用户　角色名称

* 用户权限　License信息　服务器管理　节点管理　JDBC配置　应用管理　JCA　集群　集群日志　JNDI　智能路由　监视　诊断　用户管理　用户权限，不同角色可勾选的用户权限范围不同。

可管理的应用　全部应用　无应用　该部署用户可管理的应用

加密方式　NONE　SM3　MD5　SHA-1　SHA-256　SHA-512　DIGEST　加密方式

加强字节长度　8　将密码和一些随机数字混合加密，增加强度

迭代加密次数　3　迭代多次加密，增加强度

密码长度　8

密码　••••••••••••••

密码强度　强　密码强度

确认密码　••••••••••••••

密码最短使用期限　天　密码可修改前最短使用期限，默认值0，表示可立即修改

密码最长使用期限　天　密码过期时间，默认值2147483647天

保存　取消

图 5-72　创建用户界面

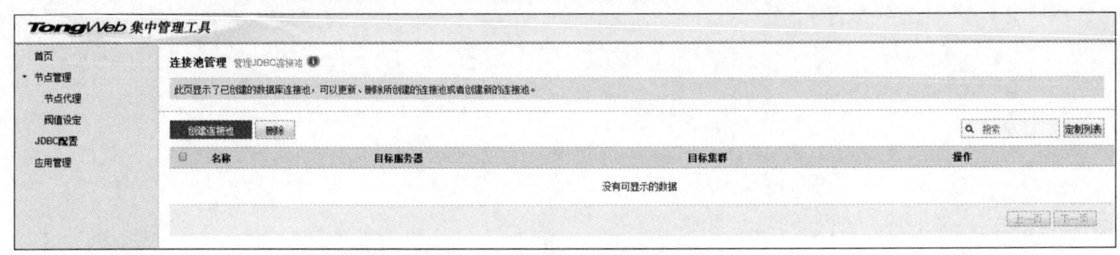

图 5-73　无 JDBC 连接池权限的界面

从集中管理工具左侧的导航栏中选择“用户管理”，进入“用户管理”界面，勾选想要

删除的用户，并单击“删除”按钮，即可删除用户。

（3）更新用户。

在“用户管理”界面，单击列表中的某个用户可以进入此用户的编辑界面，在此界面对该用户的角色、权限、密码等进行编辑，单击“保存”按钮，即可更新该用户的信息。

5.4.3 THS 集群配置

除了在集中管理工具上创建及管理集群外，还可以手动配置 THS 集群。以创建 1 个 THS、2 个 TW、2 个 TDG 的集群为例，手动配置及启动的步骤如下。

例如：TW1 及 TDG1 安装在 192.168.1.82 上，TW2 及 TDG2 安装在 192.168.1.83 上。

（1）在 THS 上配置负载均衡的工作节点 TW1 及 TW2。

在 THS/bin/https.conf 中添加。

```
upstream Cluster1 {
        ip_hash;
        server 172.17.0.1:8090 weight=1 max_fails=1 fail_timeout=10s;
        server 172.17.0.1:8089 weight=1 max_fails=1 fail_timeout=10s;
    }

    server {
        listen 8090;
        server_name localhost;
        #charset koi8-r;
        access_log logs/host.access.log main;

        location / {
            #   root   html;
            #   index  index.html index.htm;
            proxy_pass http://Cluster1;
```

参数说明：

- upstream 定义一组服务器，TCP 和 UNIX 域套接字可以混用。
- ip_hash 根据用户请求过来的 ip 映射成 hash 值，并分配到一个特定的服务器里面。
- server 指定工作节点及其他参数。

weight=number：设置节点权重，默认为 1。

max_fails=number：在单位周期为 fail_timeout 的时间中失败次数达到 max_fails，在这个周期内，如果后端同一个节点不可用，将该节点标记为不可用，并等待下一个周期（同样时长为 fail_timeout）再次尝试 fail_timeout=time（单位周期，默认为 10s）。

- listen 监听端口。
- proxy_pass 指定代理地址。

（2）启动 THS。

（3）配置 TDG 缓存集群。

打开 TDG1 和 TDG2 在 TDG_Home\bin 目录下的配置文件 tongdatagrid.xml，找

到 <tcp-ip> 属性，两份配置文件均作如下修改。

```
<tcp-ip enabled="true">
<interface>192.168.1.82</interface>
<interface>192.168.1.83</interface>
</tcp-ip>
```

（4）启动 TDG 缓存集群。

（5）启动 TW 集群。

5.4.4 TDG 集群配置

TongDataGrid（东方通中间件应用服务器集群的 TDG）是一个 Java 语言编写的虚拟机集群和高度可扩展的数据分发平台，它拥有集群动态伸缩、单点失效转移、故障恢复、异步读写等特性，提供了诸多数据结构、锁、执行任务、消息订阅发布等的分布式实现，它同时还拥有非常不错的运行性能。

TongWeb 的 Session 高可用性正是使用了 TDG 集群来存储 Session，所以要使用 Session 高可用性需要先了解 TDG。

1. TDG 位置及目录

TDG 是自动安装的，它的主要目录结构和相关说明如表 5-3 所示。TDG 位于 TW_HOME/TongDataGrid 目录下，以下内容均以 TDG_Home 代表 TDG 根目录。

表 5-3　TDG 目录结构和相关说明

TDG_Home		
bin/	tongdatagrid.xml	启动需要的配置文件
	log4j.properties	TDG 的日志配置文件
	external.vmoptions	TDG 的启动参数配置
	startserver.bat	Windows 操作系统启动脚本
	stopserver.bat	Windows 操作系统停止脚本
	nohupstartserver.sh	Linux 操作系统后台启动脚本
	startserver.sh	Linux 操作系统启动脚本
	stopserver.sh	Linux 操作系统停止脚本
lib/	tongdatagrid.jar	TDG 核心 jar 包
	log4j.jar	TDG 日志系统依赖的 jar 包
license/	apache-v2-license.txt	TDG 的 License 相关文件
logs/		TDG 的日志文件存放位置

2. TDG 配置

TDG 的主配置文件为 TDG_Home/bin/tongdatagrid.xml，它的整体结构如下。

```
<?xml version="1.0" encoding="UTF-8"?>
<tongdatagrid xmlns="http://www.tongdatagrid.××/×××/×××"
        xmlns:xsi="http://www.w3.org/2001/XMLSchema-instance"
        xsi:schemaLocation="http://www.tongdatagrid.com/schema/config
```

```
        http://www.tongdatagrid/schema/config/tongdatagrid-config-1.2.xsd">
    <properties>
        <property name="tongdatagrid.jmx">false</property>
        <property name="tongdatagrid.prefer.ipv4.stack">false</property>
    </properties>
    <group>
        <name>dev</name>
        <password>dev-pass</password>
    </group>
     <network>
        <port auto-increment="false">5701</port>
        <outbound-ports>
            <ports>0</ports>
        </outbound-ports>
        <join>
            <tcp-ip enabled="true">
                <interface>127.0.0.1</interface>
             </tcp-ip>
            <multicast enabled="false"/>
          </join>
        <interfaces enabled="true">
            <interface>127.0.0.1</interface>
        </interfaces>
       </network>
     <map name="*">
       <backup-count>1</backup-count>
           <async-backup-count>0</async-backup-count>
           <max-idle-seconds>1800</max-idle-seconds>
           <eviction-policy>LRU</eviction-policy>
           <max-size policy="PER_NODE">0</max-size>
           <eviction-percentage>25</eviction-percentage>
      </map>
</tongdatagrid>
```

（1）组名和组密码。

缓存节点的组名和组密码用于将该缓存节点认证并加入指定的缓存集群。它在配置文件中的位置如下。

```
<tongdatagrid>
…
<group>
<name>dev</name>
<password>dev-pass</password>
</group>
…
</tongdatagrid>
```

配置说明如下。

<name> 和 <password> 可以是任意的字符串（避开特殊字符），但要保证加入同一缓存集群的各缓存节点配置一致。

（2）网络连接。

网络连接配置是缓存节点形成缓存集群所必需的配置。它在配置文件中的位置如下。

```
<tongdatagrid>
…
  <properties>
        <property name="tongdatagrid.jmx">false</property>
        <property name="tongdatagrid.prefer.ipv4.stack">false</property>
    </properties>
…
<network>
        <port auto-increment="false"port-count"1">5701</port>
        <outbound-ports>
            <ports>0</ports>
        </outbound-ports>
        <join>
            <tcp-ip enabled="true">
                <interface>127.0.0.1</interface>
             </tcp-ip>
            <multicast enabled="false"/>
          </join>
        <interfaces enabled="true">
            <interface>127.0.0.1</interface>
        </interfaces>
</network>
…
</tongdatagrid>
```

配置说明如下。

<property name="tongdatagrid.prefer.ipv4.stack"> 指定是否使用 IPv4 地址，默认为 false。

<port> 表示此缓存节点在此机器上的监听端口号。<port> 的“auto-increment”属性表示如果指定的端口号被占用，则自动加 1 尝试新的端口号，该功能默认是打开的，将“auto-increment”属性设为 false，可关闭该功能；<port> 的“port-count”属性表示尝试的次数，它只有在开启“auto-increment”功能后才生效，默认尝试 100 次，如果尝试次数大于 100 后还未找到可用端口，TDG 启动将会失败。

<outbound-ports> 表示此 TDG 节点连接集群中其他 TDG 节点所使用的出站端口，<outbound-ports> 通过配置一个或多个 <ports> 来确定出站端口，默认值是 <ports>0</ports>，其中的 0 或 * 都表示由操作系统提供可用端口，它的配置形式举例如下。

- <ports>33000-35000</ports>：33000（含）和 35000（含）之间的所有端口
- <ports>37000，37001，37002，37003</ports>：用逗号分隔开的多个端口号
- <ports>38000，38500-38600</ports>：以上两种方式的混合使用

<interface> 表示集群中某节点的连接地址，取值可以是某节点的机器名或机器 IP，可以加或不加监听端口（推荐加端口配置），可以使用通配符 * 或 -，如 192.168.20.* 表

示 192.168.20.0 到 192.168.20.255 之间的所有 IP 地址（包含 0 和 255），10.3.10.4-18 表示 10.3.10.4 到 10.3.10.18 之间的所有 IP 地址（包含 4 和 18）。<tcp-ip> 可以配置一个或多个 <interface>。这种集群组建方式是 TCP/IP 方式。

<multicast> 表示以组播协议的方式组建集群。若要该协议生效，需要如下配置。

```
<multicast enabled="true">
<multicast-group>224.2.2.3</multicast-group>
<multicast-port>54327</multicast-port>
<multicast-time-to-live>32</multicast-time-to-live>
<multicast-timeout-seconds>2</multicast-timeout-seconds>
<trusted-interfaces>
<interface>192.168.255.*</interface>
</trusted-interfaces>
</multicast>
```

- enabled : [true/false]，指定是否使用组播协议来组建集群。
- <multicast-group>：组播分组的 IP 地址。当要创建同一个网段的集群时，需要配置这个参数。取值范围从 224.0.0.0 到 239.255.255.255，默认值为 224.2.2.3。
- <multicast-port>：组播协议启用套接字的端口（socket port），这个端口用于 Hazelcast 监听外部发送来的组网请求。默认值为 54327。
- <multicast-time-to-live>：组播协议发送包的生存时间周期（TTL）。
- <multicast-timeout-seconds>：当节点启动后，这个参数（单位：秒）指定了当前节点等待其他节点响应的时间周期。

当参数设置为 60 秒时，每一个节点启动后通过组播协议广播消息，如果主节点在 60 秒内返回响应消息，则新启动的节点加入这个主节点所在的集群；如果设定时间内没有返回消息，那么节点会把自己设置为一个主节点，并创建新的集群（主节点可以理解为集群的第一个节点）。默认值为 2 秒。

- <trusted-interfaces>：可信任成员的 IP 地址。

当一个节点试图加入集群，如果其不是一个可信任节点，它的加入请求将被拒绝。可以在 IP 的最后一个数字上使用通配符（* 或 -）来设置一个 IP 范围（如 192.168.1.* 或 192.168.1.100-110）。

- <interface>：指定 TDG 使用的网络接口地址。

服务器可能存在多个网络接口，因此需要限定可用的 IP 地址。如果配置的 IP 地址找不到，会输出一个异常信息，并停止启动节点。

（3）备份和清除。

本配置可以设定 Session 备份数目、过期清除策略等。它在配置文件中的位置如下。

```
<tongdatagrid>
    ...
    <map name="*">
        <backup-count>1</backup-count>
        <async-backup-count>0</async-backup-count>
```

```
        <max-idle-seconds>1800</max-idle-seconds>
        <eviction-policy>LRU</eviction-policy>
        <max-size policy="PER_NODE">0</max-size>
        <eviction-percentage>25</eviction-percentage>
</map>
</tongdatagrid>
```

配置说明如下。

<backup-count> 表示同步备份数目，取值为 0、1、2、3 这 4 个整数之一。0 表示无备份，无备份状态下，如果该缓存节点宕机，保存在此缓存节点上的 Session 数据会丢失。默认值为 1。

<async-backup-count> 表示异步备份数目，异步备份可以提高 Session 存储效率，但由于操作的异步性，读取到的 Session 数据可能不是最新的。取值范围同 <backup-count>，默认值为 0。

<max-idle-seconds> 表示 Session 的最大空闲时间，单位为秒，超过此时间的 Session 数据会自动从缓存中清除。取值范围为大于等于 0 的整数，0 表示不清除，默认值为 1800。

<eviction-policy> 表示要使用的清除策略。取值为 LRU、LFU、NONE 之一，默认值为 LRU。

<max-size> 表示最大的 Session 存储数目，超过此数目后会按照清除策略清除一部分 Session 数据。取值范围为大于等于 0 的整数，0 表示不清除，默认值为 0。

<eviction-percentage> 表示 Session 清除的百分比，即达到配置的 Session 最大数目时会按照此比例清除一部分不活动的 Session。取值范围为 0 ～ 100 的整数，如 25 表示清除比例为 25%。

（4）JMX 监控。

开启 TDG 的 JMX 监控功能需要进行如下配置。

```
<tongdatagrid>
   <properties>
<property name="tongdatagrid.jmx">false</property>
      …
</properties>
…
<tongdatagrid>
```

将上述配置中的 <property name="tongdatagrid.jmx"> 设置为 true 即可打开 TDG 的 JMX 监控功能。

（5）日志。

TDG 默认使用 log4j 记录系统日志。

注意 TDG 日志配置文件是 TDG_Home/bin/log4j.properties。

3. TDG 启动

TDG 启动需要 Java 运行环境，设定好环境变量 JAVA_HOME 后可通过各操作系统的启动脚本启动。

> 注意 TDG 启动需要 Java 运行环境 jre，推荐使用 jre7。

（1）Windows 操作系统启动。

在 TDG_Home\bin\ 下运行。

```
.\startserver.bat
```

（2）Linux 操作系统启动。

在 TDG_Home\bin\ 下运行。

```
sh startserver.sh
```

如果 Linux 操作系统以 nohup 方式启动，可以在 TDG_Home\bin\ 下运行。

```
sh nohupstartserver.sh
```

4. TDG 停止

和启动类似，TDG 的停止也需要设置好相应的 Java 运行环境，设定好环境变量 JAVA_HOME 后可通过各操作系统的停止脚本停止 TDG。

（1）Windows 操作系统停止。

在 TDG_Home\bin\ 下运行。

```
.\stopserver.bat
```

（2）Linux 操作系统停止。

在 TDG_Home\bin\ 下运行。

```
sh stopserver.sh
```

5. TDG 动态伸缩

TDG 拥有动态伸缩能力。如果需要添加新的缓存节点到缓存集群，只要此缓存节点配置正确，直接启动便可以动态添加其到缓存集群中，使其成为集群的一员（添加后缓存集群会自动进行数据迁移操作，以保证集群内各缓存节点均衡负载）；如果某个缓存节点需要关闭，则直接关闭其运行窗口或结束其进程，无须任何额外的操作，但建议配置缓存节点的 Session 备份数大于 0，否则关闭缓存节点会造成此缓存节点上的 Session 数据丢失。

6. 缓存集群搭建

这里介绍如何搭建两个缓存节点的缓存集群，依照此示例也可以搭建更多缓存节点的缓存集群。

（1）环境要求。

本示例介绍的缓存集群的搭建过程需要两台机器（配置包含两个缓存节点的缓存集群），操作系统可以是 Linux 或 Windows。例如，机器 1 的操作系统为 Windows，IP 地址为 168.1.50.21；机器 2 的操作系统为 Windows，IP 地址为 10.10.4.13。

（2）安装配置 TDG 集群。

将 TDG 复制两份，分别放置到两台机器上。打开两个 TDG 的配置文件 TDG_Home\bin\tongdatagrid.xml，找到 <tcp-ip> 属性，两份配置文件均作如下修改。

```
<tcp-ip enabled="true">
<interface>168.1.50.21</interface>
<interface>10.10.4.13</interface>
</tcp-ip>
```

（3）启动 TDG 集群。

依据机器的操作系统选择不同的启动脚本，分别启动两台机器上的 TDG（无先后顺序）。本示例在两台操作系统是 Windows 的机器上的 TDG_Home\bin 下运行。

```
.\startserver.bat
```

附录 A

党政办公应用部署实践指南

1. 需求分析

党政办公应用是党政行业用户主要的应用场景，涉及党政机关的各种日常工作，如公文处理、会议管理、信息发布、内部邮件的传输等。

党政办公应用的用户通常是党政部门的所有人员，用户规模从几十到几千不等，数据库容量从几十 GB 到几百 GB 不等；在主要业务中，公文处理，创建、编辑和保存以部分用户操作为主，而公文流转、查阅则通常面向大部分用户，主要数据的读操作比写操作相对多一些。

2. 部署方案

党政办公应用部署如图 A-1 所示。

（1）应用服务器部分。

应用服务器部分采用中间件应用服务器集群架构，部署 4 个中间件节点。

（2）数据库服务器部分。

数据库服务器部分采用数据库共享存储集群架构，部署 4 个数据库节点，数据存储采用一套磁盘阵列提供共享存储。

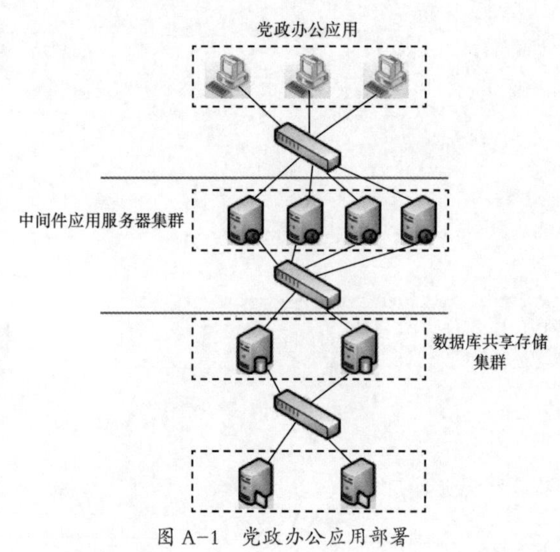

图 A-1　党政办公应用部署

3. 不同用户规模测试

（1）测试环境。

测试环境如表 A-1 所示。

表 A-1　测试环境

用途	类别	配置	数量
应用服务器（国产）	硬件	处理器架构：ARM64 处理器规格：某国产 CPU 品牌型号 A 内存规格：256GB 硬盘规格：2×1.8TB SAS，4×480GB SSD	4
	软件	操作系统：麒麟高级服务器操作系统 V10 中间件：东方通中间件应用服务器 V7 数据库：达梦数据共享集群 V8 JDBC 驱动	
数据库服务器（国产）	硬件	处理器架构：ARM64 处理器规格：某国产 CPU 品牌型号 A 内存规格：256GB 硬盘规格：2×1.8TB SAS，4×480GB SSD	4
	软件	操作系统：麒麟高级服务器操作系统 V10 数据库：达梦数据共享集群 V8	
压力机	硬件	处理器架构：X86_64 处理器规格：志强 2×Intel Xeon E5-2697 v4（2.3GHz/18 核） 内存规格：384GB 硬盘规格：10×2.4TB SAS，4×1TB SSD	1
	软件	操作系统：Windows Server 2008R2 测试工具：LoadRunner 11	

4 台某国产 CPU 品牌型号 A 核服务器，安装麒麟高级服务器操作系统 V10 和达梦数据共享集群软件 V8.6，搭建四节点数据库共享存储集群环境，作为数据库节点。

4 台某国产 CPU 品牌型号 A 核服务器，安装麒麟高级服务器操作系统 V10、东方通中间件应用服务器 V7.0 和中软电子公文处理系统，搭建四节点中间件应用服务器集群环境，作为应用系统节点。

1 台志强 2×Intel Xeon E5-2697 v4（2.3GHz/18 核）服务器，安装 Windows Server 2008R2 操作系统和 LoadRunner 11 测试工具，作为压力测试机。

（2）测试用例。

1）500 用户测试用例。

500 用户并发，每 5 秒增加 20 用户，运行 10 分钟，超时时间为 120 秒。测试用例如表 A-2 所示。

表 A-2 500 用户测试用例

业务模块	典型业务操作	并发用户数	TPS 整体事务处理能力指标要求	90% 响应时间指标要求	事务成功率
登录 / 退出	登录 退出	50		<1 秒	100%
拟文 / 保存 / 提交	拟文 保存 提交	200	≥ 1000TPS	<1 秒	100%
发文查询 / 发文查看	发文查询 发文查看	250		<1 秒	100%

2）1000 用户测试用例。

1000 用户并发，每 5 秒增加 20 用户，运行 10 分钟，超时时间为 120 秒。测试用例如表 A-3 所示。

表 A-3 1000 用户测试用例

业务模块	典型业务操作	并发用户数	TPS 整体事务处理能力指标要求	90% 响应时间指标要求	事务成功率
登录 / 退出	登录 退出	100		<1 秒	100%
拟文 / 保存 / 提交	拟文 保存 提交	400	≥ 1000TPS	<1 秒	100%
发文查询 / 发文查看	发文查询 发文查看	500		<1 秒	100%

3）1500 用户测试用例。

1500 用户并发，每 5 秒增加 20 用户，运行 10 分钟，超时时间为 120 秒。测试用例如表 A-4 所示。

表 A-4　1500 用户测试用例

业务模块	典型业务操作	并发用户数	TPS 整体事务处理能力指标要求	90% 响应时间指标要求	事务成功率
登录 / 退出	登录 退出	150	≥ 1000TPS	<1 秒	100%
拟文 / 保存 / 提交	拟文 保存 提交	600		<1 秒	100%
发文查询 / 发文查看	发文查询 发文查看	750		<1 秒	100%

（3）测试结果。

不同用户规模的测试结果如表 A-5 所示。

表 A-5　不同用户规模的测试结果

测试用例	并发用户数	业务模块 1-登录 / 退出 90% 响应时间	业务模块 2-拟文 / 保存 / 提交 90% 响应时间	业务模块 3-发文查询 / 发文查看 90% 响应时间	TPS 整体事务处理能力
1	500	0.040 秒	0.396 秒	0.093 秒	4051.649TPS
2	1000	0.075 秒	0.708 秒	0.190 秒	3860.524TPS
3	1500	0.164 秒	0.931 秒	0.262 秒	3592.434TPS

1）500 用户测试用例。

500 用户并发，每 5 秒增加 20 用户，运行 10 分钟，超时时间为 120 秒。测试结果如表 A-6 所示。

表 A-6　500 用户测试结果

业务模块	典型业务操作	并发用户数	TPS 整体事务处理能力	90% 响应时间	事务成功率
登录 / 退出	登录 退出	50	4051.649TPS	0.040 秒	100%
拟文 / 保存 / 提交	拟文 保存 提交	200		0.396 秒	100%
发文查询 / 发文查看	发文查询 发文查看	250		0.093 秒	100%

2）1000 用户测试用例。

1000 用户并发，每 5 秒增加 20 用户，运行 10 分钟，超时时间为 120 秒。测试结果如表 A-7 所示。

表 A-7　1000 用户测试结果

业务模块	典型业务操作	并发用户数	TPS 整体事务处理能力	90% 响应时间	事务成功率
登录 / 退出	登录 退出	100	3860.524TPS	0.075 秒	100%
拟文 / 保存 / 提交	拟文 保存 提交	400		0.708 秒	100%
发文查询 / 发文查看	发文查询 发文查看	500		0.190 秒	100%

3）1500 用户测试用例。

1500 用户并发，每 5 秒增加 20 用户，运行 10 分钟，超时时间为 120 秒。测试结果如表 A-8 所示。

表 A-8　1500 用户测试结果

业务模块	典型业务操作	并发用户数	TPS 整体事务处理能力	90% 响应时间	事务成功率
登录 / 退出	登录 退出	150	3592.434TPS	0.164 秒	100%
拟文 / 保存 / 提交	拟文 保存 提交	600		0.931 秒	100%
发文查询 / 发文查看	发文查询 发文查看	750		0.262 秒	100%

4. 不同国产 CPU 平台测试

（1）测试环境。

服务器平台配置如表 A-9 所示。

表 A-9　服务器平台配置

序号	硬件和固件项名称	数量	规格和标识	用途
1	国产 CPU 服务器 A	4	CPU：国产 CPU 品牌型号 A 内存：256GB 硬盘：3.6TB 操作系统：麒麟高级服务器操作系统 V10	数据库服务器

续表

序号	硬件和固件项名称	数量	规格和标识	用途
2	国产 CPU 服务器 A	4	CPU：国产 CPU 品牌型号 A 内存：256GB 硬盘：3.6TB 操作系统：麒麟高级服务器操作系统 V10	应用服务器
3	国产 CPU 服务器 B	4	CPU：国产 CPU 品牌型号 B 内存：256GB 硬盘：3.6TB 操作系统：麒麟高级服务器操作系统 V10	数据库服务器
4	国产 CPU 服务器 B	4	CPU：国产 CPU 品牌型号 B 内存：256GB 硬盘：3.6TB 操作系统：麒麟高级服务器操作系统 V10	应用服务器
5	国产 CPU 服务器 C	4	CPU：国产 CPU 品牌型号 C 内存：256GB 硬盘：3.6TB 操作系统：麒麟高级服务器操作系统 V10	数据库服务器
6	国产 CPU 服务器 C	4	CPU：国产 CPU 品牌型号 C 内存：256GB 硬盘：3.6TB 操作系统：麒麟高级服务器操作系统 V10	应用服务器

压力机、存储、交换机等设备硬件环境配置如表 A-10 所示。

表 A-10　硬件环境配置

序号	硬件和固件项名称	数量	规格和标识	用途
1	压力机	1	CPU：Intel Xeon CPU E5-2697 v4（2.3GHz/18核）2 颗 内存：384GB 硬盘：20TB 操作系统：Windows Server 2008R2	压力机
2	存储设备	1	型号：浪潮 AS5500G2 容量：12×1.92TB	存储设备
3	光纤交换机	1	型号：博科 BR-300 速率：10000Mbit/s	光纤存储交换机
4	网络交换机	1	型号：DELL N4032F 速率：10000Mbit/s	网络交换机

软件环境配置如表 A-11 所示。

表 A-11 软件环境配置

序号	软件项名称	版本	用途
1	达梦数据库管理系统 DM	V8	数据库管理系统
2	TongWeb	V7	东方通中间件应用服务器
3	电子公文处理系统	V1	应用系统
4	麒麟高级服务器操作系统	V10	操作系统
5	Windows Server 2008	R2	压力测试机操作系统
6	LoadRunner	11.0	性能测试工具，增加虚拟用户模拟压力测试场景

（2）测试用例。

1500 用户并发，每 5 秒增加 20 用户，运行 10 分钟，超时时间为 120 秒。测试用例如表 A-12 所示。

表 A-12 测试用例

业务模块	典型业务操作	并发用户数	TPS 整体事务处理能力指标要求	90% 响应时间指标要求	事务成功率
登录 / 退出	登录 退出	150	≥ 1000TPS	<1 秒	100%
拟文 / 保存 / 提交	拟文 保存 提交	600		<1 秒	100%
发文查询 / 发文查看	发文查询 发文查看	750		<1 秒	100%

（3）测试结果。

不同国产 CPU 测试结果汇总如表 A-13 所示。

表 A-13 不同国产 CPU 测试结果汇总

国产 CPU	并发用户数	登录 / 退出响应时间	拟文 / 保存 / 提交响应时间	发文查询 / 发文查看响应时间	TPS 整体事务处理能力
国产 CPU 品牌型号 A	1500	平均：0.121 秒 90%：0.174 秒	平均：0.811 秒 90%：0.957 秒	平均：0.217 秒 90%：0.260 秒	3493.918TPS
国产 CPU 品牌型号 B	1500	平均：0.116 秒 90%：0.172 秒	平均：0.851 秒 90%：0.918 秒	平均：0.157 秒 90%：0.187 秒	4346.807TPS
国产 CPU 品牌型号 C	1500	平均：0.031 秒 90%：0.038 秒	平均：0.756 秒 90%：0.896 秒	平均：0.121 秒 90%：0.151 秒	7399.942TPS

不同国产 CPU 测试结果记录如表 A-14 所示。

表 A-14 不同国产 CPU 测试结果记录

序号	测试项名称	技术指标	测试结果	执行 / 未执行用例	通过 / 未通过用例	问题标识
1	达梦基础软件集群统一平台适配性能测试 _CPU 品牌型号 A	在 CPU 品牌型号 A 平台中电子公文处理系统的应用场景下，大规模（1500 用户并发）系统吞吐量不低于 1000TPS，业务平均响应时间和 90% 响应时间均小于 1 秒，事务无失败	发文查询 / 发文查看业务平均响应时间为 0.217 秒，90% 响应时间为 0.260 秒，事务无失败；拟文 / 保存 / 提交业务平均响应时间为 0.811 秒，90% 响应时间为 0.957 秒，事务无失败；登录 / 退出业务平均响应时间为 0.121 秒，90% 响应时间为 0.174 秒，事务无失败；系统吞吐量为 3493.918TPS	1/0	1/0	—
2	达梦基础软件集群统一平台适配性能测试 _CPU 品牌型号 B	在 CPU 品牌型号 B 平台中电子公文处理系统的应用场景下，大规模（1500 用户并发）系统吞吐量不低于 1000TPS，业务平均响应时间和 90% 响应时间均小于 1 秒，事务无失败	发文查询 / 发文查看业务平均响应时间为 0.157 秒，90% 响应时间为 0.187 秒，事务无失败；拟文 / 保存 / 提交业务平均响应时间为 0.851 秒，90% 响应时间为 0.918 秒，事务无失败；登录 / 退出业务平均响应时间为 0.116 秒，90% 响应时间为 0.172 秒，事务无失败；系统吞吐量为 4346.807TPS	1/0	1/0	—
3	达梦基础软件集群统一平台适配性能测试 _CPU 品牌型号 C	在 CPU 品牌型号 C 平台中电子公文处理系统的应用场景下，大规模（1500 用户并发）系统吞吐量不低于 1000TPS，业务平均响应时间和 90% 响应时间均小于 1 秒，事务无失败	发文查询 / 发文查看业务平均响应时间为 0.121 秒，90% 响应时间为 0.151 秒，事务无失败；拟文 / 保存 / 提交业务平均响应时间为 0.756 秒，90% 响应时间为 0.896 秒，事务无失败；登录 / 退出业务平均响应时间为 0.031 秒，90% 响应时间为 0.038 秒，事务无失败；系统吞吐量为 7399.942TPS	1/0	1/0	—

附录 B

金融行业应用部署实践指南

1. 需求分析

金融信息系统包括银行、保险、信用合作社、信托公司、财务公司等多种银行及非银行金融机构的信息系统，具有以下特点。

（1）及时性和有效性。金融信息系统为客户提供及时准确的各项资金融通服务，资金融通时间的长短决定着资金成本的高低。在现代经济社会中，缩短资金在途时间、提高资金使用效率，是充分发挥资金效益的有效手段。

（2）准确性和可靠性。在金融信息系统中，货币流变成了电子流，因此系统中电子数据的可靠就意味着它所代表的一定量的货币的安全可靠。为确保金融业的信誉，必须保证所有数据采集、录入、加工、处理、存储、传输过程的安全可靠。

（3）连续性和可扩性。连续性和可扩性是指金融信息系统既能保持传统业务向信息系统过渡的连续性，在必要时还能随时扩充信息系统的功能和容量。

（4）安全性和保密性。金融业所掌握的信息往往会涉及社会各个方面的经济利益，维护客户信息的安全是金融业的职责，因此金融信息系统在做到开放性的同时又能使客户信息保密。

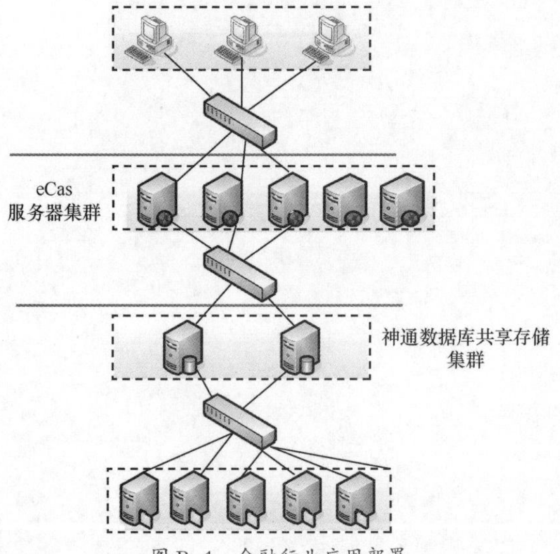

图 B-1　金融行业应用部署

2. 部署方案

金融行业应用部署如图 B-1 所示。

（1）应用服务器部分。

应用服务器部分采用事务交易应用（eCas）服务器集群架构，部署银行系统专用的 5 个 eCas 应用。

（2）数据库服务器部分。

数据库服务器部分采用神通数据库共享存储集群架构，部署 7 个数据库节点，其中，2 个作为直接对外提供服务的计算节点，3 个作为数据分布式存储节点，2 个作为日志节点。

3. 性能测试

（1）测试环境。

测试环境如表 B-1 所示。

表 B-1　测试环境

名称	服务器地址	CPU	内存	用途
eCas 应用	192.168.104.56	国产 CPU 品牌型号	256GB	eCas 应用服务器

续表

名称	服务器地址	CPU	内存	用途
eCas 应用	192.168.104.57	国产 CPU 品牌型号 A	256GB	eCas 应用服务器
eCas 应用	192.168.104.58	国产 CPU 品牌型号 A	256GB	eCas 应用服务器
eCas 应用	192.168.104.59	国产 CPU 品牌型号 A	256GB	eCas 应用服务器
eCas 应用	192.168.104.60	国产 CPU 品牌型号 A	256GB	eCas 应用服务器
达梦数据库	192.168.104.54	国产 CPU 品牌型号 A	256GB	DM 数据库计算节点
达梦数据库	192.168.104.53	国产 CPU 品牌型号 A	256GB	DM 数据库计算节点
达梦数据库	192.168.104.52	国产 CPU 品牌型号 A	256GB	DM 数据库存储节点
达梦数据库	192.168.104.51	国产 CPU 品牌型号 A	256GB	DM 数据库存储节点
达梦数据库	192.168.104.50	国产 CPU 品牌型号 A	256GB	DM 数据库存储节点
达梦数据库	192.168.104.49	国产 CPU 品牌型号 A	256GB	DM 数据库日志节点
达梦数据库	192.168.104.48	国产 CPU 品牌型号 A	256GB	DM 数据库日志节点

（2）测试用例。

测试场景设计如下。

1）基准测试。

- 转账：1 个虚拟用户，无迭代等待时间，执行 100 次。
- 查询客户总资产：1 个虚拟用户，无迭代等待时间，执行 100 次。
- 客户信息查询：1 个虚拟用户，无迭代等待时间，执行 100 次。
- 卡信息查询：1 个虚拟用户，无迭代等待时间，执行 100 次。
- 证件号查询所有账户：1 个虚拟用户，无迭代等待时间，执行 100 次。
- 账户余额查询：1 个虚拟用户，无迭代等待时间，执行 100 次。

2）交易负载测试。

- 转账：共 150 个虚拟用户（每 2 分钟增加 30 个虚拟用户），到 150 个虚拟用户时再持续执行 5 分钟的测试场景。
- 查询客户总资产：共 150 个虚拟用户（每 2 分钟增加 30 个虚拟用户），到 150 个虚拟用户时再持续执行 5 分钟的测试场景。
- 客户信息查询：共 150 个虚拟用户（每 2 分钟增加 30 个虚拟用户），到 150 个虚拟用户时再持续执行 5 分钟的测试场景。
- 卡信息查询：共 150 个虚拟用户（每 2 分钟增加 30 个虚拟用户），到 150 个虚拟用户时再持续执行 5 分钟的测试场景。
- 证件号查询所有账户：共 150 个虚拟用户（每 2 分钟增加 30 个虚拟用户），到 150 个虚拟用户时再持续执行 5 分钟的测试场景。
- 账户余额查询：共 150 个虚拟用户（每 2 分钟增加 30 个虚拟用户），到 150 个虚拟用户时再持续执行 5 分钟的测试场景。

3）混合交易测试。

共 450 个虚拟用户（每 15 秒增加 90 个虚拟用户），并持续执行 10 分钟的测试场景。

- 转账：虚拟用户占比 15%。
- 查询客户总资产：虚拟用户占比 10%。
- 客户信息查询：虚拟用户占比 20%。
- 卡信息查询：虚拟用户占比 15%。
- 证件号查询所有账户：虚拟用户占比 15%。
- 账户余额查询：虚拟用户占比 25%。

（3）测试结果。

1）基准测试。

- 用例描述：基准测试。
- 用例目的：仅使用 1 个虚拟用户，记录最佳的平均响应时间。
- 特殊规程说明：使用 IP 为 192.168.104.56 的应用服务器。
- 场景设置方式：1 个虚拟用户，连续执行 100 次；无集合点，无思考时间，在检查点验证交易是否成功。

应用节点 56 基准测试结果如表 B-2 所示。

表 B-2　应用节点 56 基准测试结果

交易名称	执行笔数	成功笔数	成功率	平均响应时间 / 毫秒
转账	100	100	100%	125
查询客户总资产	100	100	100%	77
客户信息查询	100	100	100%	3
卡信息查询	100	100	100%	13
证件号查询所有账户	100	100	100%	54
账户余额查询	100	100	100%	18

- 用例描述：基准测试。
- 用例目的：仅使用 1 个虚拟用户，记录最佳的平均响应时间。
- 特殊规程说明：使用 IP 为 192.168.104.57 的应用服务器。
- 场景设置方式：1 个虚拟用户，连续执行 100 次；无集合点，无思考时间，检查点验证交易是否成功。

应用节点 57 基准测试结果如表 B-3 所示。

表 B-3　应用节点 57 基准测试结果

交易名称	执行笔数	成功笔数	成功率	平均响应时间 / 毫秒
转账	100	100	100%	127
查询客户总资产	100	100	100%	78

续表

交易名称	执行笔数	成功笔数	成功率	平均响应时间 / 毫秒
客户信息查询	100	100	100%	3
卡信息查询	100	100	100%	13
证件号查询所有账户	100	100	100%	56
账户余额查询	100	100	100%	18

- 用例描述：基准测试。
- 用例目的：仅使用 1 个虚拟用户，记录最佳的平均响应时间。
- 特殊规程说明：使用 IP 为 192.168.104.58 的应用服务器。
- 场景设置方式：1 个虚拟用户，连续执行 100 次；无集合点，无思考时间，检查点验证交易是否成功。

应用节点 58 基准测试结果如表 B-4 所示。

表 B-4　应用节点 58 基准测试结果

交易名称	执行笔数	成功笔数	成功率	平均响应时间 / 毫秒
转账	100	100	100%	128
查询客户总资产	100	100	100%	87
客户信息查询	100	100	100%	3
卡信息查询	100	100	100%	21
证件号查询所有账户	100	100	100%	62
账户余额查询	100	100	100%	20

- 用例描述：基准测试。
- 用例目的：仅使用 1 个虚拟用户，记录最佳的平均响应时间。
- 特殊规程说明：使用 IP 为 192.168.104.59 的应用服务器。
- 场景设置方式：1 个虚拟用户，连续执行 100 次；无集合点，无思考时间，检查点验证交易是否成功。

应用节点 59 基准测试结果如表 B-5 所示。

表 B-5　应用节点 59 基准测试结果

交易名称	执行笔数	成功笔数	成功率	平均响应时间 / 毫秒
转账	100	100	100%	126
查询客户总资产	100	100	100%	85
客户信息查询	100	100	100%	3
卡信息查询	100	100	100%	14
证件号查询所有账户	100	100	100%	56
账户余额查询	100	100	100%	18

- 用例描述：基准测试。
- 用例目的：仅使用 1 个虚拟用户，记录最佳的平均响应时间。
- 特殊规程说明：使用 IP 为 192.168.104.60 的应用服务器。
- 场景设置方式：1 个虚拟用户，连续执行 100 次；无集合点，无思考时间，检查点验证交易是否成功。

应用节点 60 基准测试结果如表 B-6 所示。

表 B-6 应用节点 60 基准测试结果

交易名称	执行笔数	成功笔数	成功率	平均响应时间 / 毫秒
转账	100	100	100%	122
查询客户总资产	100	100	100%	77
客户信息查询	100	100	100%	3
卡信息查询	100	100	100%	14
证件号查询所有账户	100	100	100%	55
账户余额查询	100	100	100%	17

2）交易负载测试。

- 用例描述：负载测试。
- 用例目的：梯度增加虚拟用户，查看应用在不同虚拟用户并发下的各项指标。
- 特殊规程说明：使用 IP 为 192.168.104.56/57/59 的 3 个应用服务器；每个节点的虚拟用户数采用 TPS 相对最高时的虚拟用户数。
- 场景设置方式：用户并发进行交易；虚拟用户梯度进入场景，无集合点，无思考时间，检查点验证交易是否成功。
- 场景执行时间：

a. Start Vusers：每 150 秒加载 20 个用户；

b. 执行时间：5 分钟；

c. Stop Vusers：立刻停止。

转账测试结果如表 B-7 所示。

表 B-7 转账测试结果

总虚拟用户数	执行笔数	成功率	平均响应时间 / 毫秒	平均 TPS	最高 TPS
150	298892	100%	300	331	389

- 用例描述：负载测试。
- 用例目的：梯度增加虚拟用户，查看应用在不同虚拟用户并发下的各项指标。
- 特殊规程说明：使用 IP 为 192.168.104.56/57/59 的 3 个应用服务器；每个节点的虚拟用户数采用 TPS 相对最高时的虚拟用户数。

- 场景设置方式：场景为用户并发进行交易；虚拟用户梯度进入场景，无集合点，无思考时间，检查点验证交易是否成功。
- 场景执行时间：

a. Start Vusers：每 150 秒加载 30 个用户；

b. 执行时间：5 分钟；

c. Stop Vusers：立刻停止。

查询客户总资产测试结果如表 B-8 所示。

表 B-8　查询客户总资产测试结果

总虚拟用户数	执行笔数	成功率	平均响应时间 / 毫秒	平均 TPS	最高 TPS
150	625547	100%	143	695	892

- 用例描述：负载测试。
- 用例目的：梯度增加虚拟用户，查看应用在不同虚拟用户并发下的各项指标。
- 特殊规程说明：使用 IP 为 192.168.104.56/57/59 的 3 个应用服务器；每个节点的虚拟用户数采用 TPS 相对最高时的虚拟用户数。
- 场景设置方式：场景为用户并发进行交易；虚拟用户梯度进入场景，无集合点，无思考时间，检查点验证交易是否成功。
- 场景执行时间：

a. Start Vusers：每 150 秒加载 20 个用户；

b. 执行时间：5 分钟；

c. Stop Vusers：立刻停止。

客户信息查询测试结果如表 B-9 所示。

表 B-9　客户信息查询测试结果

总虚拟用户数	执行笔数	成功率	平均响应时间 / 毫秒	平均 TPS	最高 TPS
150	9850973	100%	6	10915	12093

- 用例描述：负载测试。
- 用例目的：梯度增加虚拟用户，查看应用在不同虚拟用户并发下的各项指标。
- 特殊规程说明：使用 IP 为 192.168.104.56/57/59 的 3 个应用服务器；每个节点的虚拟用户数采用 TPS 相对最高时的虚拟用户数。
- 场景设置方式：场景为用户并发进行交易；虚拟用户梯度进入场景，无集合点，无思考时间，检查点验证交易是否成功。
- 场景执行时间：

a. Start Vusers：每 150 秒加载 20 个用户；

b. 执行时间: 5 分钟;

c. Stop Vusers：立刻停止。

卡信息查询测试结果如表 B-10 所示。

表 B-10　卡信息查询测试结果

总虚拟用户数	执行笔数	成功率	平均响应时间 / 毫秒	平均 TPS	最高 TPS
150	3595299	100%	24	3994	5295

- 用例描述: 负载测试。
- 用例目的: 梯度增加虚拟用户，查看应用在不同虚拟用户并发下的各项指标。
- 特殊规程说明: 使用 IP 为 192.168.104.56/57/59 的 3 个应用服务器; 每个节点的虚拟用户数采用 TPS 相对最高时的虚拟用户数。
- 场景设置方式: 场景为用户并发进行交易; 虚拟用户梯度进入场景，无集合点，无思考时间，检查点验证交易是否成功。
- 场景执行时间:

a. Start Vusers：每 150 秒加载 30 个用户;

b. 执行时间: 5 分钟;

c. Stop Vusers：立刻停止。

证件号查询所有账户测试结果如表 B-11 所示。

表 B-11　证件号查询所有账户测试结果

总虚拟用户数	执行笔数	成功率	平均响应时间 / 毫秒	平均 TPS	最高 TPS
150	881948	100%	101	979	1279

- 用例描述: 负载测试。
- 用例目的: 梯度增加虚拟用户，查看应用在不同虚拟用户并发下的各项指标。
- 特殊规程说明: 使用 IP 为 192.168.104.56/57/59 的 3 个应用服务器; 每个节点的虚拟用户数采用 TPS 相对最高时的虚拟用户数。
- 场景设置方式: 场景为用户并发进行交易; 虚拟用户梯度进入场景，无集合点，无思考时间，检查点验证交易是否成功。
- 场景执行时间:

a. Start Vusers：每 150 秒加载 30 个用户;

b. 执行时间: 5 分钟;

c. Stop Vusers：立刻停止。

账户余额查询测试结果如表 B-12 所示。

表 B-12　账户余额查询测试结果

总虚拟用户数	执行笔数	成功率	平均响应时间 / 毫秒	平均 TPS	最高 TPS
150	2871539	100%	30	3190	4246

3）混合交易测试。

- 用例描述：混合测试。
- 用例目的：模拟真实业务比例进行 6 支交易的并发，查看应用各交易的指标。
- 特殊规程说明：使用 IP 为 172.16.100.6 的应用服务器。
- 场景设置方式：场景为用户并发进行交易；虚拟用户缓慢进入场景，无集合点，无思考时间，检查点验证交易是否成功。
- 场景执行时间：

a. Start Vusers：每 15 秒加载 30 个用户；

b. 执行时间：10 分钟；

c. Stop Vusers：立刻停止。

1 个应用节点测试结果如表 B-13 所示。

表 B-13　1 个应用节点测试结果

总用户数	交易名称	Vu 占比	成功率	平均响应时间 / 毫秒	TPS
150	转账	15%	100%	47	2764
	查询客户总资产	10%	100%		
	客户信息查询	20%	100%		
	卡信息查询	15%	100%		
	证件号查询所有账户	15%	100%		
	账户余额查询	25%	100%		

- 用例描述：混合测试。
- 用例目的：模拟真实业务比例进行 6 支交易的并发，查看应用各交易的指标。
- 特殊规程说明：使用 IP 为 192.168.104.56/57 的应用服务器。
- 场景设置方式：场景为用户并发进行交易；虚拟用户缓慢进入场景，无集合点，无思考时间，检查点验证交易是否成功。
- 场景执行时间：

a. Start Vusers：每 15 秒加载 60 个用户；

b. 执行时间：10 分钟；

c. Stop Vusers：立刻停止。

2 个应用节点测试结果如表 B-14 所示。

表 B-14　2 个应用节点测试结果

总用户数	交易名称	Vu 占比	成功率	平均响应时间 / 毫秒	TPS
300	转账	15%	100%	59	4571
	查询客户总资产	10%	100%		
	客户信息查询	20%	100%		
	卡信息查询	15%	100%		
	证件号查询所有账户	15%	100%		
	账户余额查询	25%	100%		

- 用例描述：混合测试。
- 用例目的：模拟真实业务比例进行 6 支交易的并发，查看应用各交易的指标。
- 特殊规程说明：使用 IP 为 192.168.104.56/57/59 的应用服务器。
- 场景设置方式：场景为用户并发进行交易；虚拟用户缓慢进入场景，无集合点，无思考时间，检查点验证交易是否成功。
- 场景执行时间：

a. Start Vusers：每 15 秒加载 90 个用户；

b. 执行时间：10 分钟；

c. Stop Vusers：立刻停止。

3 个应用节点测试结果如表 B-15 所示。

表 B-15　3 个应用节点测试结果

总用户数	交易名称	Vu 占比	成功率	平均响应时间 / 毫秒	TPS
450	转账	15%	100%	55	7159
	查询客户总资产	10%	100%		
	客户信息查询	20%	100%		
	卡信息查询	15%	100%		
	证件号查询所有账户	15%	100%		
	账户余额查询	25%	100%		

附录 C

财务应用部署实践指南

1. 需求分析

财务管理平台是为大中型企业提供财务管理解决方案和企业消费、费用报销、应付管理、应收管理、总账管理、资金管理、税务管理、资产管理等服务的一体化平台，可融合机票、汽车、酒店、火车等商旅平台的资源，结合最新的光学字符识别（Optical Character Recognition，OCR）发票扫描技术，大大提高费用管控效率。

2. 部署方案

财务应用部署如图 C-1 所示。

（1）应用服务器部分。

应用服务器部分采用中间件应用服务器集群架构，部署 4 个中间件节点。

（2）数据库服务器部分。

数据库服务器部分采用数据库共享存储集群架构，部署 4 个数据库节点，在数据存储方面采用一套磁盘阵列提供共享存储。

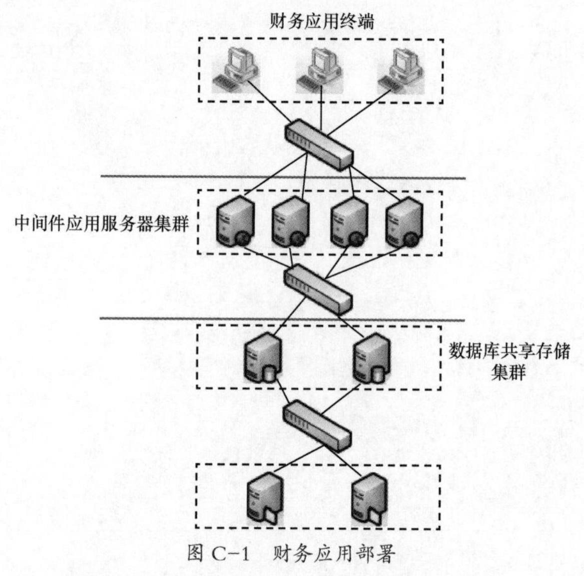

图 C-1　财务应用部署

3. 性能测试

（1）测试环境。

测试环境如表 C-1 所示。

表 C-1　测试环境

用途	类别	配置	数量
应用服务器（国产）	硬件	处理器规格：国产 CPU 品牌型号 C 内存规格：256GB 硬盘规格：2×1.8TB SAS，4×480GB SSD	4
	软件	操作系统：麒麟高级服务器操作系统 V10 中间件：东方通中间件应用服务器 V7 数据库：达梦数据共享集群 V8 JDBC 驱动	
数据库服务器（国产）	硬件	处理器规格：2× 国产 CPU 品牌型号 C 内存规格：256GB 硬盘规格：2×1.8TB SAS，4×480GB SSD	4
	软件	操作系统：麒麟高级服务器操作系统 V10 数据库：达梦数据共享集群 V8	
压力机	硬件	处理器架构：X86_64 处理器规格：2×Intel Xeon E5-2697 v4（2.3GHz/18 核） 内存规格：384GB 硬盘规格：10×2.4TB SAS，4×1TB SSD	1
	软件	操作系统：Windows Server 2008R2 测试工具：LoadRunner 11	

（2）测试用例。

1）500 用户测试用例。

500 用户并发，每 5 秒增加 20 用户，运行 10 分钟，超时时间为 120 秒。测试用例如表 C-2 所示。

表 C-2　500 用户测试用例

业务模块	典型业务操作	并发用户数	TPS 整体事务处理能力指标要求	90% 响应时间指标要求	事务成功率
登录 / 退出	登录 退出	100	≥ 1000TPS	<1 秒	100%
费控单据管理	查询	150		<1 秒	100%
资产合同管理	查询	250		<1 秒	100%

2）1000 用户测试用例。

1000 用户并发，每 5 秒增加 20 用户，运行 10 分钟，超时时间为 120 秒。测试用例如表 C-3 所示。

表 C-3　1000 用户测试用例

业务模块	典型业务操作	并发用户数	TPS 整体事务处理能力指标要求	90% 响应时间指标要求	事务成功率
登录 / 退出	登录 退出	200	≥ 1000TPS	<1 秒	100%
费控单据管理	查询	300		<1 秒	100%
资产合同管理	查询	500		<1 秒	100%

3）1300 用户测试用例。

1300 用户并发，每 5 秒增加 20 用户，运行 10 分钟，超时时间为 120 秒。测试用例如表 C-4 所示。

表 C-4　1300 用户测试用例

业务模块	典型业务操作	并发用户数	TPS 整体事务处理能力指标要求	90% 响应时间指标要求	事务成功率
登录 / 退出	登录 退出	260	≥ 1000TPS	<1 秒	100%
费控单据管理	查询	390		<1 秒	100%
资产合同管理	查询	650		<1 秒	100%

（3）测试结果。

测试结果汇总如表 C-5 所示。

表 C-5　测试结果汇总

平台类型	并发用户数	业务模块 1-登录 / 退出 90% 响应时间	业务模块 2-费控单据管理 90% 响应时间	业务模块 3-资产合同管理 90% 响应时间	TPS 整体事务处理能力
国产 CPU 品牌型号 C	500	0.212 秒	0.227 秒	0.305 秒	1558.599TPS
	1000	0.383 秒	0.462 秒	0.715 秒	1522.718TPS
	1300	0.525 秒	0.569 秒	0.934 秒	1480.803TPS

从测试结果可以看到，在国产 CPU 硬件平台上，TPS 整体事务处理能力可满足 1000TPS 以上的业务性能需求（90% 响应时间小于 1 秒），并发用户数最大可以达到 1300。

1）500 用户测试结果如表 C-6 所示。

表 C-6　500 用户测试结果

业务模块	典型业务操作	并发用户数	TPS 整体事务处理能力指标要求	90% 响应时间指标要求	事务成功率
登录 / 退出	登录 退出	100	1558.599TPS	0.212 秒	100%
费控单据管理	查询	150		0.227 秒	100%
资产合同管理	查询	250		0.305 秒	100%

2）1000 用户测试结果如表 C-7 所示。

表 C-7　1000 用户测试结果

业务模块	典型业务操作	并发用户数	TPS 整体事务处理能力指标要求	90% 响应时间指标要求	事务成功率
登录 / 退出	登录 退出	200	1522.718TPS	0.383 秒	100%
费控单据管理	查询	300		0.462 秒	100%
资产合同管理	查询	500		0.715 秒	100%

3）1300 用户测试结果如表 C-8 所示。

表 C-8　1300 用户测试结果

业务模块	典型业务操作	并发用户数	TPS 整体事务处理能力指标要求	90% 响应时间指标要求	事务成功率
登录 / 退出	登录 退出	260	1480.803TPS	0.525 秒	100%
费控单据管理	查询	390		0.569 秒	100%
资产合同管理	查询	650		0.934 秒	100%

附录 D

社保应用部署实践指南

1. 需求分析

社会保险管理信息（后文简称社保）应用对政务服务基础数据、过程数据、行为数据等进行融合分析，揭示政务服务过程的内在图景，发现并解决服务流程中的纰漏、冗余等问题，进而提升用户体验，以有效利用政务信息数据资源提升服务质量，降低服务成本，提高用户参与度，增强决策科学性，为简化审批流程、提高审批和服务效能创造条件。

2. 部署方案

社保应用部署如图 D-1 所示。

（1）应用服务器部分。

应用服务器部分采用中间件应用服务器集群架构，部署 4 个中间件节点。

（2）数据库服务器部分。

数据库服务器部分采用数据库共享存储集群架构，部署 4 个数据库节点，在数据存储方面采用一套磁盘阵列提供共享存储。

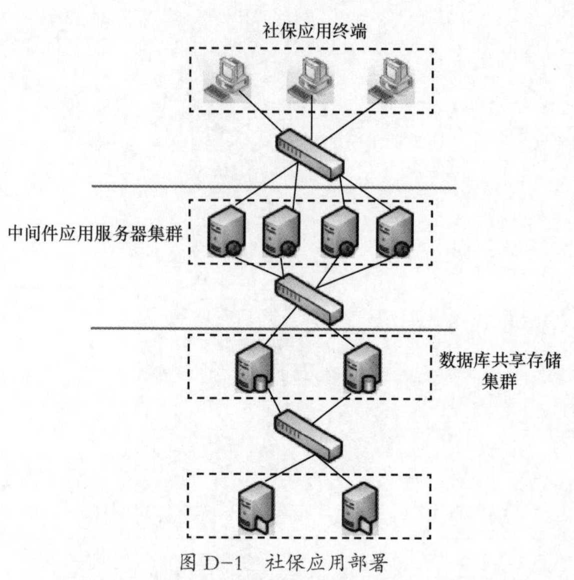

图 D-1　社保应用部署

3. 性能测试

（1）测试环境。

测试环境如表 D-1 所示。

表 D-1　测试环境

<table>
<tr><th>用途</th><th>类别</th><th>配置</th><th>数量</th></tr>
<tr><td rowspan="2">应用服务器（国产）</td><td>硬件</td><td>处理器架构：ARM64
处理器规格：国产 CPU 品牌型号 A
内存规格：256GB
硬盘规格：2×1.8TB SAS，4×480GB SSD</td><td rowspan="2">4</td></tr>
<tr><td>软件</td><td>操作系统：麒麟高级服务器操作系统 V10
中间件：东方通中间件应用服务器 V7
数据库：达梦数据共享集群 V8 JDBC 驱动</td></tr>
<tr><td rowspan="2">数据库服务器（国产）</td><td>硬件</td><td>处理器架构：ARM64
处理器规格：国产 CPU 品牌型号 A
内存规格：256GB
硬盘规格：2×1.8TB SAS，4×480GB SSD</td><td rowspan="2">4</td></tr>
<tr><td>软件</td><td>操作系统：麒麟高级服务器操作系统 V10
数据库：达梦数据共享集群 V8</td></tr>
<tr><td rowspan="2">压力机</td><td>硬件</td><td>处理器架构：X86_64
处理器规格：2×Intel Xeon E5-2697 v4（2.3GHz/18 核）
内存规格：384GB
硬盘规格：10×2.4TB SAS，4×1TB SSD</td><td rowspan="2">1</td></tr>
<tr><td>软件</td><td>操作系统：Windows Server 2008R2
测试工具：LoadRunner 11</td></tr>
</table>

（2）测试用例。

1）500 用户测试用例。

500 用户并发，每 5 秒增加 20 用户，运行 10 分钟，超时时间为 120 秒。测试用例如表 D-2 所示。

表 D-2　500 用户测试用例

业务模块	典型业务操作	并发用户数	TPS 整体事务处理能力指标要求	90% 响应时间指标要求	事务成功率
登录 / 退出	登录 退出	100	≥ 1000TPS	<1 秒	100%
单位缴费比例查询	查询	200		<1 秒	100%
综合业务写入	插入	200		<1 秒	100%

2）1000 用户测试用例。

1000 用户并发，每 5 秒增加 20 用户，运行 10 分钟，超时时间为 120 秒。测试用例如表 D-3 所示。

表 D-3　1000 用户测试用例

业务模块	典型业务操作	并发用户数	TPS 整体事务处理能力指标要求	90% 响应时间指标要求	事务成功率
登录 / 退出	登录 退出	200	≥ 1000TPS	<1 秒	100%
单位缴费比例查询	查询	400		<1 秒	100%
综合业务写入	插入	400		<1 秒	100%

（3）测试结果。

测试结果汇总如表 D-4 所示。

表 D-4　测试结果汇总

平台类型	并发用户数	业务模块 1-登录 / 退出 90% 响应时间	业务模块 2-单位缴费比例查询 90% 响应时间	业务模块 3-综合业务写入 90% 响应时间	TPS 整体事务处理能力
国产 CPU 品牌型号 A	500	0.395 秒	0.113 秒	0.072 秒	4277.607TPS
	1000	0.678 秒	0.506 秒	0.209 秒	2611.007TPS

从测试结果可以看到，在国产 CPU 硬件平台上，TPS 整体事务处理能力可满足 1000TPS 以上的业务性能需求（90% 响应时间小于 1 秒），并发用户数最大可以达到 1000。

500 用户测试结果如表 D-5 所示。

表 D-5　500 用户测试结果

<table>
<tr><th>业务模块</th><th>典型业务操作</th><th>并发用户数</th><th>TPS 整体事务处理能力指标要求</th><th>90% 响应时间指标要求</th><th>事务成功率</th></tr>
<tr><td rowspan="2">登录 / 退出</td><td>登录</td><td rowspan="2">100</td><td rowspan="4">4277.607TPS</td><td rowspan="2">0.395 秒</td><td rowspan="2">100%</td></tr>
<tr><td>退出</td></tr>
<tr><td>单位缴费比例查询</td><td>查询</td><td>200</td><td>0.113 秒</td><td>100%</td></tr>
<tr><td>综合业务写入</td><td>插入</td><td>200</td><td>0.072 秒</td><td>100%</td></tr>
</table>

1000 用户测试结果如表 D-6 所示。

表 D-6　1000 用户测试结果

<table>
<tr><th>业务模块</th><th>典型业务操作</th><th>并发用户数</th><th>TPS 整体事务处理能力指标要求</th><th>90% 响应时间指标要求</th><th>事务成功率</th></tr>
<tr><td rowspan="2">登录 / 退出</td><td>登录</td><td rowspan="2">200</td><td rowspan="4">2601.007TPS</td><td rowspan="2">0.678 秒</td><td rowspan="2">100%</td></tr>
<tr><td>退出</td></tr>
<tr><td>单位缴费比例查询</td><td>查询</td><td>400</td><td>0.506 秒</td><td>100%</td></tr>
<tr><td>综合业务写入</td><td>插入</td><td>400</td><td>0.209 秒</td><td>100%</td></tr>
</table>